现代化视野下
大学生现代人格塑造

张瑞芬 ◎ 著

图书在版编目（CIP）数据

现代化视野下大学生现代人格塑造 / 张瑞芬 著 . — 北京：东方出版社，2024.5
ISBN 978-7-5207-3897-2

Ⅰ.①现⋯　Ⅱ.①张⋯　Ⅲ.①大学生—人格心理学—研究　Ⅳ.① B844.2

中国国家版本馆 CIP 数据核字（2024）第 060224 号

现代化视野下大学生现代人格塑造
（XIANDAIHUA SHIYE XIA DAXUESHENG XIANDAI RENGE SUZAO）

作　　者：	张瑞芬
责任编辑：	王学彦　申　浩
出　　版：	东方出版社
发　　行：	人民东方出版传媒有限公司
地　　址：	北京市东城区朝阳门内大街 166 号
邮　　编：	100010
印　　刷：	鸿博昊天科技有限公司
版　　次：	2024 年 5 月第 1 版
印　　次：	2024 年 5 月第 1 次印刷
开　　本：	710 毫米 ×1000 毫米　1/16
印　　张：	19
字　　数：	230 千字
书　　号：	ISBN 978-7-5207-3897-2
定　　价：	68.00 元
发行电话：	（010）85924663　85924644　85924641

版权所有，违者必究

如有印装质量问题，我社负责调换，请拨打电话：（010）85924602　85924603

序

张瑞芬是我的学生，从 2004 年开始跟着我读硕士，后来跟着我读博士，学的都是思想政治教育，后来的工作也没有离开思想政治教育。从那时起到现在，已经整整 20 年了，我亲眼见证了她逐步成长为一名有作为的青年学者的过程，并深感欣慰。

她的成长轨迹，既可以说是一个从学校学习到机关工作再到学校任教的过程，又可以说是一个从思想政治教育理论学习到思想政治教育实践探索，再到思想政治教育理论研究的过程。不论哪种说法，都是在否定之否定中前行。2009 年她博士毕业后开始在北京市思想政治工作研究机构工作，从事基层思想政治工作调查研究，撰写调研报告和内参，以及起草文件和讲话稿等。这一实际工作过程，既验证和深化了以往的思想政治教育知识，又磨砺了从事现实性研究和智库写作的能力。2021 年她离开原单位，调往北京邮电大学，成为马克思主义学院的一名青年教师。这就又回到了高校，在更高的起点上开始了思想政治教育的学术研究。这既源于她的教师情怀，又源于她的学者梦想。本书，就是她走上新的岗位后的第一本专著，这是一个可喜的成绩，也是一个新的开端。

本书的一个独特角度和突出特点，是把现代化进程与现代人格联系起来，从现代化进程来理解现代人格，又以现代人格的塑造来助推现代化进展。这样的一种起始角度，其实是社会现代化与人的现代化的关系的具体化和深化。社会的现代化需要人的现代化相伴随，而人的现代化很重要的一个方面是现代人格的塑造。现代人格当然是一种普遍性人格，不分群体和阶层都应该具备这种人格特质。而且青年特别是大学生的现代人格，又是应该关注的重点。于是，作者就在中国式现代化的视野下着重对当代大学生的现代人格进行探讨，揭示影响大学生现代人格形成的因素，分析当代大学生现代人格构建的积极方面和不足之处，并提出了加强和改进大学生现代人格塑造的方法思路。可见，作者的思路是从抽象到具体，而且越来越具体。

特别值得注意的是，作者能够把实证研究、理论研究、对策研究结合起来。这是三种不同的研究方式和写作方式，通常能够精通一种就算不错，可以在学界立足，但毕竟有相当的局限。对思想政治教育这样带有应用性的学科来说，理论研究固然重要，但实证研究和对策研究同样重要，甚至更为重要，至少从当前和今后的学科发展来说是如此。本书作者因为在注重实证调查和对策研究的研究单位长期工作过，因而不仅深知这种研究的重要性，而且养成了这种研究的素养和能力，并把这种研究方式与理论研究结合起来，这是本书在方法上的一个特色，也是对青年学者成长的一个有益启示。

刘建军
2024 年 4 月于中国人民大学

前　言

几百年的世界近现代历史表明，人类现代化的过程，是人的现代化与整个社会现代化紧密互动的过程。在这一过程中，作为现代化主体的人类，不断受到狂飙猛进的现代化运动的人格洗礼，从自在到自觉、从被动到主动，逐渐脱离封建专制下的传统臣民人格特征，蜕变出崭新的现代人格品质，并进而构成对整个社会现代化的巨大能动作用，使人类文明呈现出人的现代化和社会现代化之间相互促进、辩证共生的发展局面和动态历史过程。

中国180多年的现代化运动，正是在这样的过程中一步步走到今天，人的现代化与整个社会现代化都取得了明显进步。党的二十大报告指出，从现在起，中国共产党的中心任务就是团结带领全国各族人民全面建成社会主义现代化强国、实现第二个百年奋斗目标，以中国式现代化全面推进中华民族伟大复兴；并强调，中国式现代化，是中国共产党领导的社会主义现代化，既有各国现代化的共同特征，更有基于自己国情的中国特色。中国式现代化是人口规模巨大的现代化，是全体人民共同富裕的现代化，是物质文明和精神文明相协调的现代化，是人与自然和谐共生的现代化，是走和平发展道路的现代化。[①] 这一重要论述始终贯穿着以人民为中心、促进人的

---

① 习近平：《高举中国特色社会主义伟大旗帜　为全面建设社会主义现代化国家而团结奋斗——在中国共产党第二十次全国代表大会上的报告》，人民出版社2022年版，第21—23页。

全面而自由发展的价值主线，深刻揭示出中国共产党领导的社会主义现代化的本质属性。就像习近平一贯强调的那样："现代化的本质是人的现代化"①，中国式现代化"坚守人民至上理念，突出现代化方向的人民性""最终目标是实现人自由而全面的发展"②。在全面建设社会主义现代化国家的历史新征程中，作为推动这一伟大实践运动主体的广大人民群众，他们的主体人格发展也将逐步进入到马克思主义所追求的实现每一个个人的"自由个性"得到全面发展的"现代人"的新阶段，进而为中国式现代化运动提供强大的主体力量和精神动力。

青年大学生作为担当民族复兴大任的时代新人，是我国社会主义现代化建设的中坚力量，他们的现代人格发展状况直接关系到整个国家和民族的现代化前景。基于中国实现现代化的实践要求以及青年大学生在现代化建设中的主体性地位和特殊重要作用，本书聚焦当代大学生现代人格塑造问题进行专题研究，把当代青年大学生现代人格塑造问题，置于世界现代化发展潮流这一宏观的国际视野下，置于中国近代以来追求现代化、实现民族复兴的历史视野下，从当前及未来一段时间中国要完成向现代社会转型、建成社会主义现代化国家这一战略目标需要出发，力图在梳理现代人格价值标准的基础上，对青年大学生现代人格发展状况进行系统调查分析，深入挖掘影响青年大学生现代人格养成的各种因素，进而提出进一步加强青年大学生现代人格塑造的方法路径。

---

① 《十八大以来重要文献选编》（上），中央文献出版社2014年版，第594页。
② 习近平：《携手同行现代化之路——在中国共产党与世界政党高层对话会上的主旨讲话》，《人民日报》，2023-03-16。

目 录

第一章 现代化与现代人格的一般理论   001
    一、人格的含义   001
    二、现代化的历程和含义   011
    三、马克思主义视野下人的现代化   024
    四、人的现代化在国家现代化进程中的重要地位   036
    五、现代人格的内涵及对相关错误观点的纠正   043

第二章 中国的现代化运动   054
    一、中国近代以来开启现代化进程   054
    二、中国式现代化道路的探索与发展   062
    三、中国式现代化的内在规定性   073
    四、中国式现代化的价值引领   090

第三章 中国现代人格的发展历程   101
    一、龚自珍、魏源和洋务派对中国传统人格的批评   104
    二、维新派对中国传统人格转型的推动   108
    三、资产阶级革命派对国人人格改造的努力   112

四、新文化运动的领袖们致力于建设国人独立自主
　　　　自由的现代人格　　　　　　　　　　　　　116
　　五、中国共产党领导的现代化实践对国人现代人格的
　　　　革命性锻造　　　　　　　　　　　　　　119

第四章　大学生现代人格对中国式现代化的重大意义　　122
　　一、大学生现代人格的基本内涵和主要内容　　　　122
　　二、大学生健全的现代人格是我国实现现代化的
　　　　重要主体性条件　　　　　　　　　　　　　126
　　三、培育大学生现代人格是我国现代化的重要
　　　　价值目标　　　　　　　　　　　　　　　　134

第五章　大学生对现代人格内涵及其重要意义的认知状况　142
　　一、北京地区部分在校大学生问卷调查样本情况　　142
　　二、被访大学生对现代人格内涵的认知状况　　　　147
　　三、被访大学生对大学生现代人格在现代化国家
　　　　建设中的重要作用的认知与评判　　　　　　168

第六章　大学生的现代人格特质　　　　　　　　　　　183
　　一、具有比较强的使命感和历史责任感　　　　　　183
　　二、认同并努力践行社会主义核心价值观　　　　　186
　　三、具有较强的开放意识和较开阔的国际视野　　　189
　　四、积极关注社会公平正义和民生福祉　　　　　　191
　　五、具有理性精神，能够从事实出发作出客观判断　194

第七章　大学生的非现代人格特质　198

一、一些大学生需要进一步坚定理想信念、增强理性精神　198

二、一些大学生缺乏青年应有的社会责任感和担当精神　204

三、部分大学生思想保守，缺乏创新创造精神　212

四、一些大学生有狭隘的民族主义和盲目排外心态　216

五、一些大学生缺乏科学理性精神和辩证思维能力　218

六、一些大学生具有精致利己主义倾向　220

第八章　大学生现代人格形成的影响因素　230

一、现代市场经济发展状况　230

二、法律制度环境　233

三、思想文化环境　235

四、大学教育水平　238

五、家庭环境影响　240

六、大学生个体主观能动性　242

第九章　加强大学生现代人格塑造的方法路径　245

一、推动大学生切实增强人格建设主体意识，自觉提升自身现代人格水平　245

二、引导大学生深刻理解现代市场经济的价值内涵，自觉在现代市场经济的实践中锻造现代人格　250

三、引导大学生树立现代文明意识，自觉用人类现代文明的核心价值和建设实践培育和锤炼现代人格　253

四、引导大学生用辩证理性态度审视和扬弃历史文化遗产，
从中汲取具有现代价值的优秀文化滋养现代人格　259
五、引导大学生正确认识和处理好理想与现实的矛盾，
坚定培养自己现代人格的理想和信心　266

附件1　座谈提纲　271
　　老师研讨提纲　271
　　学生座谈提纲　272

附件2　调查问卷　274

后　记　284

参考文献　286

第一章

现代化与现代人格的一般理论

人格问题是伴随着人的理性认知能力开始被发掘及人对自身和外部环境的关系、自身的价值和意义的深入思考而出现的,心理学是最早涉足人格问题研究的近代科学,哲学、社会学、伦理学、文化学等也对其开展了侧重性研究。现代化是世界各国基于科学技术革新引发的生产力迸发进而带动的整个社会从传统向现代的变革和跃升过程。在这一过程中,作为这一变革主体的人的现代化问题,不仅是现代化运动的题中应有之义,而且日益成为其中的首要问题。而人的现代化的实现程度和发展水平,正是集中表现于人的现代人格的发展状况和发展水平。因此,如何推动人的现代人格的发展和进步,就成为世界各国在现代化进程中面临的共同课题。

一、人格的含义

人格意识作为人类的一种意识现象,几乎与人类的历史一样古老。自从人类社会诞生以来,人这一万物灵长,在自然界和人类社会中进行生产劳动和人际交往等现实活动的同时,也产生了思想、情感、道德等精神活动。其中,对于作为个体的人应如何自立于社会、如何与自我和他人洽处、如何为社会增益等问题的追问和思考，实际上就是在对人格问题进行探索。因此，人格问题是伴随着人类的诞生，特别是人的精神活动的丰富发展而产生的，只不过"人格"这一概念是随着人类的社会实践和思想理论的进一步发展才逐步演变形成、逐步明确起来的。

（一）"人格"一词的来源及其本义

"人格"一词英译为"personality"，最早来自拉丁文 persona，最初的含义是指演员在舞台上演出时所携带的"面具"。由于"面具"会随着剧中人物角色的不同而变换，用以表现特定人物的身份和性格，这样"面具"自然就成为"人格"一词的首义。古希腊时期，有一些注重研究人的心理现象的学者，通过观察人的身心及相关行为表现，发现每个人本身的特质及其稳定的行为表现都具有一定的倾向性，这种倾向性往往集中反映出某一类人由表及里、身心一致性的真实品格，就好似舞台上不同类型角色所佩戴的面具能够向观众呈现这个角色的本质特性一样。因此，后来心理学就借用"面具"这个术语说明在真实的人生舞台上，人也会根据社会角色的不同来改换"面具"。这里的"面具"就具有人格的外在表现的意思了。

从字源上看，古代中国没有"人格"一词，只有与"人格"意思相近的"性""人品""品格"等词。如"性相近，习相远"，就是说人们在生性上相差不大，是后天环境造成的习性上的不同。宋代郭若虚在《图画见闻志》中说："人品既已高矣，气韵不得不高，气韵虽已高矣，生动不得不至。"这里的人品，指的就是人的品格。

由于中西方文化背景的不同，对"人格"一词的理解和使用存在较大差异。中国是从传统伦理学意义上使用阐述"人格"一词的，常用来指人的道德水准与道德理想境界，几乎跟"人品"一词含义相同。而且，中国古代社会对于人的关注始终是以群体为本位的，从群体出发，构建通过个人的修身养性而达到社会秩序维系的伦理道德体系。所以，中国古代始终将个人的自我人格完全归化在社会整体人格之中，是一种整体性人格或者叫群体性人格。而西方最早是从心理学意义上诠释人格的词义的。现代西方人格理论中最为通行的是把人格界定为个人内在的全部生理、物理结构和心理意识外在化的结果。而且，在对人格的理解中西方社会强调人的个体差异性，他们习惯从个人行为、心理特点的独特性中体现人格的内容。中西方学者虽然对人格的认识和理解各有侧重且存在巨大差异，但共同之处在于，他们关注的对象都是人，都是对人的存在状态及其自我特征的探究，这在一定程度上说明了人格问题的普适性意义。

（二）人格的心理学含义

如上所述，作为学术概念的人格，其最原始和最根本的含义，是从心理学获得的。心理学作为研究人的内在心理结构和外在行为能力的现代科学，通常把人格和人的个性心理特征联系起来。从古至今，西方的心理学研究者给出了关于人格的多种含义。

早在古罗马时期，就有学者从心理学角度界定人格。他们习惯把所有同人格有关的东西枚举出来，然后在最末尾加上集合、组合、聚合、总和等概括性词语，即"人格是……的总和"是通用模式。最著名的定义是美国心理学家普林斯（M. H. Prince）所作出的，他提出，人格是个体一切的生物倾向、冲动、趋向、欲求和本能，以及由经验而获得的倾向和趋向的总和。这一时期的人格定义因为把与人格相关的所有特质都罗列出来，看似很全面，但是容易造成主次不分、外延被扩大的问题。

后来的心理学家，注意并克服这种不足，更多地关注到人格的独特性和区别性问题。如美国心理学家麦考迪（J. T. MacCurdy）认为人格是多种模式或称为兴趣的整合，这种整合使有机体的行为具有一种特殊的个人倾向。这一人格定义相较于古罗马时期的罗列式定义不再那么宽泛，使得人格的外延显著缩小。

美国著名心理学家詹姆士（W. James）从层次上对人格予以界定，他将自我内在人格分为物质的自我、社会的自我、精神的自我、纯粹的自我四个层次，相对于前三个层次中的自我的变动不居，第四个层次的纯粹的自我就像圆的中心，是意志的源泉，接受不同感觉和情绪。这一定义把人格的属性或特征按照一定的层次结构排列起来，使人格层次分明，并具有内在的相互联系和统一性。

美国心理学家肯普夫（E. J. Kempf）从人与环境的关系角度分析人格，将人格看成个体在适应环境中形成的独特的适应方式。这一定义关注到了环境对人格的影响作用，但明显的缺陷是忽视了人格的内在特征和本质。

美国心理学家伍德沃斯（R. Woodworth）认为，人格是个体行为中的全部品质。北京大学心理学教授陈仲康认为，人格是个体内在的行为上的倾向性，它表现一个人在不断变化中的全体和综合，是具有动力一致性和连续性的、持久的自我，是人在社会变化过程中形成的给予人特色的身心组织。这一类定义更侧重于从个人外部行为角度规定人格。

美国著名心理学家、现代人格心理学的创始人高尔顿·奥尔波特（G. W. Allport）在归纳总结了前人的人格概念的基础上，在其所著的《人格——一种心理学解释》一书中提出了自己的观点。他认为，简单地说，人格就是一个人真正是什么；更具体地说，人格是个体内在心理、物理系统中的动力组织，它决定人对环境适应的独特性。这一定义代表现代人格心理学对于人格的习惯用法。

以上可见，人格问题的复杂性和每个心理学家研究的重点和角度不同，使得人格的概念界定各有侧重。不过，综合上述心理学家对人格的界定，可发现以下几个共同之处：一是他们都认为人格是个体所独具的各种特质的综合体；二是人格与个体差异有关；三是人格与人的行为模式有关；四是人格是一种相对稳定的心理结构，但会随着环境的影响而变化。总之，在心理学研究领域中，人格作为一个"统一的结构性自我"，通常是指一个人所具有的独特的、稳定的心理品质，包括个性倾向性和个性心理特征。个性倾向性，主要指人的需要、动机、兴趣和信念等；个性心理特征，主要指人的能力、气质和性格等。通常我们在日常生活中所讨论的"健全人格""健康人格""病态人格"等都属于心理学意义上的人格概念。

心理学意义上的人格概念，也是中西方学者和普通人最普遍使用且最广泛认可的概念。被誉为当今世界上最知名最权威的百科全书的英国《简明不列颠百科全书》，对人格概念的界定，就是从心理学角度作出的：人格是每个人所特有的心理—生理性状和特性的有机结合，包括遗传和后天的成分；人格使一个人区别于他人，并可通过他与环境和社会个体的关系表现出来。这一人格概念是最为全面、完整的，它不仅指出人格是个体所特有的生理性状和心理特性的有机结合，而且涉及影响人格形成的先天遗传和后天环境因素，还涉及人格的个性化特征及其外在表现，即与环境和社会个体的关系。我国第一部大型综合性百科全书《中国大百科全书·心理学》

中对人格的定义采用的也是心理学概念：人格是个体特有的特质模式及行为倾向的统一体，又称"个性"……表现一个人在不断变化中的全体和综合，是具有动力一致性和持续性的持久自我，是个人在社会化过程中给人以特色的身心组织。我国《现代汉语词典》对人格作出三个层面的界定：一是人的性格、气质、能力等特征的总和；二是个人的道德品质；三是人能够作为权利、义务的主体资格。这里对人格的解释，也是建立在心理学基础上涉及伦理学、文化学（价值哲学）、社会学、哲学、法学等意义上的综合界定。

（三）人格的其他学科含义

随着现代科学的发展，最初心理学意义上的人格被广泛地应用在伦理学、哲学、社会学、文化学等几乎所有以个体人和人类社会为研究对象的学科之中，相应地，就出现了众多学科领域中诸多的人格定义及理论。

伦理学关注的问题是人的优良道德品质的养成。在伦理学范畴中，研究者主要从道德的角度诠释人格，把人格看作个人在一定社会中的地位和作用的统一，是个人道德品质的集中体现。道德作为一种社会特定或认可的行为规范，产生和服务于建立和维持特定社会关系的需要。所以，从道德角度界定的人格，通常被理解为道德人格。道德人格，关注的是人的"崇高的自我"，是一个人的道德修养和道德境界的集中体现。也就是说，在道德人格意义上，人格是善的化身，是合理的道德良知。

哲学关注的问题是人的存在及人与外部世界的关系。它从"人之为人"的前提出发对人格进行考察，将人格看成人与动物相区别的本质特征之一。基于对人性、人的本质、人生价值等问题的探讨，哲学家们认为人格是真实的、有理性的个人的本性，人的理性与自我意识是人格的根本属性。马克思主义认为，理想人格就是人的自由全面发展，包括人的能力的全面发展、人的社会关系的全面发展和人的个性的全面发展。总之，哲学意义上的人格是指人的本质的综合表现，具体指在社会活动中形成并在一定的社会关系中不断发展的人的存在状态和行为特征。哲学对人的存在、本质和价值等根本性问题的研究及主要成果，为其他学科的人格研究提供了价值观指引。

社会学关注的是个体与社会的关系、个人在社会中的角色和地位等问题。从个体社会化的角度出发，社会学认为，人格的形成发展过程与人的社会化过程紧密相连，个人通过学习获取社会生活的资源和机会的过程，也是发展自己社会性的过程，个人在社会生活和与人交往中逐步形成和发展了自身的各种行为特质、人格特质和整体人格。从社会群体的整体心理出发，社会学认为人格是民族文化、群体心理的总和。正是在这个意义上，美国精神分析心理学家弗洛姆（Erich Fromm）把人格定义为一个集团的大多数成员性格结构的核心，认为人格是一个集团共同的基本经验和生活方式的结果。

文化学从人格形成和发展的角度出发，关注文化对人格的重要影响和塑造作用，将人格视为文化的积淀和产物。拉尔夫·林顿（Ralph Linton）作为美国文化人格学派的主要代表人物之一，在《人格的文化背景——文化、社会与个体关系之研究》中，将个体的人格放在社会文化的宏阔背景中去审视，认为个体处于社会之中，而社会又是文化的担当者与维系者，个体总是在社会—文化环境中完成他的角色定位，不同社会形成的社会—文化环境和综合结构对个人产生不同的影响，从而造成了个体人格上的差异。他认为文化是人格形成的支配因素，指出："文化必须被视为各社会建立人格类型及社会特有的各种身份人格系列的支配因素。"[①] 他还进一步提出了"基本人格"和"身份人格"的概念，用以分别说明一个特定社会的全体成员受共同的价值观体系支配形成的人格形态和社会的特定身份（包括性别、年龄、阶层的差异等）群体受独有的价值观体系支配形成的人格形态。其中基本人格是基础，身份人格服从基本人格，是构成个体人格的基本组成部分。文化人格学的研究方法和视野，表明学者们对人格的研究已经冲破独立的个体心理分析的微观层面，而开始注重从宏观意义上对人格与外在社会文化环境之间关系进行系统考察。

从以上各学科对人格的研究可以看出，人格问题是一个相当复杂的现象，不同学科所倾心研究的往往只是其中一个或几个方面，都带有不可避免的局限性和片面性。但是，正是因为他们所着重研究的只是人格的某个方面，所以在这一方面就可以进行相当深入的分析，提出有启发性的观点。因此，我们在试图研究现代人格这一复杂问题时，就既不能完全依赖某一学科的人格理论，又不能忽略他们在某一方面的研究成果，而只能在更加根本的层面上进行综合性研究。

（四）人格的马克思主义理论学科含义

如前所述，人格问题，本质上涉及的是人对于作为个体的人应如何自立于社会、如何与自我和他人洽处、如何为社会增益等问题的追问和思考，从这个意义上讲，人格问题，也是人自身找寻人生价值和意义、确立理想人生的问题。而人们对理想人生的追求、对

[①] ［美］拉夫尔·林顿著，于闽梅、陈学晶译：《人格的文化背景——文化、社会与个体关系之研究》，广西师范大学出版社2007年版，第117页。

人生意义的寻求，有着不同的路向，由此形成不同的理想人格。其中，马克思主义从现实的人出发，主张"到社会生活中找寻人生的理想和意义"，在"克服现实的弊端，追求更好的社会制度和社会生活状态"①中实现个人的价值、去塑造理想的人格。虽然马克思主义主要讲人要追求社会理想，但是也讲人生理想和人生追求。"一方面，在社会理想中就包含人生理想，理想的社会也是由有理想的人组成的，没有和谐完美的人生，就不会有完美的社会。另一方面，任何社会理想的追求者也都是人，阶级、政党也都由人组成，在一定意义上可以还原为人。"更进一步说，"如果把其中有关人格的追求剥离出来加以单独考察"，那么就会看到马克思主义"所追求的并不是超人的目标"，因为"在无神的世界中并不存在神或其他超人的人格。人所追求的不是脱胎换骨、脱人成神，而是人自身的完善或完美"②。人不能成神并不表明境界就低，因为这只是一种本体论意义上的设定，而不是指人的精神追求。事实上，马克思主义唯物主义世界观中关于人格的追求是很崇高的。马克思主义揭示了人格发展的理想境界，或者叫"理想人格"，这就是"人的自由而全面的发展，或自由而全面发展的人"③。所以，马克思主义不只讲现实的人，它是以此为出发点关注人的发展和解放，最终目标是使人达到真正成为自由而全面发展的人这一理想境界。

在综合吸收古今中外各学科对人格的诸多定义和理论的基础上，

---

① 刘建军：《马克思主义信仰研究》，中国人民大学出版社2021年版，第328—329页。
② 刘建军：《马克思主义信仰研究》，中国人民大学出版社2021年版，第333—334页。
③ 刘建军：《马克思主义信仰研究》，中国人民大学出版社2021年版，第334页。

笔者立足于马克思主义的立场、观点和方法，坚持以马克思主义的辩证唯物主义和历史唯物主义为根本指导，以马克思主义关于社会存在决定社会意识、人的本质是一切社会关系的总和、人的自由全面发展等基本理论为基点，以习近平关于"人格是一个人精神修养的集中体现"①，"止于至善，是中华民族始终不变的人格追求"②等重要论述为遵循，将人格界定为一个反映个体思想意识性质和水平的综合性概念，具体是指作为个体的人所具有的以世界观为基础，以价值观为核心，以理想信念为目标，以道德认知、情感、意志和行为为主要内容的思想道德格局。展开讲，人格具有以下几个基本特征：一是社会性或民族性。马克思主义认为，社会存在决定社会意识。"既然人天生就是社会的，那他就只能在社会中发展自己的真正的天性；不应当根据单个个人的力量，而应当根据社会的力量来衡量人的天性的力量"③。"社会的力量"，即社会存在，进一步说，就是某一特定的国家或民族长期积累而形成的社会物质和文化环境，它为其社会中的每个成员的人格养成提供了基本的底色，人格的形成和发展均会受制于此，并深深打上特定的社会或民族烙印。二是时代性。时代性与社会性或民族性是密切相关的。从历史发展的纵向看，某一社会或民族总是处于特定的历史时代，面对那个时代的特定的课题任务和责任使命，其社会成员的人格塑造总会体现出其特定的时代特质。比如，以权力为核心的传统社会和以人为本的现代社会，对个体人格的要求在性质和内容上就有很大的不同。三是世

---

① 习近平：《在常学常新中加强理论修养 在知行合一中主动担当作为》，《人民日报》，2019-03-02。
② 《习近平谈治国理政》（第三卷），外文出版社2020年版，第337页。
③ 《马克思恩格斯文集》（第1卷），人民出版社2009年版，第335页。

界性。伴随着人类文明的跃进，特别是随着近代工商文明的兴起及全球拓展，世界上的各个国家和民族被广泛密切地联系在一起，不同的文明、文化相互交流、碰撞、借鉴，一个国家内部的国民人格塑造的过程，同时也成为该国家及其国民拥抱、学习、吸收、借鉴世界先进文明成果的过程，因此，人格的形成过程及发展呈现一定的世界性特征。四是利益性。利益性是指个体人格总是在物我利益关系的认识与处理中形成和发展的，它又反过来影响着个体对物我利益关系的认识与处理。比如，有的表现为利他的人格，有的表现为物我两利的人格，有的表现为自私狭隘的人格。五是层次性。从与时代进步要求相符合的程度和物我利益关系状况看，个体人格有高低优劣之分，可以划分为从高到低、从优到劣的不同人格层次。80多年前毛泽东同志在《纪念白求恩》一文中号召中国共产党人要学习白求恩毫不利己专门利人的精神。他说："一个人能力有大小，但只要有这点精神，就是一个高尚的人，一个纯粹的人，一个有道德的人，一个脱离了低级趣味的人，一个有益于人民的人"[①]，形象地指明了中国共产党人应追求的"精神高地"。

二、现代化的历程和含义

本书是基于现代化的社会发展背景对大学生现代人格的塑造进行研究。因此，在这里有必要对现代化的含义和历程加以认真梳理和深入研究。

---

① 《毛泽东选集》(第二卷)，人民出版社1991年版，第660页。

（一）世界现代化发展的主要历程

今天，"现代化"早已成为世界各国人民家喻户晓的一个词语；但是从严肃的理论研究的角度来看，还是需要对这一术语的含义作一番认真的追溯和探究。从词源上看，"现代化"一词对应英文单词 modernization，是一个动态名词，意指 to be modern，即"成为现代的"。作为形容词的 modern，是指"现（世）代的"或"近（世）代的"的意思，表示时间概念。被誉为"中国现代化之父"的著名历史学家、北京大学教授罗荣渠提出，根据近代西方史学对人类文明史最粗略的划分，人类社会从古至今经历了古代的（ancient）、中世纪的（medieval）、现代的（modern）三个大段的历史时期。其中，modern times 大致是指从公元 1500 年左右到现今的历史时期[①]。modern 除了表示时间之外，还用来表示一个新的观念体系。这个含义的最初使用大约是在 1585 年，西方正处于文艺复兴时期，当时的人文主义者在他们的著作中最先使用 modern 这个词借以表达一个新的观念体系[②]。文艺复兴尊崇古希腊罗马文化，以人的理性否定中世纪的宗教神学权威，所以西方史学界通常把文艺复兴以后的欧洲历史看成一个与中世纪对立的新时代。由上述讨论可见，"现代的"（modern）一词至少包含两层含义：一是作为时间尺度，泛指从中世纪结束以来一直延续到今天的一个"长时段"；二是作为价值尺度，指区别于中世纪的新时代精神与特征[③]。价值尺度是时间尺度的本质

---

① 罗荣渠：《现代化新论：中国的现代化之路》，华东师范大学出版社 2013 年版，第 3 页。
② 胡伟等：《现代化：世纪的追逐与思想》，上海人民出版社 2021 年版，第 6 页。
③ 罗荣渠：《现代化新论：中国的现代化之路》，华东师范大学出版社 2013 年版，第 5 页。

和内核,正是因为有了崇尚科学理性这一新的价值观念和精神追求,才有了以此时间为起点的标志意义上的新时代。

以上所讨论的只是"现代化"的词源概念,对于它的丰富内涵,还需要进一步追问和确认。这就要求必须回到世界现代化发展的历史实践之中。

人类社会漫长的历史发展进程,大体上经历了原始社会、农业社会和工业社会三大形态转换和两次文明转型。人类最早经历了漫长的原始社会。在原始社会里,人类主要靠狩猎和采集勉强维持生存,没有任何生产剩余,也没有出现阶级差别,生产力形态和生活方式都极其原始,社会发展进程异常缓慢,基本处于生产力水平零增长和偶然微增长的相对静止状态中。公元前1万年到8000年前,人类社会开始了第一次文明转型,即从原始生产力形态向农业文明社会过渡,这是生产力发展和人类文明的一次巨大飞跃。进入农业文明社会,人类学会了农耕技术和制作简单农具,农业生产水平得以显著提升,能够实现自给自足,而且有了一些生产剩余,于是出现了阶级,有了简单再生产条件下的经济极其缓慢的微增长,文化基础的积累率和文化传播也缓慢发展,农业文明发展呈现出持续性,社会结构也呈现出高度的稳定性。在农业生产力形态内部发生的主导生产方式的变革,如西欧的奴隶制向封建制生产方式的转换,东欧从农村公社制向封建制的转换,属于受到超常外来因素影响下发生的灾变或突变,西方社会发展呈现出分散性、多变性、突发性特征。而同处在农业生产力形态下的一些东方国家,其古典农业文明的发展水平,尽管在许多方面都远远高于西方,属于"发达"地区,但其发展进程却与西方社会有明显不同,特别是在东亚,其社会发展呈现出较多的统一性、长期连续性和渐进性,以至黑格尔和其他一些西方学者都误以为东方社会长期处于停滞状态[①]。

人类社会发生的第二次文明转型，是从公元 1500 年持续至今的由农耕文明向工商文明的转型，或称作从传统社会向现代社会的转型。这次文明转型的过程，就是世界各国先后逐步实现现代化的过程。中外学界公认，这一过程首先发轫于西欧，并迅速向全球扩展。受到一定的地理环境因素影响，欧洲特别是西欧的历史发展进程迥异于中国、印度和阿拉伯世界，它从公元 5 世纪以来就逐步形成并保持地中海文明的特征，古希腊文明、古罗马文明、阿拉伯文明，都借由地中海而互相联通并四处传播各自的思想和商业。在经历了长达千年的黑暗中世纪之后，从 15 世纪后期到 18 世纪中期，经过宗教改革、科学革命、文艺复兴和启蒙运动等思想文化的连续强烈洗礼，伴随着地理大发现及新航路开辟带来的经济上的各国商业资本和大西洋贸易的兴起及海外扩张，加上政治上王权兴起及其奉行的重商主义政策，终于在英国率先发生了工业革命，创造出崭新的现代生产力形式，引导人类社会从农业文明时代跃进到崭新的工业文明时代。18 世纪后期开始的工业革命是资本主义生产方式在西欧对前资本主义生产方式的决定性胜利，是世界现代化的正式开端。马克思、恩格斯高度关注并对资本主义在推进世界现代化进程中所发挥的作用给予高度评价："大工业建立了……世界市场。世界市场使商业、航海业和陆路交通得到了巨大的发展。这种发展又反转过来促进了工业的扩展"[②]；"新的工业的建立已经成为一切文明民

[①] 罗荣渠：《现代化新论：中国的现代化之路》，华东师范大学出版社 2013 年版，第 98 页。

[②] 马克思、恩格斯：《共产党宣言》，人民出版社 2018 年版，第 29 页。

族的生命攸关的问题","资产阶级,由于一切生产工具的迅速改进,由于交通的极其便利,把一切民族甚至最野蛮的民族都卷到文明中来了"。① 总之,"资产阶级在它的不到一百年的阶级统治中所创造的生产力,比过去一切世代创造的全部生产力还要多,还要大"②。在西方社会,建立在科学技术基础上的生产方式实现了规模化、机械化,经济高速增长,社会财富的形态和积累方式发生重大转变,加之大工业都市的兴起,世界商业网络的构建,知识革命的发生,使得技术发明、资本积累、文化传播在文明进步中的作用加速增长。原本停滞的传统社会开始转变成不断变动的社会,从糊口到温饱的农村社会开始向丰裕的城市社会过渡。这就是近代以来西方国家发展呈现出的快速的、不稳定的特征。而且,在由现代民族国家构成的新世界经济体系中,高速发展社会的经济—文化因素对低速发展社会具有强烈的传导性,而自发的国际竞争机制又使这种传导性变成一种自觉的发展律令,从而产生一种不同于一般文化传统的特殊传播效应——现代化效应。从这个意义上说,从传统社会向现代社会转变的现代化进程,从一开始就是一个世界性的发展现象。罗荣渠将世界现代化发展进程概括为三次大浪潮。第一次现代化大浪潮是由第一次工业革命推动的。从 18 世纪后期到 19 世纪上半叶,工业化进程由英国开端然后向西欧扩散,而且英国掀起的工业革命与北美独立革命、法国大革命等政治革命相结合,形成推动社会巨变的强大冲力,首先把西欧和北美局部地区卷入工业化和现代化的大潮中。19 世纪中下叶至 20 世纪初,工业化和现代化在欧洲核心地区取得

---

① 马克思、恩格斯:《共产党宣言》,人民出版社 2018 年版,第 31 页。
② 马克思、恩格斯:《共产党宣言》,人民出版社 2018 年版,第 32 页。

巨大成就，并超出欧洲向异质文化地区传播，形成现代化的第二次大浪潮，使得"西化""欧化"成为鲜明的历史发展潮流。20世纪初，世界上最年轻的新兴现代工业大国美国一跃超过英国，成为头号经济大国。这一时期的中国，面对西方列强的殖民扩张和侵略战争，作出了强烈的回应，开始探索防御性的现代化道路。20世纪上半叶，西欧、北美资本主义的大发展孕育了空前的内部危机：两次世界大战和一次全球性生产过剩经济危机，并直接导致现代生产力的阻滞，延缓了现代化推进的势头。现代化的第三次大浪潮出现在20世纪下半叶，这次大浪潮是新兴工业化世界对非工业化世界的一次全球性大冲击。在第三次科学技术革命的推动下，一方面，发达工业国内部由初级工业化向高级工业化升级，由现代化向后现代化阶段发展，其核心目标更聚焦实现社会建设、增加人类福利、提高生活质量和促使个人幸福最大化；另一方面，产业结构的新变化加速工业化和现代化的浪潮向全球强劲扩散，大批欠发达国家卷入革命性变革大潮，并明确提出把"现代化"作为发展目标。这一时期，虽然广大发展中国家都不同程度地卷入了现代化的历史大潮之中，但发展很不平衡。总的来说，大多数国家尚未完成现代化，从全球视野看，现代化依然任重道远。包括中国在内的后起发展中国家在追逐实现现代化的过程中，同时面临着两大阶段性发展任务：一方面，它们需要向工业化社会转变；另一方面，世界范围内后工业社会和知识经济又接踵而来，后起发展中国家必须采取综合的现代化发展战略，既要关注现代化的经济、政治、文化和社会的发展逻辑与时序，以求在最短时间内完成整个国家的现代化，又要使"现代"与"后现代"的发展内涵有机统一于一体，最终实现跨越式发展。

（二）现代化的含义及其共性特征

综观18世纪以来世界的现代化进程，既波澜壮阔又坎坷曲折。整个现代化的进程始终是一个充满矛盾的不平衡发展过程，现代性带来的危机随着现代化进程而不断涌现，但现代化是人类通向一个生产力高度发展与人的全面发展的更高级社会所必经的一个大过渡阶段。任何国家企图绕过现代生产力高度发展而进入更高的发展阶段的努力，都是不切实际的空想。正如恩格斯所揭示的那样："只有在社会生产力发展到一定程度，发展到甚至对我们现代条件来说也是很高的程度，才有可能把生产提高到这样的水平，以致使得阶级差别的消除成为真正的进步，使得这种消除可以持续下去，并且不致在社会的生产方式中引起停滞甚至倒退。"[1] 伴随着世界现代化运动的实践发展，人们对于这一客观历史进程的理性认识和理论研究也逐步提上日程，并愈加深入、系统。

虽然"现代化"（modernization）的概念大概于18世纪中叶在西方世界出现，但是有意识地、系统地对现代化问题进行专门理论研究，则是在第二次世界大战之后才开始的，在20世纪五六十年代的美国形成了所谓的"经典现代化理论"。其核心代表人物是丹尼尔·勒纳。1958年，他在《传统社会的消失：中东现代化》一书中，把社会系统分成传统社会和现代社会两极，指出现代化是指从传统社会向现代社会的转变过程。这一观点在现代化理论中具有深远影响和重大意义。另一位具有代表性的现代化理论学者是美国历史学家C.E.布莱克，他运用比较方法和跨学科方法开展现代化研究，出版了《现代化的动力》(1966)、《日本和俄国的现代化》

---

[1] 《马克思恩格斯选集》（第3卷），人民出版社2012年版，第323页。

（1975）、《比较现代化》（1976年）等著作，批评20世纪五六十年代的现代化理论过度强调西方国家的影响作用，忽视了对各类正在进行现代化的国家的内部文化传统的研究；并进而提出，现代化作为社会变化的一种进程，实质上是传统的制度和观念在科学技术进步条件下对现代社会变化需要所做的功能性适应。布莱克注意到了后发国家实现现代化的原有的社会文化基础，修正和完善了初期现代化理论过多强调西方社会作为现代化的发源向外传播辐射的强大作用的观点。20世纪七八十年代，西方学界在对经典现代化理论进行反思和扬弃的过程中，依附论、世界体系论、后现代化理论、再现代化理论、继续现代化理论等纷纷涌现，现代化理论走向多元。然而，事实上经典现代化理论在遭受批评、反思和修正的过程中并未寿终正寝，20世纪90年代以后，经"新自由主义"学派发展而再次成为主流，同时多元现代化道路和模式乃至多元现代性获得了更多的理解和认同。

在中国，改革开放以后，学者们开始热衷于现代化研究，掀起了一股研究的热潮。罗荣渠在对中外学者关于现代化含义的种种说法进行归纳梳理后，概括出四种有代表性的观点[①]。第一种观点认为，现代化是指近代资本主义兴起后的特定国际关系格局下，经济上落后国家通过大搞技术革命，在经济和技术上赶上世界先进水平的历史过程。这种观点认为现代化的实质就是落后追赶先进，跟上时代步伐。第二种观点认为，现代化是指人类社会从前工业社会或传统农业社会向现代工业社会转变的历史过程。这种观点认为现代化实

---

① 罗荣渠：《现代化新论：中国的现代化之路》，华东师范大学出版社2013年版，第7—11页。

质上就是工业化，强调了建立在技术革命基础上的工业化在现代社会变迁过程中的决定性地位和作用。第三种观点认为，现代化是自科学革命以来，由于人类知识史无前例地增长而使人类得以控制其环境，各种传统制度适应因知识增长而发生的各种功能性变化的过程。这些变化不仅限于工业领域或经济领域，同时也发生在知识增长、政治发展、社会动员、心理适应等方面。这种现代化的观点不同于前两种观点之处，主要在于它既承认工业化的先决性地位和作用，同时又不局限于工业化的纯粹经济属性，而是注意社会制度即结构与工业化和经济发展的关系。持这一观点的是西方现代化研究中有很大影响的结构功能学派，其中最具有代表性的是美国普林斯顿大学教授布莱克（Cyril Edwin Black）等人的研究小组，他们主要用比较历史的方法研究现代化，认为现代化是指这样一个过程，"在科学和技术革命影响下，社会已经发生和正在发生的转变过程……是一个影响社会的各个方面的扩增过程"①。这一过程涉及政治、经济、社会、思想各方面。他们提出将"现代性"（modernity）与"传统"（tradition）作为分析现代化进程的对比类型。"传统"是前现代社会的特征，"现代性"则是现代社会的特征，它是社会在工业化推动下发生变革而形成的一种属性，这种属性是各发达国家在技术、政治、经济、社会发展等方面所具有的共同特征，包括民主化、法制化、工业化、都市化、均富化、福利化、社会阶层流动化、宗教世俗化、教育普及化、知识科学化、信息传播化、人口控制化等②。第四种观点认为，现代化主要是一种心理态度、价值观和生活方式

---

① ［美］西里尔·E.布莱克等著，周师铭等译：《日本和俄国的现代化——一份进行比较的研究报告》，商务印书馆1984年版，第18页。
② 杨国枢：《现代化的心理适应》，台北巨流图书公司1978年版，第24页。

的改变过程。这种观点是从社会学、文化人类学、心理学的角度考察现代化的。最早提出这一观点的是德国著名社会学家和历史学家马克斯·韦伯（Max Weber），他认为欧洲资本主义的兴起与发展并不仅仅是经济与结构方面的问题，"归根到底，产生资本主义的因素乃是合理的常设企业、合理的核算、合理的工艺和合理的法律，但也并非仅此而已。合理的精神，一般生活的合理化以及合理的经济道德都是必要的辅助因素"①。持这一观点的另一位代表人物，是美国著名文化人类学家、社会心理学家阿里克斯·英格尔斯（Alex Inkeles），他在《迈向现代：六个发展中国家的个人变化》等书中对现代人的特征进行分析研究，强调国家或社会发展的最终要求是人在素质方面的改变，即从传统主义到个人现代性的改变，并首次提出了现代人格的概念。他认为，片面强调工业化和经济现代化是不够的，如果没有从心理、思想和行为方式上实现由传统人到现代人的转变，使之具备人的现代人格、现代品质，不可能成功地从一个落后国家跨入自身拥有持续发展能力的现代化国家的行列。英格尔斯对于现代化进程中的人的素质改变、人格转变的重要观点，关键性地抓住了现代化运动的实践主体和价值主体——人，将现代化的客观进程置于工具理性层面以服务于人的现代化这一价值理性目的，是非常独特新颖且具有重大启发性的视角。

以上四种观点，并非截然对立，实际上是互相渗透、相辅相成的。比较而言，笔者认为第三种观点最为完整全面，该观点准确地揭示出了现代化的本质要求和内在特征，也涵括了第一、二和四种

---

① ［德］马克斯·韦伯著，姚增广译：《世界经济通史》，上海译文出版社1981年版，第301页。

观点的核心内容。以第三种观点为基础，笔者认为，现代化作为一个世界性的历史进程，是指人类社会从工业革命以来所经历且仍在持续的一场剧烈变革，这一变革以工业化为推动力，促使传统农业社会向现代工业社会的全球性大转变，并从工业领域渗透到经济、政治、文化、思想各个领域，引起生产方式、生活方式、社会交往、思维方式、价值观念、政治活动、国际交往等多层面、全方位的根本性变革。总之，现代化是一个综合性运动进程，包括经济现代化、政治现代化、社会现代化、文化现代化和人的现代化等诸多内容，涉及人类生活的所有领域和各个方面，以及个人的心理、思想、价值观念和行为的深层次变化。国内有学者进一步概括提出了经济、政治、社会、文化现代化的具体含义和价值指向，极有见地。该学者研究指出：经济现代化，是由自给自足的自然经济基础上的传统农业社会向发达的市场经济基础上的现代工业社会转变的过程；其主题是工业化、市场化、信息化，本质是市场发挥资源配置的决定性作用，重点是市场体系统一开放、竞争有序，市场规则公平开放透明，市场机制健全且能有效调节各项经济活动，企业和个人具有充足活力和空间发展经济、创造财富。政治现代化，是由专制向民主、人治向法治、传统政治体系向现代政治体系转变的过程；政治现代化意味着具有一个结构和功能高度分化与专业化的政府组织体制，政治制度化的水平高且具有长久的稳定性但并不僵化，政治体系具有很高的效率和效能并采用合理的程序制定政策，宪法法律具有权威并得到普遍实施，社会成员具有普遍平等的政治意识和态度，公民权利得到普遍保障且公众具有政治参与的能力和渠道，政治权力来源于公民的同意并可以受到有效的监督和制约，等等。社会现代化，是从一元向多元、封闭向开放、传统社会结构向现代社会结构演化的过程；现代社会高度分化，各组织之间的专门化程度和相互依赖程度很高，科层制度普遍发展；社会结构和利益结构呈多元化发展，社会组织和民间组织发展良好且十分活跃；城市化水平和社会流动性高，人口大规模集中于城市且流动自由，教育和医疗卫生条件空前改善，社会福利和社会保障普遍建立，社会角色和地位的分配主要依据个人的能力和业绩，调节人际关系的规范是普遍主义的，宗法力量、宗族关系式微，等等。文化现代化是从迷信向科学、神圣化向世俗化、蒙昧主义向理性主义的发展过程；强调理性主义、个性自由、进取精神、效率至上等观念，科学技术发达；文化现代化的根本是人的现代化，是把人从传统的精神枷锁中解放出来，倡导人的解放和自由全面发展。[①]

伴随着世界现代化运动的持续推进以及现代化理论研究的逐步深入，美国政治学家塞缪尔·P. 亨廷顿（Samuel P. Huntington）进一步概括归纳出了现代化过程的九个特征：第一，现代化是革命的过程。从传统性向现代性的转变必然涉及人类生活方式根本的和整体的变化。第二，现代化是复杂的过程。不能将现代化过程简单归纳为某一种因素或某一个方面，它包含着实际上是人类思想和行为一切领域的变化。第三，现代化是系统的过程。一个因素的变化将联系并影响到其他各种因素的变化，现代化的各种因素极为密切地联系在一起。第四，现代化是全球的过程。现代化起源于15至16世纪的欧洲，但现在已经成为全世界的现象。第五，现代化是长期的过程。现代化所涉及的整个变化需要时间才能解决，因此，从传统

[①] 胡伟等：《现代化：世纪的追逐与思想》，上海人民出版社2021年版，第12—13页。

社会中发生的变化来看,现代化确实是革命的过程,但从这些变化所需要的时间来看,现代化又是进化的过程。第六,现代化是有阶段的过程。一切社会进行现代化的过程有可能区别出不同的水平或阶段,它显然是从传统阶段开始,以现代阶段告终。第七,现代化是一个同质化的过程。现代化在社会之间产生了集中的趋势,现代化意味着在政治上组织起来的社会趋向于它们之间的相互依存以及各个社会趋向于最终结合的运动。第八,现代化是不可逆转的过程。虽然在现代化过程中某些方面可能出现暂时的挫折和偶然的倒退,但在整体上现代化基本上是个长期的趋向。第九,现代化是进步的过程。现代化的精神冲击很多,也很深刻,但从长远的观点来看,现代化不仅是不可避免的,而且是人心所向的。现代化增进了人类在文化和物质方面的幸福。[①] 客观地说,这九个方面的特征是比较全面的,一定程度上较为深刻地揭示了纷繁复杂的现代化运动背后蕴藏的内在机理;特别是明确指出了现代化实际上包含着人类思想和行为一切领域的变化,从长远看,现代化增进了人类在文化和物质方面的幸福,说明了人的思想和行为必将在现代化进程中不断地发展变化并获益精进。

国内学者如中央党校教授张恒山通过综合研究人类社会文明转型即从农耕文明向工商文明转型的历程,特别是对英国、法国和美国、德国和日本、俄国等四类不同文明转型道路的比较研究,提出:文明转型是一个全方位的转型,而不能仅仅是工业化,或其中两三个特征的转变,成熟形态的现代文明意味着九大要素全面实现,包

---

① [美]塞缪尔·P.亨廷顿:《导致变化的变化:现代化、发展和政治》,见[美]西里尔·E.布莱克主编,杨豫、陈祖洲译:《比较现代化》,上海译文出版社1996年版,第44—47页。

括思维方式的理性化、价值观念的人本化、交换方式的市场化、生产方式的工业化、分配方式的普惠化、生活方式的城市化、政治组织的民主化、管理方式的法治化、活动范围的全球化①。这些特征的形成可能是不同步的，有些特征率先形成，有些特征滞后形成，但不能人为地要某些特征、不要另一些特征。缺少其中任何一个方面，都意味着一个社会的文明转型尚未完成。从中可以看出，九大特征中直接涉及人的思维方式、价值观念和政治意识等现代转型内容，特别是人作为现代化的实践主体在整体的现代化中始终处在一个关键主导性地位，主导牵引着每一个方面的转型。

三、马克思主义视野下人的现代化

伴随着世界历史的现代化发展进程，作为这一变革进程主体的人的现代化问题就势必出现，并日益发展成为首要的问题。随着科学技术革命的更新迭代及其成果在各个领域的推广应用，人类的生产方式、生活方式、思维方式、社会结构等一直在发生剧烈变革，生活于其中的每个个体能否顺应新的社会文化环境，提高自身的心理素质和思想观念，确立自己在现代社会的地位和角色，建立新型的价值理念、行为方式和行为规范，塑造出新的现代人格，直接关系着人的现代化的最终实现。

如前所述，马克思、恩格斯高度肯定了人类社会历史演进到18至19世纪资本主义时代的"现代生产方式"催生出的巨大发展成

---

① 张恒山：《从文明转型看中国现代化》，《学习时报》，2012-04-17。

就,同时,他们也对资本主义生产方式的对抗性矛盾所造成的"现代的灾难"进行了深刻的揭露批判。马克思主义唯物史观认为,生产力与生产关系的辩证运动是支配人类社会发展的基本规律,"大体说来,亚细亚的、古希腊罗马的、封建的和现代资产阶级的生产方式可以看作是经济的社会形态演进的几个时代"①。资本主义现代化过程中存在的固有矛盾,即生产资料私有制和社会化大生产的矛盾,必然导致社会主义现代化终将取代资本主义现代化,这是一个自然的、客观的历史进程。马克思、恩格斯虽然没有明确提出过"现代化""人的现代化"等概念,但是他们所揭示的人类社会发展演进的一般规律和所指明的人类社会发展的终极理想,实质上就是人类社会的现代化运动螺旋式向前推进和人的现代化的最终实现。在他们的理论视域中,世界现代化既是物的现代化,将带来丰富的物质财富,也是人的现代化,将实现人的自由而全面发展。

(一)现代化的主体:现实的个人

马克思、恩格斯对人的问题的研究,不是建立在抽象的原则上的。他们承继吸收了西方人文主义的思想传统,批判扬弃了黑格尔的辩证法和费尔巴哈的唯物论,创建了辩证唯物主义和历史唯物主义的科学世界观和方法论,并以此为指引,用于观照社会历史领域中的人,揭示了人的社会性本质,即"人的本质不是单个人所固有的抽象物,在其现实性上,它是一切社会关系的总和"②。"现实的个人"是马克思、恩格斯研究全部人类历史的首要前提,也是他们关

---

① 《马克思恩格斯选集》(第2卷),人民出版社2012年版,第3页。
② 《马克思恩格斯文集》(第1卷),人民出版社2009年版,第505页。

于人的现代化理论的出发点。在《德意志意识形态》一文中,马克思、恩格斯明确指出:"全部人类历史的第一个前提无疑是有生命的个人的存在",这里的"个人"不是抽象的绝对精神的存在,不是纯感性直观的人,"这是一些现实的个人,是他们的活动和他们的物质生活条件"①,也就是说,"这些个人是从事活动的,进行物质生产的,因而在一定的物质的、不受他们任意支配的界限、前提和条件下活动着的"②。同时,马克思进一步指出:"一旦人已经存在,人,作为人类历史的经常前提,也是人类历史的经常的产物和结果,而人只有作为自己本身的产物和结果才成为前提。"③马克思主义明确了历史是"现实的人"自身创造的历史,因此,也就指明了,人的现代化的过程是"现实的人"改造自身与改造周围世界相统一的过程。

(二)人的现代化的内生动力:个人需要

马克思主义从"现实的人"出发,提出"个人需要"作为人的一种"内在的必然性",是人的存在和发展的内驱力,也是人实现现代化的重要动力源泉,构成马克思主义关于人的现代化理论的重要内容。马克思主义认为,需要是人的生命活动的内在规定性,也是人的有意识行为活动的基本动因。马克思、恩格斯指出,"他们的需要即他们的本性"④。"任何人如果不同时为了自己的某种需要和为了这种需要的器官而做事,他就什么也不能做"⑤。"像野蛮人为了满

---

① 《马克思恩格斯选集》(第1卷),人民出版社2012年版,第146页。
② 《马克思恩格斯选集》(第1卷),人民出版社2012年版,第151页。
③ 《马克思恩格斯全集》(第26卷第三册),人民出版社1974年版,第545页。
④ 《马克思恩格斯全集》(第3卷),人民出版社1960年版,第514页。
⑤ 《马克思恩格斯全集》(第3卷),人民出版社1960年版,第286页。

足自己的需要,为了维持和再生产自己的生命,必须与自然搏斗一样,文明人也必须这样做;而且在一切社会形式中,在一切可能的生产方式中,他都必须这样做。"①除了满足人类生存所必需的物质需要、自然需要之外,马克思、恩格斯认为,在现实世界中个人还有许多其他更高层次的需要,如"社会需要""精神的需要""奢侈的需要""文明的需要""考究的需要""利己的需要""对货币的需要""交往的需要""学习和受教育训练的需要"等,"人以其需要的无限性和广泛性区别于其他一切动物"②。可见,需要是人的生存和发展的积极性、自觉性、目的性、选择性和创造性的源泉,也是人追求实现现代化的最原初的动力。有学者对此做了精辟准确的概括:个人需要的作用,不仅表现在人的一般活动中,更体现在自身现代化、对象世界现代化,以及人的全面自由的发展上,个人需要激发着人的现代化过程,人的本质的复归、创造和实现。③为此,不断满足人的多方面的正当的、合理的、积极的、文明的需要,是人的现代化,乃至整个人类社会现代化的重要任务和目标。正如马克思所言:"全部历史是为了使'人'成为感性意识的对象和使'人作为人'的需要成为需要而作准备的历史(发展的历史)。"④马克思主义认为,只有在共产主义条件下,人的需要才具有丰富性、全面性,人的本质力量才能充分体现,人的现代化才能彻底实现。

---

① 《马克思恩格斯文集》(第7卷),人民出版社2009年版,第928页。
② 《马克思恩格斯全集》(第49卷),人民出版社1982年版,第130页。
③ 张智:《通往人的全面发展之路——社会主义条件下人的现代化研究》,中国人民大学出版社2019年版,第123—124页。
④ 《马克思恩格斯文集》(第1卷),人民出版社2009年版,第194页。

（三）人的现代化的条件：生产实践活动

马克思主义从满足人的生存和发展需要出发，提出人要实现现代化必须进行"物质生产、人的自身生产、精神生产、社会关系生产"等实践活动，以创造人的现代化所需要的一切社会历史条件。

首先，马克思指出，物质生产是"一切人类生存的第一个前提"，是"一切历史的基本条件"。因为"人们为了能够'创造历史'，必须能够生活。但是为了生活，首先就需要吃喝住穿以及其他一些东西。因此第一个历史活动就是生产满足这些需要的资料，即生产物质生活本身"[1]。物质生产是人的现代化的首要前提和基本条件，而且是永久性条件，它是"人们从几千年前直到今天单是为了维持生活就必须每日每时从事的历史活动"[2]，未来也将是这样。物质生产劳动对于人的现代化的基础性和决定性作用，首先体现在它使人脱离了自然界、获得了人成为人的本质规定性，创造了人类社会和人的历史，开启了人的现代化之路。"一当人开始生产自己的生活资料，即迈出由他们的肉体组织所决定的这一步的时候，人本身就开始把自己和动物区别开来。"[3]不仅如此，物质生产劳动方式还制约和决定着人的现代化。"个人怎样表现自己的生命，他们自己就是怎样。因此，他们是什么样的，这同他们的生产是一致的——既和他们生产什么一致，又和他们怎样生产一致。因而，个人是什么样的，这取决于他们进行生产的物质条件。"[4]这就是说，人的现代化过程中达到和展现的人的技能素质、实践的应用能力等，都与物质生产及

---

[1] 《马克思恩格斯选集》（第1卷），人民出版社2012年版，第158页。

[2] 同上。

[3] 《马克思恩格斯选集》（第1卷），人民出版社2012年版，第147页。

[4] 同上。

科技的发展水平高低密切相关。

其次,马克思还十分重视精神生产对于人的现代化的重要作用。马克思主义认为,作为物质生产派生现象的精神生产是"全面的生产"或"整个世界的生产"的一个重要的部分[1]。马克思把精神生产界定为"思想、观念、意识的生产"和"政治、法律、道德、宗教、形而上学"等诸多社会观念的生产[2]。在阶级社会中,随着剩余产品和私有制的出现,人们的精神生产开始完全成为一种自觉的活动,其对人的现代化作用开始彰显。特别是在资本主义时期,马克思、恩格斯观察到,精神生产,特别是科学技术对人的存在和发展及其现代化的作用尤为突出和明显。马克思指出,在资本主义现代化过程中,"科学因素第一次被有意识地和广泛地加以发展、应用并体现在生活中,其规模是以往的时代根本想象不到的"[3]。在现代社会,科学及其创新应当是推动人的现代化的重要的、革命性动力。恩格斯指明了精神生产适应于人的现代化内在要求的发展趋势,他说:"在所有的人实行明智分工的条件下,不仅生产的东西可以满足全体社会成员丰裕的消费和造成充足的储备,而且使每个人都有充分的闲暇时间去获得历史上遗留下来的文化——科学、艺术、社交方式等——中一切真正有价值的东西;并且不仅是去获得,而且还要把这一切从统治阶级的独占品变成全社会的共同财富并加以进一步发展。"[4]总之,精神生产,是人的本质的集中表现和最终确认,是人的理性能力的彰显,是人的现代化和人的全面自由发展的必要条件和

---

[1] 《马克思恩格斯文集》(第1卷),人民出版社2009年版,第541—542页。
[2] 《马克思恩格斯文集》(第1卷),人民出版社2009年版,第524页。
[3] 《马克思恩格斯文集》(第8卷),人民出版社2009年版,第359页。
[4] 《马克思恩格斯文集》(第3卷),人民出版社2009年版,第258页。

重要动能。

最后，马克思主义中人的现代化理论认为，社会关系生产和再生产与人的现代化是密切相关的。社会关系从单一性到丰富性、从片面性到全面性、从物化性到人本性、从地方性到世界性、从生存性到发展性、从统治属性到自治自由性的演进过程，本质上就是人的解放、发展和现代化的过程[①]。在《政治经济学批判（1857—1858年手稿）》中，马克思提出了以人的发展为核心的社会关系发展的三个阶段："人的依赖关系（起初完全是自然发生的），是最初的社会形式，在这种形式下，人的生产能力只是在狭小的范围内和孤立的地点上发展着。以物的依赖性为基础的人的独立性，是第二大形式，在这种形式下，才形成普遍的社会物质变换、全面的关系、多方面的需要以及全面的能力的体系。建立在个人全面发展和他们共同的、社会的生产能力成为从属于他们的社会财富这一基础上的自由个性，是第三个阶段。第二个阶段为第三个阶段创造条件。"[②] 从社会关系发展层级看，在第一个阶段即人的依赖关系阶段，人与人之间的关系是自然血缘关系和以统治服从关系为基础的，其本质是"人对人的依赖性"，人的发展受到"人的限制即个人受他人限制"[③]，人的现代化遭受极大的限制。第二个阶段即以物的依赖性为基础的人的独立性阶段，打破了人的"依赖纽带、血统差别、教养差别等等"，"这种物的联系比单个人之间没有联系要好，或者比只是以自然血缘关

---

① 张智：《通往人的全面发展之路——社会主义条件下人的现代化研究》，中国人民大学出版社 2019 年版，第 135 页。
② 《马克思恩格斯文集》（第 8 卷），人民出版社 2009 年版，第 52 页。
③ 《马克思恩格斯文集》（第 8 卷），人民出版社 2009 年版，第 58 页。

系和统治从属关系为基础的地方性联系要好"①，它有利于人的解放、发展和现代化。第三个阶段是建立在第二个阶段所创造的全部条件基础之上人的自由个性阶段，处于这种社会关系状况中的人，本质就是实现了全面而自由发展的人，是完成了现代化的人，是具有高度文明的现代人。

（四）人的现代化的根本目标：全面而自由的发展

马克思主义把"联合劳动""自由个性"的获得看作人实现现代化的重要体现方式，把"每一个个人的全面而自由的发展"看作未来联合体中一切人的现代化实现的根本标准。

首先，自由的、自主的联合劳动是彰显人的现代化的本质方式。劳动是人的生命存在、生存发展和现代化的现实基础和表征形式，它应当是人自由创造和创造自由的过程。但是，受到以往特定社会生产力水平发展程度的限制，劳动只是人谋生的手段，在这种状态下，劳动者不是自由的、自主的，而是被迫的、被强制的。马克思主义认为，随着生产力的不断发展，"自由的联合的劳动的社会经济规律的自发作用"必将代替"资本和地产的自然规律的自发作用"②，到那时，雇佣劳动"注定要让位于带着兴奋愉快心情自愿进行的联合劳动"③，联合劳动作为劳动的"自主活动才同物质生活一致起来，而这又是同各个人向完全的个人的发展以及一切自发性的消除相适应的。同样，劳动向自主活动的转化，同过去受制约的交往向个人

---

① 《马克思恩格斯文集》（第 8 卷），人民出版社 2009 年版，第 56 页。
② 《马克思恩格斯文集》（第 3 卷），人民出版社 2009 年版，第 199 页。
③ 《马克思恩格斯文集》（第 3 卷），人民出版社 2009 年版，第 12—13 页。

本身的交往的转化，也是相互适应的"①。在马克思主义看来，联合劳动具有社会性和科学性特征，从根本上区别于以往的雇佣劳动，它"不是作为用一定方式刻板训练出来的自然力的人的紧张活动，而是作为一个主体的人的紧张活动"，这个主体是"作为支配一切自然力的活动出现在生产过程中"②，在这样的生产过程中，劳动是每个人"自由的生命表现"，是"生活的乐趣"，个体"在劳动中肯定了自己的个人生命"，肯定了自己"个性的特点"③，"生产劳动给每一个人提供全面发展和表现自己的全部能力即体能和智能的机会。这样，生产劳动就不再是奴役人的手段，而成了解放人的手段，因此，生产劳动就从一种负担变成一种快乐"④。

其次，"自由个性"的形成和获得是人完成现代化、成为现代人的标志。马克思主义首先揭示出了人区别于动物的类特性，即为所有的人所共有并为人类所特有的规定性，这就是"自由的有意识的活动"⑤。相对于人的类特性而言，人的个性是每个个体所独有而与其他个体相区别的特殊规定性。按照马克思主义的观点，人的个性的丰富和发展是一个历史的过程。最初从动物界分裂出来的原始人，"表现为不独立，从属于一个较大的整体""不能想象会有自由而充分的发展"⑥。随着生产力的发展和私有制的确立，人的"原始的丰富性"逐渐让位于"人的独立性"，然而这种独立性是借助于货币这一

---

① 《马克思恩格斯文集》(第1卷)，人民出版社2009年版，第582页。
② 《马克思恩格斯全集》(第8卷)，人民出版社1979年版，第174页。
③ 《马克思恩格斯全集》(第42卷)，人民出版社1979年版，第38页。
④ 《马克思恩格斯文集》(第9卷)，人民出版社2009年版，第311页。
⑤ 《马克思恩格斯文集》(第1卷)，人民出版社2009年版，第162页。
⑥ 《马克思恩格斯文集》(第8卷)，人民出版社2009年版，第136页。

外在物而实现的,"在资产阶级社会里,资本具有独立性和个性,而活动着的个人却没有独立性和个性"①。要使个人彻底摆脱对"人的依赖关系"和"物的依赖关系",获得充分的"自由个性",需要"建立在个人全面发展和他们共同的、社会的生产能力成为从属于他们的社会财富这一基础上"②。具备了这种条件后,个人完全控制了自己的生存条件,个人的体力、智力、才能、兴趣、品质、素质等都能得以充分地、全面地、自由地发展,达到"自由个性"这一人的个性发展的最高境界。具有"自由个性"的人必定是真正自由自主的"完整人",是完成了现代化的"现代人"。正如恩格斯所说:"人终于成为自己的社会结合的主人,从而也就成为自然界的主人,成为自身的主人——自由的人。"③

最后,"每一个个人的全面而自由的发展"是马克思主义所追求的全人类解放、一切人都实现现代化的根本目标。1848年2月,马克思和恩格斯合著的《共产党宣言》在伦敦公开发表,标志着马克思主义的公开问世。在这部天才著作中,马克思、恩格斯运用科学的世界观和方法论对人类社会的历史特别是资本主义社会进行了深刻的剖析,科学评价了资本主义对人的现代化的历史进步作用,也无情揭露了资本主义的内在矛盾对人的现代化的抑制和扭曲,指明了无产阶级的伟大历史使命——实现个人的现代化和全人类的解放,指出:"代替那存在着阶级和阶级对立的资产阶级旧社会的,将是那样一个联合体,在那里,每个人的自由发展是一切人的自由发展的

---

① 《马克思恩格斯文集》(第2卷),人民出版社2009年版,第46页。
② 《马克思恩格斯文集》(第8卷),人民出版社2009年版,第52页。
③ 《马克思恩格斯文集》(第3卷),人民出版社2009年版,第566页。

条件。"①这表明,马克思主义所追求的是每个人自由发展基础上的一切人的自由发展即全人类的解放,"每一个社会成员都能够完全自由地发展和发挥他的全部力量和才能"②,不能有一个人得不到自由的发展。这一终极目标蕴含着人的发展或人的现代化的三层含义:一是"每一个个人"的现代化。马克思、恩格斯在他们的著述中在谈人的发展和现代化目标时,都是以"个人"或"每一个个人"为主体的,这是因为他们认为"人们的社会历史始终只是他们的个体发展的历史"③,每一个个人的现代化的完成是整个人类实现现代化的前提和归宿。二是"个人的全面发展"的现代化。资本主义大工业将人分割,流水线上的工人每日在做着简单重复的劳动,是一种片面畸形的发展。马克思主义所追求的是人的全面发展,涵盖个人能力和素质的全面发展、个人的需要和个性的全面发展、个人的关系和交往的全面发展等诸多方面。马克思指出,"人以一种全面的方式,就是说,作为一个完整的人,占有自己的全面的本质"④,实现"个人关系和个人能力的普遍性和全面性"⑤。三是"个人的自由发展"的现代化。首先人不应被其他人和外在物质统治,人的行动应当是自愿自主自由的。人的自由还体现在人的创造性能力的充分发挥;现代化应以发挥人的创造性能力为基础和目标,让人将剩余劳动时间转

---

① 《马克思恩格斯文集》(第2卷),人民出版社2009年版,第53页。
② 《马克思恩格斯文集》(第1卷),人民出版社2009年版,第683页。
③ 《马克思恩格斯文集》(第10卷),人民出版社2009年版,第43页。
④ 《马克思恩格斯文集》(第7卷),人民出版社2009年版,第189页。
⑤ 《马克思恩格斯文集》(第8卷),人民出版社2009年版,第56页。

化为可自由支配时间，从而更大限度地发挥人的创造性能力①。马克思认为，一个人的自由，不仅包括他靠什么生存，而且也包括他怎样生存；不仅包括他实现着自由，而且也包括他在自由地实现自由。总之，个人的现代化是每个人的全面发展和自由发展的有机统一，未得到全面发展或自由发展的个人都不是合格的"现代人"。

概而言之，马克思主义关于人的现代化的过程，本质上就是一个从"传统人"到每个人的"自由个性"全面发展的"现代人"的根本转变，最终要实现"每一个个人的全面而自由的发展"的人的现代化的终极目标。有学者统计出马克思、恩格斯在他们的著作中描述的"传统人"和"现代人"的诸多对应特征，包括："封闭的人"与"开放的人"，"贫乏的人"与"丰富的人"，"依赖性的人"与"独立性的人"，"偶然个性的人"与"自由个性的人"，"等级种属的人"与"平等自由的人"，"需要单一的人"与"需要广泛的人"，"片面异化的人"与"全面发展的人"，"物质束缚的人"与"能力解放的人"，"离群索居的人"与"普遍交往的人"，"自然野蛮的人"与"高度文明的人"，"统治从属性的人"与"自治自由的人"，"狭隘地域性的人"与"世界历史性的人"，"粗陋的、利己的人"与"有教养的、博爱的人"，"故步自封、被动保守的人"与"积极适应、主动改变的人"，"愚昧无知、因循守旧、思想懒惰的人"与"善于批判、崇尚创新、思维活跃的人"，等等②。

---

① 张占斌：《中国式现代化：理论基础、思想演进与实践逻辑》，《行政管理改革》，2021年第8期。
② 张智：《通往人的全面发展之路——社会主义条件下人的现代化研究》，中国人民大学出版社2019年版，第155页。

四、人的现代化在国家现代化进程中的重要地位

按照马克思主义关于社会存在决定社会意识的基本原理,个人朝向现代的转变是生活在能促成现代化社会环境中的产物。同时,正像社会制度和环境对个人的影响必须予以高度重视一样,个人现代性对社会制度的影响同样也应当予以高度重视。必须看到,国民现代性的获得是实现国家现代化的先决条件,个人的现代化应当是走在整个国家现代化的前面,至少是与国家现代化并行推进、相辅相成,绝不能将个人的现代化置于消极的、被动的地位。

(一)个人的精神和心理状态是国家现代化中不可忽视的因素

长期以来,大多数专家特别是占据现代化研究主导地位的经济学者认为,世界各国现代化的重点是如何增加国民经济生产总值,以及为了增加国民经济生产总值如何进行科学技术、资源配置、经营管理等变革创新,最为关注经济发展成就,人们往往以为只要实现了经济的现代化就会一劳永逸地解决国家的现代化问题。而美国著名文化人类学家和社会心理学家阿里克斯·英格尔斯研究发现,事实并非完全如此,很多国家经济刚刚起飞,便又沉重地跌落下来,所以,他提出在不怀疑和否认经济发展和国民经济生产总值增加在国家现代化进程中的重要性的同时,必须承认另外一个事实,现代化和国家发展还具有很多其他非常重要的内容,如各种先进的制度,特别是人的素质状况。当然,有些经济学家常以没有适当或可能的办法去衡量一个国家人民的"性质"为理由,而从不将个人现代性纳入他们对国家现代化发展的解释和理论中。为此,英格尔斯专门研究设计出一套个人现代性测量表,他的团队从 1962—1964 年选择

6个发展中国家，对其中包括农民、产业工人、城市中从事传统职业的人进行了一场大规模的社会调查，目的就是要坚决纠正那种研究现代化问题但忽视实现现代化所需要的人、不关心和探讨他们的精神和心理状况与现代经济社会发展要求的适应性的错误认识，以此促使人们对现代化进程中的个人因素给予更多的关注。

1971年6月，在奥地利的维也纳发展研究所举行的"发展中的选择"讨论会上，全球各地专家学者、政府官员和非政府组织代表集结在一起，探讨发展中国家在追求经济发展和社会进步过程中所面临的关键问题和挑战。其中，智利知识界的领袖萨拉扎·班迪（Salaza Bandi）博士在回顾发展中国家追求现代化的坎坷道路时谈到，落后和不发达不仅仅是一堆能勾勒出社会经济图画的统计指数，也是一种心理状态。这一论断，与已经关注到个体的心理、思想、态度、价值观等精神品质对于国家现代化具有重要意义的英格尔斯不谋而合。特别是，英格尔斯在经过多年的实证调查与深入研究后，进一步发现，许多致力于实现现代化的发展中国家，最终收获的往往是失败和沮丧。这里面一个很重要的事实便是：这些国家虽然可以比较容易地从先进国家引进和建立起作为现代化最显著标志的科学技术，也能够相当容易地模仿先进国家的政治、经济和文化制度，移植他们卓有成效的工业管理方法、政府机构管理形式、教育制度和课程设置，建立类似的研究机构等，但是，这些引进和移植过来的制度和形式在新的环境中究竟有多少能够扎下根来，并结出果实？从对国家发展和现代化问题做过的广泛深入研究中，特别是从现实经验中可以举出许多实例来证明这种移植的失败。究其背后的根本原因在于：这些国家的国民的心理和精神还被牢固地锁在传统意识之中，构成了对经济与社会向着现代化方向发展的严重阻碍。虽然影响和制约一个国家的现代化的力量有许多方面，仅仅具有一种现代的心理和精神并不能使一个国家成为现代的，但是这种阻碍性的影响却是现实的。因为引进和移植的先进的管理制度、有效的组织形式、物质基础资源等，都缺少一种能够正确合理运用它们的个体现代人格的持久支撑，没有一种能作为这些制度基础的广泛的现代文化心理，去赋予这些空洞的形式以具有生命力的内容。他进一步明确指出，如果一个国家的人民缺乏一种能赋予从外部引进而来的完善的现代制度以真实生命力的广泛的现代心理基础，如果执行和运用着这些现代制度的人，自身还没有从心理、思想、态度、价值观和行为方式上都经历一个向现代化的转变，即成为名副其实的现代人，那么再完美的制度和管理方式，再先进的技术工业，也只是一些空的躯壳，把它们交到一群传统人的手中最终也只能变成一堆废纸。[①]

所以，任何一个国家在推动实现现代化时，一定要把人的现代化因素充分考虑进去，因为在整个国家向现代化发展的进程中，人是一个基本的因素。

（二）个人现代化对于国家现代化的重要意义

人是整个国家现代化进程中的一个基本因素，仅仅意识到这一点远远不够，还必须在实践中进一步考察人的素质状况及其影响和作用于国家现代化的具体过程，这样才能令人信服。英格尔斯对于国家现代化进程中个人现代化的观照，不仅仅是一项纯粹学术性的

[①] ［美］阿里克斯·英格尔斯著，殷陆君译：《人的现代化》，四川人民出版社1985年版，第4页。

工作，而始终着眼于个人的现代化对国家朝向现代化发展会起到实际的作用与贡献这一现实问题。概括起来，人作为国家现代化的基本因素，其对于国家现代化的意义和作用主要有两个方面。

一方面，人的现代化是实现国家现代化的先决条件。首先，后发国家实现现代化第一步也是相对较为容易的一步是学习引进他国的现代科学技术，而此后现代科学技术的长足发展以及随之而来的生产方式的变化，就要求本国国内的人们能欣然接受和迅速适应技术更新和生活方式的改变，成为头脑中沸腾着创造智慧和革新思想的人。其次，现代化机构和制度鼓励它的工作人员努力进取，讲求办事效率，积极、主动地承担责任，严格遵守操作规程和纪律。再次，现代化的国家，要求它的全体公民关心和参与国家事务和政治活动。总之，这些先进的现代制度要施行成功，取得预期效果，必须依赖于运用它们的国民的现代人格、现代品质。这一点是已被英格尔斯团队通过多年实证研究所证实了的。他们有充分的第一手资料证明，个人心理态度、价值观朝现代化改变的同时会伴随着行为方面朝现代化转变，这些行为的改变，能给导致国家现代化的政治、经济制度赋予真正的意义和生命，并持久地支撑国家朝向现代化方面转变。离开了执行现代经济、政治、法律制度的人本身的现代化，这些制度便会成为有名无实的、无灵魂的空壳，或者被扭曲变形，弊病百出，背离这些制度原先所预期达到的目的。也就是说，任何一个国家，只有它的人民从心理、态度、价值观和行为上，都能与各种现代形式的经济发展和制度运行保持同步，相互配合，这个国家的现代化才有可能得以实现。

与此相反的另一种情况是，在不发达国家中，传统的人格与传统落后制度之间存在相互强化的恶性循环关系。要想革除落后制度，代之以先进的现代制度,唯有从根本上进行人的精神和观念革新。因为,传统的人身上所具有的品质使他容忍或安于不良的现状,终身固守在现时所处的地位和境况中而不求改变,那些陈腐过时的旧制度就暗暗地靠着这些传统的人格性质,长久地顽固延续下去,死死抓住人们。而要打破这个怪圈,冲出传统的牢笼,就要求人们必须在精神观念上变得现代起来,形成现代的态度、价值观、思想和行为方式,并把这些特质熔铸在他们的基本人格之中,重塑出与现代生产方式、经济发展和先进制度相吻合的现代人格。所以,英格尔斯强调呼吁,"人的现代化是国家现代化必不可少的因素。它并不是现代化过程结束后的副产品,而是现代化制度与经济赖以长期发展并取得成功的先决条件"[①]。那些先进的制度要获得成功和发挥效益,依赖于运用它们的人的现代品质,还需要有人们的现代心理和态度的长久支持来巩固现代化的制度成果。

另一方面,人的现代化的实现是国家实现现代化的根本标尺。经济学家往往以经济发展指标来衡量一个国家的现代化,政治学家则以行之有效的行政管理机构来衡量现代性,他们都没有把人的现代化指标考虑进去。经济发展主要的直接的功能,在于它可以使所有的人过上丰裕富足的生活。但是,几乎没有一个人主张仅以国民经济生产总值和个人收入为标准来衡量一个国家或民族的进步。衡量发展和进步除了经济指标和收入水平外,还包括政治上的高度成熟,建立起一系列先进的现代的制度机制,国家行政管理的高效有序,国民教育水平的普遍提高,文化艺术的繁荣,娱乐和休息时间

---

① [美]阿里克斯·英格尔斯著,殷陆君译:《人的现代化》,四川人民出版社1985年版,第8页。

的增多，最终发展所要求的是人的素质的根本进步。人的素质的根本进步，就是从传统人格到现代人格的转变，缺少了这种渗透于国民精神活动之中人格层次的转变，无论这个国家的经济一时繁荣到什么程度，都不能说明这个国家能获得持久的进步，真正实现了现代化。这种人格转变既是国家经济、政治、文化、社会获得更大发展的先决条件，更是全部发展过程自身的根本目标。因此，英格尔斯在对现代化进程中人的现代化地位和意义做了长期研究后告诫世人："一个国家，只有当它的人民是现代人，它的国民从心理到行为上都转变为现代的人格，它的现代政治、经济和文化管理机构中的工作人员都获得了某种与现代化相适应的现代性，这样的国家才可真正称之为现代化国家。"[①] 由此可见，个人的心理、态度、价值观的现代化同国家的现代化存在着共存亡的关系，一个国家没有实现人的现代化，就不是名副其实的现代化国家。

总之，半个多世纪以前英格尔斯关于人的现代化对于国家现代化的特殊重要性的深刻洞察，至今不仅没有过时，而且特别应当引起一些正在抓紧推进现代化进程的国家的高度重视。

基于世界现代化发展的客观历史进程，坚持以马克思主义关于现代化和人的现代化问题的立场、观点和方法为根本指引，有效借鉴英格尔斯关于人的现代化理论的研究分析，笔者认为：在一个国家的现代化实践进程中，人既是实践主体和先决条件，也是价值主体和终极目的。之所以说人是现代化的实践主体和先决条件，主要在于：人的现代化的过程，就是客体主体化的过程。人是现代化活

---

① ［美］阿里克斯·英格尔斯著，殷陆君译：《人的现代化》，四川人民出版社1985年版，第8页。

动的实际承担者，要完成整个社会现代化，必须依赖高素质的人来完成，人的思维方式、价值观念与行为方式也在现代化进程中不断演化。没有现代化的人、没有具有现代意识和现代行为的人，就不能有推动和实现现代化的主体力量，国家的现代化就不可能真正实现；很难想象，观念和行为还停留在传统社会的人能够支撑和担负起现代化建设的重任。之所以说人是现代化的价值主体和终极目的，主要在于：社会现代化是主体客体化的过程。经济、政治、文化、社会、生态的现代化都是实现人的现代化的手段和工具，它们本身不是目的和终点，其最终目的都是改善人的素质，满足人的需要，提高人的自由度和主体性；没有实现人的现代化，经济、政治、社会、文化、生态现代化水平和程度再高，也没有价值和意义。经济、政治、社会、文化、生态现代化作为实现人的现代化的保障条件，其价值和意义就在于能够保障人们按照现代人的方式去生活和发展。而且，虽然人的现代化和社会现代化是一个双向互动的关系过程，但这并不是说两者是直接统一的，两者在发展过程中也存在着对立的一面，这是由事物矛盾发展的不平衡性决定的。世界各国在推进现代化的过程中，都会遇到人的现代化和社会现代化两者对立的情况。这之间的不平衡性表现在：社会现代化不能自然而然地导致人的现代化，在特定时期或地区人的现代化可能滞后于社会现代化。如在处理公平与效率、积累与消费、生产与生活、发展生产与发展教育等关系上都有一个优先注重哪一方面的问题。不平衡性还体现在，虽然社会绝大多数人的现代化与社会现代化具有发展的同质性和同步性，但由于主体自身发展过程的复杂性，有些群体的发展与社会的发展也必然存在着差异性、排斥性、非同步性的现象。正是如此，在一定程度上可以说，一个国家实现现代化的过程，实质上就是逐步消弭社会发展与人的发展之间、不同人的发展之间的差距,最终实现每一个人的自由而全面发展,即实现每个人的现代化的过程。

五、现代人格的内涵及对相关错误观点的纠正

现代人格的养成,是人的现代化的核心内容。人实现现代化的过程,就是同一切阻碍人自由全面发展的因素相抗争的过程,就是摆脱旧有的传统人格束缚、不断生成发展出崭新的现代人格的过程。现代人格的生成发展和实现水平,是衡量人的现代化发展程度和最终成果的核心指标。

(一)现代人格及其特征

美国著名文化人类学家和社会心理学家阿里克斯·英格尔斯明确提出了现代化中的"现代人格"这一概念。他认为所谓"现代的",不应该仅仅被理解成一种经济制度或政治制度的形式,也是一种精神现象或一种心理状态。他把现代化看作一种心理态度、价值观和思想的改变过程,进而明确提出了现代人、现代人格的概念。在英格尔斯看来,现代人即从心理和行为上具有现代人格的人,二者可以互相指代。

在此,我们不妨来系统回顾下英格尔斯经过25年潜心研究和科学测量,在与传统人格相对照中提出的现代人格的十三条标准。

一是准备和乐于接受未经历过的新的生活经验、新的思想观念、新的行为方式。准备和乐于接受新的生活经验,是指人的一种心理

倾向，并非指已经掌握和具有了这项专门技术或技巧。这种准备和乐于接受新事物的态度，是在生活的许多情形中都可以感知到的共同的普遍的状态。这是现代人格的首要因素，相比之下，传统人则不大愿意接受新的事物和新的思想。

二是准备接受社会的改革和变化。首先，这一特征超出了个人要求自己对待生活的态度和心理的范围，延展到了周围其他人和各种社会关系。就是说，现代人不仅自己乐于接受新的思想观念、事物和新的生活经验，并以新的非传统的行动方式去生活、创造，而且，他也不反对周围的人去这样做。"准备接受社会的改革和变化"的另一层意思是指能够接受社会组织和结构的改变，比如社会大部分人开始变得积极地参与国家政治治理；过去等级森严的上下级关系和年轻人与年老者之间的关系，现在变得较自由起来；等等。现代人的这一品质可以进一步描述为：一个趋向现代的人，能够欣然接受他周围发生的社会改革和变化过程，能够更自由地接受先前是限制别人得到而现在他们也许正在享有的改变机会。从这种意义上说，这样的现代人，不大固守传统，乐于面对改变的现实，对别人以非传统的方式去思考、去做事、去改革，不横加干涉。

三是思路广阔，头脑开放，尊重并愿意考虑各方面的不同意见、看法。现代人并不把目光局限于他个人和与他有直接关系的环境和事物上，不仅对他直接所处的环境持有自己的意见，而且对周围外部和国家事务、国际形势也抱有好奇心和高度关注，能够提出自己的看法，敢于对涉及公共利益的事务进行思考并发表自己的主张。传统的人则只对与他个人有切身利害的少数事情感兴趣，即使能对与他的切身利益不大相关的事发表意见，也比较审慎。

四是注重现在与未来，守时惜时。现代人乐于着眼现在和未来，不愿拘泥于传统和过去。因为他们头脑开放,不会盲目地无条件地服从传统,所以有能力对传统中的精华与糟粕采取比较客观的态度:一方面更好地继承传统中的优良遗产,另一方面又能从传统中旧的东西的束缚中解放出来。从这种意义上讲,现代的人比传统的人更尊重和理解历史和传统,能更好地利用前人的思想成果、物质财富去建设当代和创造人类的未来。此外,现代化的生产程序和管理制度培养造就出现代人严格守时、珍惜时间的现代品质。

五是强烈的个人效能感,对人和社会的能力充满信心,办事讲求效率。效能感的含义不仅限于人能控制自然的感觉,还包括相信人性能够改变,相信人类能够解决自身的问题,相信人能够对社会的弊端进行改造和有效干预。总之,现代人相信人能够学会如何控制环境,而不为自然本身的力量或社会权势所左右。

六是计划。现代人在公众生活和个人生活中趋向于制订长期计划。

七是知识。现代人形成自己对周围世界的看法或意见时注重对事实的考察和尽可能多地去获取知识,不固执己见,较尊重事实和验证,注重科学实验,愿意吸收新的知识,不轻信臆想和妄说。在现代人之间,充满尊重知识的风气。

八是可依赖性和信任感。现代人对于"他生活的世界是可依赖的"与"可以信任他周围的人和社会组织能够实现他们的任务"这两个方面,怀有较大的信心。他们不会赞同事事均由命运决定或生来不可改变的说法,更信赖人类的理性力量和由理性支配下的社会。

九是重视专门技术,有愿意根据技术水平高低来领取不同报酬的心理基础。现代人更鼓励孩子在学习和使用机器方面的兴趣,认为应当以技术高低和产量多少作为分配报酬的根据等,觉得这样做才是公正的。

十是乐于让自己和他的后代选择离开传统所尊敬的职业,对教育的内容和传统智慧敢于挑战。

十一是相互了解、尊重和自尊。现代社会里上司与下属之间的关系,企业中经理与工人之间的关系及相互了解程度,以及相互对他人尊严的敬重,远比传统乡村中的那些地主与农民的关系胜过一筹。现代化的企业本身可以是一种人与人关系的训练场所,能教诲工作在其中的人们尊重他人和自尊,上司在同雇员打交道时,也明白要约束自己。此外,现代人对弱者和地位较低的人的自尊和权利,能给予更多的保护。

十二是了解生产及过程。现代人与传统人相比较,表现出对生产及其过程有更深入的了解,他们希望积极而又有成效地了解本职工作和与此相关的生产过程和原理,以及生产的计划和部署,表现出个人期望能在认识生产的过程中发挥出自己的才能与创造力的兴趣[①]。

此外,他们的团队通过分析考察,还从与传统人的特质对比中得出了另一个现代人格特征。这就是,传统人有较强的特殊感意识,如因其地位和权势而认为法律或政策不能适用于自己,执法和行事亲疏有别,理所当然地认为自己应享有某些特权,或者天经地义地以为地位比自己高的人应超越某些法律和规则之外等。而与此相反,现代人具有法律面前人人平等的意识,不承认地位高或有权势的人应当凌驾于法律之上,也不赞同为袒护亲友不惜徇私枉法的行为。

---

① [美]阿里克斯·英格尔斯著,殷陆君译:《人的现代化》,四川人民出版社1985年版,第22—34页。

英格尔斯将上述标准进一步综合概括，明确界定出现代人所具有的四个方面的性格特征，清晰划定了与传统人格的边界。

一是现代人乐于接受新的经验、新的观念和新的生活与行动方式，并能够顺应和接受社会的改革，不故步自封、因循守旧。具体表现在他们对技术革新的兴趣和探索，对各种不同见解和学术观点的理解，对社会中出现的新事物、新变化的适应上，也表现在乐于同不同的人交往，允许妇女参与更多的社会活动和扩大她们的职业范围等方面。

二是现代人见多识广，是积极参与各种社会事务和活动的公民。他们积极参加国家的、国际的和地方的公共事务，参加各种组织和团体，使自己了解国内国际大事和形势，投票选举地区和国家领导成员，或自己在政治活动中担任某种角色。他们认为权威和地位显赫的人应当在宪法和法律范围内活动并更好地为国家和人民服务，也不否认公民在国家和地区管理活动中的重要作用。

三是现代人有鲜明的个人效能感，相信人对自然和社会的改造革新能力。这种效能感反映在他们相信无论是个人或与他人合作，他们可以用实际行动来影响自己的个人生活和社会的发展方向。他们积极致力于改善自己和家庭的境况，拒绝对生活中的一切采取被动、顺从和屈服的宿命论观点。

四是现代人不受传统思想和习俗的束缚，特别是在决定个人事务时，高度独立和自主。他们在公共事务中，乐于听从政府或工业企业领导者的意见，而不是家族中长辈的劝告。在个人事务中，他们选择妻子和职业时，是依据自己的意愿而不是靠父母来给他作安排①。

由于现代人格问题的复杂性,英格尔斯所提出的以上观点未必能详尽地解释那些相互联系在一起的构成人的现代性的全部性质,但他所设计的现代人格的标准在一定程度上反映了现代化社会中现代人所应有的统一的态度和共同的倾向等共性特征,而这无疑是有重要的借鉴意义的。特别是对我们立足中国社会实际,坚持以马克思主义有关人的自由而全面发展的理论为指引,从世界观、人生观、价值观、思想道德素质、综合能力结构、心理素质、解放思想等角度去设计现代人格,是有重要启示作用的。

从马克思主义唯物史观的角度看,不管是现代化的社会组织和机构形式,还是现代性的心理和精神状态,两者之间是存在相互影响、相互作用的内在关系的。具有现代制度和机构的社会塑造和鼓励出具有现代精神品质的人,而具有现代性特征的社会机体的有效运行也需要与之相匹配的人去支撑。回顾人类社会进入近代以前的历史,在闭塞的世界里,那些根植于传统乡村农业经济社会的人,他们的思想都被深深地封锁在几乎与近代科学绝缘的传统意识中,呈现出传统人所广泛具有的特征,比如:害怕和恐惧革新与社会改革;不信任乃至敌视新的生产方式、新的思想观念;被动地接受命运;盲目服从和信赖传统的权威;缺乏效率和个人效能感;顺从谦卑的道德,缺乏突破陈旧方式的创造性想象和行为;头脑狭窄,对不同意见和观点严加防范和迫害;凡事总要以古人、圣人和传统的尺度来衡量评断,一旦与传统不符,便加以反对和诋毁;对待社会

---

① [美]阿里克斯·英格尔斯著,殷陆君译:《人的现代化》,四川人民出版社1985年版,第259—261页。

公共事务漠不关心，与外界孤立隔绝，妄自尊大；凡属与眼前和切身利益无明显关系的教育、学术研究都不加重视或予以蔑视排斥。概括之，传统社会中的人们基于服从权威、忠诚、道德意识等一系列传统价值观所普遍具有的特征和品质，就是传统人格。世界现代化运动，客观上推动着作为现代化实践主体的人自身的现代化，促使他们由传统人格向现代人格转型。相对于传统人格，现代人格是与现代化要求相适应的人格特质，具体是指现代的社会成员所应具有的与现代社会的生产方式和生活方式相适应的心理、态度、认知、情感、价值观等稳定的现代思想品质和行为特征。

（二）对现代人格几种误解的纠正

一是现代人格不等于西方人格。人类的现代化最早发端于西方，西方社会的人们确实最早开始挣脱传统社会的束缚朝向现代人转变。这一点毋庸置疑。在世界全球化运动浪潮的冲击下，其他地区和国家才开始或主动或被动地开启各自的现代化进程，那么，这些朝向现代化的国家的人民在心理、态度、价值观和行为方式即人格上也势必要实现由传统向现代的转变。当然，后发国家在追求实现现代化的过程中，他们如果能够充分运用全球化、市场化过程中世界资源在全球配置的机遇，积极主动学习引进发达国家现代化的成果，包括先进的科学技术、现代化的仪器设备、生产管理制度、行政管理制度、文化产品等，可以加速走向现代化的进程。但是，有一样东西，是发达国家无法向后发国家出口的，这就是个人的现代人格。后发国家的人民的现代性，也许会带有对先前发达国家殖民行为的反应而发展，但最终必须完全根植于本国人民的精神之中、内化成为他们稳定的基本人格。因为"不管个人现代性的种子是否来自国外,它必须是本国的产物,生长在自己的国土上"①。

此外,属于现代人格的特征,如乐于接受新的经验、观念和个人效能感,很显然在某种程度上,是在许多地区和时代出现的一般的人类性质,并非西方社会所独有。诚然,在20世纪,被广泛确认为现代人格的性质,在欧洲地区最流行,但在稍后的半个多世纪以后,世界其他地区也相继出现了许多具有现代人格的人。这些人,与其说是变得西方化了,不如说是变得现代化了,因为"构成个人综合现代性的那些特征并不是任何一种传统的独有财富",而是"在特定社会形态类型下,代表特定的历史时期显著地表现人性的一种潜在形式的普遍模式"②。即使现代人的特征确实在美国和欧洲表现得比较普遍,也不能说明这些性质就是西方文化中一种明确的因素,因为个人现代性会因受教育的增多,在现代的经济组织中工作和与大众传播媒介接触而发展,而促成个人现代化的现代化机构和组织初期时只在欧洲和北美洲较为普遍,所以有资格被称为现代的人便会较多。但必须明确的是,这些人的现代人格并不是因为他们的欧洲或北美洲的民族文化,而是因为他们接触了和置身于促成现代化的机构和制度。这种促成现代化的机构和制度如果在世界其他地区的民族文化中普遍存在的话,一样可以造成同样多的人的现代性。社会和人的现代化永远都是程度问题。即使在最高度发达的国家和国民中,依据其与现代化环境渗透的程度不同,现代性人格也或多或少有程度的不同。

---

① [美]阿里克斯·英格尔斯著,殷陆君译:《人的现代化》,四川人民出版社1985年版,第244页。
② [美]阿里克斯·英格尔斯著,殷陆君译:《人的现代化》,四川人民出版社1985年版,第245—246页。

所以，每一个国家和民族都应该创造出全部属于它自己的新的社会制度和组织，或者选择从外部输入某些一般被认为是现代的社会制度和组织机构。每一条道路都将对它的人民的心理产生独特的要求。但是，一旦一个国家和民族选择了现代的学校、企业和大众传播媒介、科学计划和技术工艺，那么，就需要他们的国民必须具有现代性人格特征。否则，这些新的制度和机构就会成为空的躯壳，成为葬送国家财力资源的墓场。总之，现代人格，并不是一个带有明显欧洲或北美洲文化烙印的个人现代性综合特征，它是一个更高的序列，一种更普遍的人类文明特征。没有一个国家或文化能够宣称现代性综合特征是属于它自己的财产。从这个意义上说，它是泛文化的，是超越国家的。

二是现代人格不是资本主义人格。人类现代化的发端，从生产关系的角度讲，正是源自资本主义社会形态的发展所提供的一系列条件。所以，有人提出现代人格的性质是资本主义社会的人具有的性质，这些性质并不普遍适应于其他非资本主义社会制度比如社会主义社会中的人和不发达国家的人。对此，长期关注和研究人的现代化问题的美国学者阿里克斯·英格尔斯最有发言权。他曾花费25年去研究苏联的社会结构，特别注重苏维埃制度在它的理想公民中所想培育出的那些个人品质。比如，在苏联，政府号召所有公民参加公众活动以"建立共产主义"；在追求个人的目标和社会的目标时，政府鼓励人们要坚韧不拔，提倡在遇到困难时要抛弃消极悲观的宿命论。正如德国政治学家雷蒙德·鲍尔很简明地说，苏联的"新现代人"是要成为"自觉的、理性的和果断的"人。他认为，这是苏联在社会主义建设中所期望培养的一种新型人格。这些性质同现代人的性质是一致的，如赞成技术革新，接受新的事物和观念，赞同政府的计划和改革，积极参与社会事务和活动，守时惜时，提倡办事效率和实际效果，相信人类的理性和改造社会与自然的能力，对此，资本主义制度和社会主义制度都极为重视，也极其需要。而且，在上述两种制度下，正规教育、工业职业的工作经验和训练，与大众传播媒介的密切接触，都会使人比不置身于这些环境中的人较为现代化。

许多不发达国家普遍存在缺乏学校、工厂和大众传播媒介等现代化的条件，那么，他们的国民怎么向现代性方向发展呢？从人类不同国家和地区现代化的经验可以看出，产生和造就个人现代性也并不是非得这些条件和环境同时或大部分存在并发生作用，相反，任何一种促成现代化的机构组织均能单独地培养个人现代性。因此，即使那些具有最不利条件的国家和社会，也能够做到拥有促成较大的个人现代化的手段。

三是现代人格不是病态的人格。现代化的过程和环境经验对于个人思想行为的塑造究竟是积极的还是消极的，哪一种性质的影响占据主导地位呢？从人类社会发展的潮流和趋势看，现代化的过程无疑是对人的现代化即对人的全面自由发展起到积极促进作用的。但同时，我们不能只主观地选择光明的一面，从世界各国的现代化历程和经验来看，现代化过程中经常会难以避免地带来一些人们普遍认为的负面影响，如使人们之间的关系变得冷漠疏远，缺乏人情味儿，严苛和官僚化，不履行个人对亲属家族的义务，心理上出现种种迷惘、混乱和不安等。而在现实生活中，我们看到更普遍的事实是：具有现代性特征的人，反而不会轻易相信单一的财富对个人幸福和快乐的保障，跟较传统的人们一样，他们认为应该尊敬和关怀老年人，愿意帮助那些需要帮助的亲戚，也没有变得官僚化到建议官员偏袒那些享有特权的人，而轻视那些普通的人；另外，较现代的人对社会中其他团体和人群较少采取敌视态度。这就是说，人们自以为是现代化带来的那些人性中消极方面的特性，通常同现代性特征并无必然联系，也并不是与促进现代化的机构、环境必定联系在一起的。实践证明，个人现代性或同现代化的环境接触，都不会必然导致身心状态的不适。现代人可能与以往的人不同，但他们不是腐化的人，也不是病态的人或坏人。

第二章

中国的现代化运动

中国的现代化是世界现代化的重要组成部分。如前所述,当世界的现代化进程掀起的第二次巨浪奔涌向古老的东方之时,终于将中国这个传统农业文明大国吞卷了进去,其标志性事件,就是1840年英国发动的侵华鸦片战争。这次战争导致仍处于农业文明社会的中国与步入近代工业文明社会的西方列强之间的全面碰撞,结果中国逐步沦为半殖民地半封建社会,遭受国家蒙辱、人民蒙难、文明蒙尘等前所未有的历史劫难,被迫敞开了长期封闭性的循环格局,开始被动地与现代世界接触,开启从传统社会向现代社会的艰难转型。从那时起,追逐探索实现中国的现代化、实现中华民族伟大复兴,就成为中国人民和中华民族孜孜以求的伟大梦想。

一、中国近代以来开启现代化进程

中华文明历史悠久,光辉灿烂。公元前800—前200年,作为四大文明轴心之一,中华文明与古希腊文明、古印度文明、古埃及文明共同媲美于世。直到15世纪之前,中国的农耕文明发展始终走在世界前列。到清朝康乾时期,中华文明又呈现出一派所谓的

"盛世"景象①。同一时期，地球另一侧的欧美社会，跃进到资本主义的历史新阶段，进入了近代工商文明时代，在经济全球化的大趋势下，两种文明终于发生了碰撞。两种文明的冲突，在给中华民族带来阵痛的同时，也使中国社会变革迎来了新转机。

(一) 近代中国开启向现代社会的艰难转型

自从秦朝建立中国历史上第一个大一统的中央集权制封建王朝开始，直到最后一个封建帝国清王朝覆灭，在两千多年的历史长河中，"百代都行秦政法"。也就是说，从秦朝开始，两千多年时间里，在政治制度和思想文化上越来越趋向于中央集权专制主义，皇权统治持续强化，虽有过十多次改朝换代，但都呈现出"朝代循环"的一个模式，即每个王朝大都经历一个初期的上升兴盛，然后逐步走向衰落，引起内部分裂或农民起义，导致旧王朝解体、新王朝建立，如此循环往复，陷入无法跳脱的"其兴也勃焉，其亡也忽焉"的历史周期率。发展至最后一个封建王朝清王朝统治时，中央集权专制制度已经达到登峰造极的地步。这种"朝代循环"模式背后有着深刻的经济、政治和思想文化根源。经济上自给自足的小农经济与家庭手工业相结合的经济结构，政治上中央集权制的封建官僚制度，文化上维护封建特权及等级秩序的儒家纲常礼教等，这些共同造成了中国社会的超稳定结构和循环定式。虽然其间有"四大发明"和

---

① 清朝的"康乾盛世"，也只是在国土面积、人口数量、财政税赋等量上的增加，而没有生产技术、政治文化等方面的质的改变，而且"盛世"局面下已经隐藏着巨大危机。清政府采取"重农抑商"政策，大兴"文字狱"禁锢人的思想，政治腐败与社会矛盾愈演愈烈，封建主义的晚清帝国就像是"小心保存在封闭棺材里的木乃伊"，已经腐朽不堪。

郑和下西洋的向外开拓的壮举等新鲜事物，但也远远不足对它构成任何实质性影响，从而稍微改变它的封闭格局。中国最早走上通向现代化道路的大变革是由外力推动的，而且是极其被动的。从历史角度看，从 16 世纪以来，伴随着地理大发现和新航路的开辟，一些新的国家政治经济力量就不断深入南亚和东亚的边缘地区，但那时稳固强大的中国以其不变应对世界之剧变，把西来势力成功遏制在中国的南大门之外。到 19 世纪中叶，西方在科技学术革命积聚起来的强大生产力驱使下进入近代工商文明时代，并开始大力向世界各地扩张，征服的触角再次伸到了中国这个资源和市场优越的大国。此时的中国，在腐朽的晚清政府统治下，已经危机重重。但对世界文明发展大势，晚清政府似乎一无所知，还沉浸在天朝上国君临天下的自高自大里，依然顽固地实行着闭关锁国、重农抑商、禁锢思想与排斥科学的封建陈腐政策，把中华文明死死地钳制在封建主义的旧礼教、旧文化的专制牢笼里。英国是世界上最先开始、最早完成资产阶级革命和工业革命的国家，它在 18 世纪之后，就开始极力对外进行殖民扩张，以抢占更多的原料产地和商品市场，印度、埃及、缅甸相继成为其殖民地、半殖民地。1840 年，大英帝国为了寻求更多的原料产地和商品市场，在几次派使团与大清帝国交涉无果的情况下，悍然发动了侵华鸦片战争。昏庸无能、夜郎自大，一味沉醉在天朝上国迷梦中的清朝皇帝还信心满满地认为，这次西方外来势力跟以往中国历史上遇到的蛮夷外族入侵一样，最终会跪拜在物产丰盈的泱泱大清帝国膝下，心甘情愿地行三叩九拜之礼，以寻求大清国的庇佑。物理和心理上双重闭关锁国的不可一世的封建皇帝哪里懂得，这次遭遇的是一个被工商业文明武装起来的强大的现代资本主义大国。马克思在《中国革命和欧洲革命》中对此进行了精辟分析:"满族王朝的声威一遇到英国的枪炮就扫地以尽,天朝帝国万世长存的迷信破了产,野蛮的、闭关自守的、与文明世界隔绝的状态被打破,开始同外界发生联系"①"英国的大炮破坏了皇帝的权威,迫使天朝帝国与地上的世界接触。与外界完全隔绝曾是保存旧中国的首要条件,而当这种隔绝状态通过英国而为暴力所打破的时候,接踵而来的必然是解体的过程,正如小心保存在密闭棺材里的木乃伊一接触新鲜空气便必然要解体一样"②。于是,中国延续数千年的王朝循环模式就要从根本上被打破了。

同治十一年(1872年)及光绪元年(1875年),大清王朝重臣李鸿章先后向清廷提交奏折,称中国面对的是"数千年未有之大敌",遭遇的是"数千年有之变局"③。现在看来,这个变局实际上就是世界性的文明转型——由传统社会向现代社会的转型。这一强大外敌的入侵,致使中华民族和其他许多民族一样,被迫卷入了世界性、历史性的现代化大潮。在旧文明旧帝国解体的痛苦过程中,中国人开始了从不自觉到逐步自觉的文明转型的征程。

中国是被动卷入世界现代化大潮的,所以从传统社会向现代社会的转型之路异常艰难崎岖。我国著名历史学家、北京大学教授罗荣渠研究提出,中国在从传统向现代社会转型的过程中同时伴随交织着衰败化、半殖民地化和革命化等过程。一是自身内部衰败化。晚清时期,导致"朝代循环"的各种内部体制性危机和社会动荡骚乱再次出现,清朝封建皇族极尽苟延残喘顽固死守之能事,但其中央集权的统治机构衰落趋势已难以扭转,倘若没有外来新因素的强

---

① 《马克思恩格斯选集》(第1卷),人民出版社2012年版,第779页。
② 《马克思恩格斯选集》(第1卷),人民出版社2012年版,第780—781页。
③ 转引自梁启超:《李鸿章传》,湖南人民出版社2018年版,第190页。

力植入和异乎寻常的挑战，中国将再次深陷新旧王朝更替的历史循环怪圈。二是半殖民地化。鸦片战争以后，中国一步步沦为半殖民地半封建社会。西方列强用一切军事的、政治的、经济的和文化的手段，对中国进行侵略和压迫。他们除了培植代理人之外，还把中国的封建统治者变为他们统治中国的支柱，造成帝国主义和封建主义共同压迫中国人民的局面。在强大的外来政治、经济、军事渗透下，原来清王朝自身内部的衰败及被新王朝替代的进程被打断，被逐步纳入以西方资本主义为中心的世界经济体系之中，沦为依附性的半殖民地，国家长期处于不统一状态，经济、政治、文化发展水平低下，"中国的广大人民，尤其是农民，日益贫困化以至大批地破产，他们过着饥寒交迫的和毫无政治权利的生活。中国人民的贫困和不自由的程度，是世界所少见的"[①]。三是革命化。封建统治的内部衰败和沦为半殖民地的外部遭遇激起中国内部产生了反对帝国主义侵略与挽救民族危亡的强烈回击，这一回击交织着传统形式的太平天国和义和团运动，以及准现代及现代形式的洋务自强运动、戊戌维新变法、辛亥共和革命、国民革命、土地革命、抗日战争、解放战争等。准现代和现代形式的革命化运动，实质上是中国现代化总进程中旧体制向新体制转变的特殊形式。

（二）近代以来中国追逐现代化的总体历程

纵观中国进行现代变革的历史进程，鸦片战争以后，中国历来的传统封建王朝循环发展模式已被打破，开始被纳入现代世界发展的大势之中。根据领导力量和运作方式的不同，中国的现代化历程

---

① 《毛泽东选集》（第二卷），人民出版社1991年版，第631页。

大致划分为四大阶段：

第一阶段是1840—1911年，清王朝在最后60多年中试图挽救其衰亡命运而从事的现代化努力。曾国藩、李鸿章、左宗棠等地主阶级洋务派发起的早期工业化运动在缓慢中有序推进，但这一发展势头不幸被1894—1895年的甲午中日战争打断，体现自强运动主要成果的北洋舰队在黄海战役中全军覆没。甲午战败后，中国转而向日本学习，先是资产阶级改良派支持思想开明但无政治实权和政治经验的光绪皇帝进行了维新变法的不成功尝试，后是清朝统治阶层不得已自上而下地推行新政，在军事上建立了仿效日本模式的新军，在政治上转向德国和日本式的钦定立宪运动。但是清王朝终究还是未能主动完成从专制王权制向现代君主立宪制的重大转变，最终被与之加紧"赛跑"的辛亥革命所推翻。

第二阶段是1912—1949年，民国共和时代为争取按西方资本主义方式建立现代国家的独立、统一与经济发展所做的努力。辛亥革命在政治上的最大成即是推翻了中国两千多年的封建君主专制制度，在中国率先建立了适应世界潮流的民主共和政体。这是一次大的国家结构模式转换。但因为软弱的资产阶级并未取得政权，辛亥革命后中国迎来的不是民主共和体制下国家和社会稳步发展的前景，相反，一出出复辟闹剧上演，尊圣宗经的逆流涌动，军阀割据混战愈演愈烈。这一时期，中国现代化面临的首要任务是共和体制下的国家重建，但这一任务在20世纪上半叶受到第一次世界大战和世界性经济危机的影响，使得中国社会的发展驶向另一条道路。第一次世界大战导致俄国脱离资本主义世界体系，建立了世界上第一个社会主义政权国家，开始了社会主义现代化道路探索。世界性经济危机导致法西斯主义的兴起，德、日、意转向法西斯资本主义道路。这两次大分裂直接对中国的现代化道路产生了根本性的深刻影响。当时，李大钊、陈独秀和毛泽东、蔡和森、周恩来等中国的先进知识分子和青年精英，在辛亥革命后的严峻现实和时代困局中，开始探索寻找挽救民族危亡、实现国家富强的新出路。他们在实践中观察、比较、研究俄国社会主义和西方资本主义两条不同的发展道路，最终选择了俄式道路，这就是采用暴力革命的手段建立无产阶级专政的国家，渐次达到社会主义和共产主义。1921年，在马克思主义与工人运动的结合下，中国共产党诞生。第二年，这个年幼的政党即提出了中国革命的最低纲领和最高纲领，为中国社会未来发展擘画蓝图。1924年，为反对封建军阀及其背后的帝国主义势力，国共两党建立统一战线，开展了轰轰烈烈推翻北洋政府统治的国民大革命。孙中山病逝后，蒋介石篡夺了对国民党的领导权，背叛革命，屠杀共产党，轰轰烈烈的大革命失败。此后，以蒋介石为首的国民党反动派在南京建立代表地主阶级和买办性质的大资产阶级的独裁统治，逐渐转向统制经济与军事集权道路。共产党则转向以农村为根据地进行"苏维埃共和国"的试验。这是中国两条发展道路的大斗争：一条以城市为据点，代表城乡大地主大资产阶级利益；另一条以农村为据点，代表工农大众利益。就在国内政治分裂和革命危机日益深重之时，日本法西斯军国主义发动了继甲午战争后的又一次侵华战争。抗日战争胜利后，中国国内迎来了两条发展道路的大决战，最终中国共产党取得革命胜利，实现了国家高度的政治统一与社会稳定。

第三阶段是1949—1978年，新中国成立后，中国共产党人带领全国各族人民建立了社会主义制度，彻底洗刷了中国沦为半殖民地半封建社会的国家屈辱，开始在社会主义社会制度条件下主动探索现代化发展道路。1949—1956 年，我国与西方资本主义世界脱钩，主要仿效苏联模式，建立中央指令性的计划经济，通过内部积累，推行优先发展重工业的工业化战略，并在生产关系层面进行公有制方向的改革；1957—1977 年，突破苏联式教条主义的束缚，开始独立自主地探索中国式的超前工业化战略，但这次新探索也没有成功，国民经济和社会发展几乎陷入崩溃。

第四阶段是 1978 年至今，中国共产党人全面总结前一段历史时期社会主义建设经验教训，深刻反思社会主义的本质和社会主义建设的规律，坚持解放思想、实事求是的思想路线，作出实行改革开放的伟大战略决策，开始从封闭式的现代化路线转向开放式的现代化路线，从计划经济体制逐步转向社会主义市场经济体制，从单一公有制经济制度转为公有制为主体、多种所有制经济共同发展的基本经济制度。这一时期，中国终于在漫漫征途中找到了顺应世界发展潮流、兼采各国所长的发展方式，实现了从主要运用政治方式推动经济发展到遵循经济发展规律、运用经济手段推动经济发展的根本性转变，走上了比较平稳的经济持续发展道路，探索出了一条符合中国国情、具有中国特色的现代化发展道路。数据就是最好的证明。1978 年时中国的国内生产总值（GDP）仅为 3679 亿元人民币，2010 年时达到 41.21 万亿元人民币，开始稳居世界第二大经济体，到 2020 年时达到 101 万亿元人民币，突破百万亿元大关。40 多年间，去除通货膨胀率，中国的 GDP 年均实际增速高达 9.2%，对全球经济的增长率贡献突出。改革开放 40 多年来经济社会发展取得的显著成就，使得中国的综合实力和国际地位引起举世的瞩目。当前，这次中国现代化和国家发展的改革与探索仍在进行中。

伴随着中国现代化发展变革的艰难历程，人们对现代化运动的思想认识与价值认同也同样经历了一个艰难的过程。大体上说，从19世纪60年代开始的洋务运动，遵循着"中学为体、西学为用"的总思路和大原则，是在中国传统价值体系下、在排外非外的心态下进行的"师夷长技"，体现了一种萌芽状态的现代化意识。资产阶级维新派主张的"变法图强"，其核心价值观都是"富强"，也未从实质上跳出传统价值的窠臼。随后，辛亥革命推翻了皇权专制，共和代替了帝制，突破了传统儒学的思想框架，接受了外部输入的各种改革思潮。这样，向西方学习，建设西方式的体制与文明，就成为中国变革的方向。这一阶段，主流的价值观已转变为"西化"价值观。但对究竟实行什么样的"西化"并无明确的认识。1919年五四运动和新民主主义革命实践，使这一局面发生了改观。特别是1949年中国新民主主义革命的胜利和西方势力在大陆的全面败退，中国社会变革的价值观实现了一次大转变，这就是要走社会主义的现代化道路。经过70多年的曲折探索，我们终于成功走出了一条中国特色社会主义现代化建设道路。这一道路的核心价值指向，就是"富强、民主、文明、和谐，自由、平等、公正、法治，爱国、敬业、诚信、友善"。

二、中国式现代化道路的探索与发展

现代化作为一种世界范围的经济社会转型和文明进步，是各国发展的必然选择和不懈追求。但现代化从来没有统一的模式，更没有固定的标准。而且，由于世界历史发展的延续性和现代化运动的不平衡性客观上同时存在，不同民族和国家现代化所遇到的时代条件、国际环境都不一样,特别是各国资源禀赋、发展阶段、历史文化、社会条件等都存在差异,这就内在地决定了各个民族和国家在遵循现代化建设一般规律和共性特征的同时,必须探索适合自己国家情况的现代化路径和方式。从18世纪人类开启现代化浪潮发展至今,世界上完全相同的现代化路径和模式是不存在的,发达国家在推进现代化方面有着较为成功的经验,但任何国家企图亦步亦趋、东施效颦式地挪用其他国家现代化的路径都是不现实和不可行的。历史和事实也已证明,如果罔顾自身国情照搬照抄发达国家的经验,结果可能是陷入发展困境,甚至出现社会动荡。"中国式现代化",正是现代化建设一般规律和共性特征与中国实际相结合的产物。从广义的角度看,"中国式现代化"是相对于世界现代化一般历史进程和共性特征而言的中国社会的现代化发展进程及其呈现出的鲜明特色,它泛指近代以来中国追逐、探索、推进自身现代化的全部历史实践活动。从狭义的角度看,"中国式现代化"特指中国共产党领导的社会主义现代化,具体是指中国共产党在领导取得新民主主义革命胜利、领导建立人民当家做主新政权的基础上,自觉顺应世界现代化发展趋势,主动自觉地把现代化上升为国家意志,在遵循现代化建设一般规律的同时领导全国人民持续探索、推进和实现符合中国国情的现代化的实践活动和理论成果。如今,这一进程和运动已经伴随着中国特色社会主义事业发展一同迈进了新时代。下面将重点围绕狭义层面的中国式现代化,研究梳理其形成发展过程和主要内容。

(一)提出"四个现代化"目标

从洋务运动、戊戌变法、清末新政,到辛亥革命,再到新文化运动，是中国从器物层面到制度层面再到文化层面的逐步深入的现代化道路探索过程。但这些现代化方案都相继失败了。到中国共产党成立前，中华民族陷入近代以来最黑暗最迷茫最苦闷的境地，但同时也迎来了向上的转机。随着中国民族资本主义的发展，工人阶级不断壮大起来，并在五四运动中作为一支独立的政治力量登上历史舞台。俄国十月革命一声炮响，给中国送来了马克思主义。正是在这些历史条件相互作用下，中国共产党应运而生。在中国共产党的领导下，中国开始了现代化道路的新探索。

对于什么是现代化，中国共产党经历了从单一到全面的认识过程。新民主主义革命时期，现代化的军事工业、装备的现代化、军队现代化[①]，革新军制离不了现代化[②]等表述出现在党的文献中。到1945年党的七大时，毛泽东在《论联合政府》的政治报告中指出："在新民主主义的政治条件获得之后，中国人民及其政府必须采取切实的步骤，在若干年内逐步地建立重工业和轻工业，使中国由农业国变为工业国。""中国工人阶级的任务，不但是为着建立新民主主义的国家而斗争，而且是为着中国的工业化和农业近代化而斗争。"[③]这里的"近代化"是从英文 modernization 翻译过来的，也就是"现代化"的意思。1949年中华人民共和国的成立，为中国的现代化建设奠定了一个独立自主的民族国家的政治基础，也使现代化在中国成为一种自觉的国家意志。

从1949年中华人民共和国成立到1954年，毛泽东等中央领导人逐步提出实现"现代化的工业、现代化的农业、现代化的交通运

[①]《周恩来军事文选》（第2卷），人民出版社1997年版，第85—86页。
[②]《毛泽东选集》（第二卷），人民出版社1991年版，第511页。
[③]《毛泽东选集》（第三卷），人民出版社1991年版，第1081页。

输业和现代化的国防"的设想。后来,又逐渐确立了"四个现代化"的战略目标。1954年9月,在第一届全国人民代表大会第一次会议上,毛泽东提出:"在几个五年计划之内,将我们现在这样一个经济上文化上落后的国家,建设成为一个工业化的具有高度现代文化程度的伟大的国家。"[1] 周恩来则进一步明确提出"我们一定可以经过几个五年计划,把中国建设成为一个强大的社会主义的现代化的工业国家"[2] 的目标。毛泽东还警示,我们如果搞得不好,中国就会有被开除"球籍"的危险,体现出中国共产党对中国实现现代化的高度重视及紧迫感。1956年9月,党的八大正确提出了我国社会的主要矛盾,即人民对于建立先进的工业国的要求同落后的农业国的现实之间的矛盾,经济文化迅速发展的需要同当前经济文化不能满足人民需要的状况之间的矛盾(1981年党的十一届六中全会通过的《关于建国以来党的若干历史问题的决议》将这一矛盾集中表述为:人民群众日益增长的物质文化需要同落后的社会生产之间的矛盾)。这一主要矛盾决定了当时社会建设的主要任务,是要在新的生产关系下集中力量去发展生产力,在此基础上逐步推动实现国家的工业化、现代化。1956年年底,中国共产党领导完成对个体农业、个体手工业和资本主义工商业的社会主义改造,确立了生产资料公有制的基本经济制度。之后,中国进入了全面建设社会主义新阶段,开始了中国的现代化建设道路的全面探索。1957年,毛泽东在《关于正确处理人民内部矛盾的问题》的讲话中指出,要"将我国建设成为一个具有现代工业、现代农业和现代科学文化的社会主义国家"[3]。这

---

[1] 《毛泽东文集》(第六卷),人民出版社1999年版,第350页。
[2] 《周恩来选集》(下卷),人民出版社1984年版,第136页。
[3] 《毛泽东文集》(第七卷),人民出版社1999年版,第207页。

次讲话将"交通运输现代化"去掉而重新提出"科学文化现代化"。1959年12月到1960年2月,毛泽东在读苏联《政治经济学教科书》时说:"建设社会主义,原来要求是工业现代化,农业现代化,科学文化现代化,现在要加上国防现代化"①,形成了比较完整的"四个现代化"的内容。1960年2月,周恩来在读苏联《政治经济学教科书》时,将"科学文化现代化"改成"科学技术现代化"。1963年,周恩来在上海市科学技术工作会议上讲话时又指出:"要正确认识科学技术现代化在社会主义建设中的重大意义。我国过去的科学基础很差。我们要实现农业现代化、工业现代化、国防现代化和科学技术现代化,把我们祖国建设成为一个社会主义强国,关键在于实现科学技术的现代化。"②1964年12月,在第三届全国人民代表大会第一次会议上,根据毛泽东的意见,周恩来在政府工作报告中宣布:"要在不太长的历史时期内,把我国建设成为一个具有现代农业、现代工业、现代国防和现代科学技术的社会主义强国。"③为了实现这个伟大的历史任务,会议提出从第三个五年计划开始,我国国民经济发展的"两步走"的战略设想:"第一步,建立一个独立的比较完整的工业体系和国民经济体系;第二步,全面实现农业、工业、国防和科学技术的现代化,使我国经济走在世界的前列。"④1975年1月,在四届全国人大第一次会议上,周恩来再次重申"在本世纪内,全面实现农业、工业、国防和科学技术的现代化,使我国国民经济走

---

① 《毛泽东文集》(第八卷),人民出版社1999年版,第116页。
② 《周恩来选集》(下卷),人民出版社1984年版,第412页。
③ 《周恩来选集》(下卷),人民出版社1984年版,第439页.
④ 《周恩来选集》(下卷),人民出版社1984年版,第439页。

在世界的前列"①，完整地提出了"四个现代化"的宏伟目标。但是，由于复杂多变的国际国内形势，从1957年下半年开始一直到1976年，我们党在探索如何建设社会主义的过程中出现重大挫折，甚至犯了重大错误，现代化的"两步走"设想尽管表达了中国人民决心改变落后面貌的强烈愿望和雄心壮志，但终究没有也不可能如期实现。

（二）中国式现代化上升为总体国家战略

1978年12月召开的党的十一届三中全会，是一次具有划时代意义的实现伟大历史转折的大会，大会作出了把全党的工作重点和全国人民的注意力转移到社会主义现代化建设上来的战略决策。以邓小平为主要代表的中国共产党人，坚持解放思想、实事求是的思想路线，科学认识社会主义的本质，遵循社会主义建设的客观规律，制定出符合中国实际的正确的政治路线。邓小平强调："社会主义现代化建设是我们当前最大的政治，因为它代表着人民的最大的利益、最根本的利益。"②"我们党在现阶段的政治路线，概括地说，就是一心一意地搞四个现代化。"③这是中国共产党首次明确地把实现现代化作为全党工作重心，真正把现代化建设作为国家发展的重大战略目标，并且使"改革开放"和"社会主义现代化建设"这两件事情成为内在关联、不可分割的耦合体。从此，改革开放和社会主义现代化成为中国的鲜明时代主题。

在推动中国社会主义现代化建设过程中，邓小平认识到，要搞

---

① 《周恩来选集》（下卷），人民出版社1984年版，第479页。
② 《邓小平文选》（第二卷），人民出版社1994年版，第163页。
③ 《邓小平文选》（第二卷），人民出版社1994年版，第276页。

好社会主义现代化建设，就必须从中国的基本国情出发来制定战略和策略。正是基于此，他在"四个现代化"的基础上，创造性地提出了"中国式的现代化"的重要概念，意在强调，中国搞的现代化，只能从中国的实际出发，是中国式的现代化。1979年3月，在党的理论工作务虚会上，邓小平首次提出要"走出一条中国式的现代化道路"①，而"中国式的现代化，必须从中国的特点出发"②。这是邓小平首次提出中国式现代化的概念，并且指明了其实质就是适合中国国情。同年12月，邓小平在会见日本首相大平正芳时，进一步阐述了中国式现代化的内涵。他说："我们要实现的四个现代化，是中国式的四个现代化。我们的四个现代化的概念，不是像你们那样的现代化的概念，而是'小康之家'。"③并进一步指出，"到本世纪末，中国的四个现代化即使达到了某种目标，我们的国民生产总值人均水平也还是很低的。要达到第三世界中比较富裕一点的国家的水平，比如国民生产总值人均一千美元，也还得付出很大的努力"④。由此可见，邓小平对中国式现代化的目标定位非常务实理性。

改革开放以来，随着现代化实践的发展，我们党对现代化内涵内容、任务路径、具体规划等问题的认识越来越清晰。党的每次全国代表大会，在思想理论上，都进一步深化对现代化建设的认识；在实践上，都进一步将现代化建设作为重大的战略任务进行更加清晰的擘画。党的十二大首次把"小康"作为经济建设总的奋斗目标，提出到20世纪末力争使人民的物质文化生活达到小康水平。

---

① 《邓小平文选》(第二卷)，人民出版社1994年版，第163页。
② 《邓小平文选》(第二卷)，人民出版社1994年版，第164页。
③ 《邓小平文选》(第二卷)，人民出版社1994年版，第237页。
④ 同上。

党的十三大提出了"把我国建设成为富强、民主、文明的社会主义现代化国家"的奋斗目标，极大地深化和拓展了现代化的内涵和外延，现代化不再仅局限于工业、农业、国防和科学技术等物质文明一个维度的现代化，政治现代化、文化现代化也纳入了现代化的目标视野。同时，这一时期，我们党坚持实事求是，逐步认识到我国的现代化不可能在20世纪内全部实现，而是需要更长时间。为此，党的十三大制定的"三步走"现代化发展战略将基本实现现代化的时间延长至21世纪中叶。具体提出：第一步，从1981年到1990年实现国民生产总值比1980年翻一番，解决人民的温饱问题；第二步，到20世纪末，使国民生产总值再增长一倍，人民生活达到小康水平；第三步，到21世纪中叶，国民生产总值再翻两番，达到中等发达国家水平，基本实现现代化。1992年，党的十四大结合人民温饱问题基本得到解决的实际情况，提出到20世纪末人民生活由温饱进入小康。1997年，党的十五大在前两步目标已经达成的基础上，提出"新三步走"发展战略，即展望下世纪，我们的目标是：第一个十年实现国民生产总值比2000年翻一番，使人民的小康生活更加宽裕，形成比较完善的社会主义市场经济体制；再经过十年的努力，到建党一百年时，使国民经济更加发展，各项制度更加完善；到21世纪中叶新中国成立一百年时，基本实现现代化，建成富强民主文明的社会主义国家。2002年，党的十六大针对当时小康低水平、不全面、发展很不平衡的实际，提出全面建设小康社会目标，即在21世纪前20年，集中力量，全面建设惠及十几亿人口的更高水平的小康社会，使经济更加发展、民主更加健全、科教更加进步、文化更加繁荣、社会更加和谐、人民生活更加殷实，小康社会建设由"总体小康"向"全面小康"迈进。2007年，党的十七大对实现全面建设小康社会的宏伟目标作出全面部署,在经济、政治、文化、社会、生态文明等方面提出新要求,全面建设小康社会的目标更全面、内涵更丰富、要求更具体。2012年,党的十八大提出全面建成小康社会的奋斗目标,发出了向实现"两个一百年"奋斗目标进军的时代号召。习近平在党的十八届一中全会的讲话中,明确了"两个一百年"的奋斗目标,即到中国共产党成立100年时,全面建成小康社会;到新中国成立100年时,建成富强民主文明和谐美丽的社会主义现代化强国。这里要强调的是,党的十八大首次提出,"倡导富强、民主、文明、和谐,倡导自由、平等、公正、法治,倡导爱国、敬业、诚信、友善,积极培育和践行社会主义核心价值观"[①]。后来,习近平进一步明确指出:"在当代中国,我们的民族、我们的国家应该坚守什么样的核心价值观?这个问题,是一个理论问题,也是一个实践问题。""我们提出要倡导富强、民主、文明、和谐,倡导自由、平等、公正、法治,倡导爱国、敬业、诚信、友善,积极培育和践行社会主义核心价值观。富强、民主、文明、和谐是国家层面的价值要求,自由、平等、公正、法治是社会层面的价值要求,爱国、敬业、诚信、友善是公民层面的价值要求。这个概括,实际上回答了我们要建设什么样的国家、建设什么样的社会、培育什么样的公民的重大问题。"[②]社会主义核心价值观,从国家、社会、公民三个方面清晰全面地回答了社会主义现代化建设的核心价值标准。这些价值要求,既是现代化建设的价值方向,也是衡量现代化水平高低的根本价值标尺。这是对现代化建设在认识和实践上的一个重大

---

① 《胡锦涛文选》(第三卷),人民出版社2016年版,第638页。
② 《习近平谈治国理政》(第一卷),外文出版社2014年版,第168—169页。

深化。2017年,党的十九大根据社会主要矛盾的变化作出中国特色社会主义进入新时代的重大判断,对"两个一百年"奋斗目标作了进一步细化,提出了"从全面建成小康社会到基本实现现代化,再到全面建成社会主义现代化强国"的"两步走"战略安排:第一个阶段,从2020年到2035年,在全面建成小康社会的基础上,再奋斗十五年,基本实现社会主义现代化。第二个阶段,从2035年到本世纪中叶,在基本实现现代化的基础上,再奋斗十五年,把我国建成富强民主文明和谐美丽的社会主义现代化强国。新的"两步走"战略安排,将原定的第二个百年奋斗目标即基本实现社会主义现代化的实现时间提前了15年,将新中国成立一百年时的目标要求提高至"全面建成富强民主文明和谐美丽的社会主义现代化强国"。这是综合分析国际国内形势和我国发展条件之后作出的重大判断,也是中国共产党适应我国发展实际作出的必然选择,展现了中国共产党和中国人民实现现代化的自信与底气。

2020年年底,中国如期完成新时代脱贫攻坚目标任务,当年现行标准下9899万农村贫困人口全部脱贫,832个贫困县全部摘帽,12.8万个贫困村全部出列,区域性整体贫困得到解决。2021年,习近平在庆祝中国共产党成立100周年大会上庄严宣告,经过全党全国各族人民持续奋斗,我们实现了第一个百年奋斗目标,在中华大地上全面建成了小康社会,历史性地解决了绝对贫困问题,正在意气风发地向着全面建成社会主义现代化强国的第二个百年奋斗目标迈进。

(三)开启全面建设社会主义现代化国家新征程

从18世纪60年代第一次工业革命开始,人类现代化历程已经走过二百多年。纵览中国共产党自成立以来对社会主义现代化建设的探索，我国从1953年第一个五年计划开始至2020年，仅用短短几十年，就走完了发达国家上百年的工业化进程，全面建设社会主义现代化国家新征程已然开启。

2022年10月，习近平在中国共产党第二十次全国代表大会上强调指出：从现在起，中国共产党的中心任务就是团结带领全国各族人民全面建成社会主义现代化强国，实现第二个百年奋斗目标，以中国式现代化全面推进中华民族伟大复兴。大会还进一步明晰了我国基本实现社会主义现代化的总体目标：到2035年，经济实力、科技实力、综合国力大幅跃升，人均国内生产总值迈上新的大台阶，达到中等发达国家水平；实现高水平科技自立自强，进入创新型国家前列；建成现代化经济体系，形成新发展格局，基本实现新型工业化、信息化、城镇化、农业现代化；基本实现国家治理体系和治理能力现代化，全过程人民民主制度更加健全，基本建成法治国家、法治政府、法治社会；建成教育强国、科技强国、人才强国、文化强国、体育强国、健康中国，国家文化软实力显著增强；人民生活更加幸福美好，居民人均可支配收入再上新台阶，中等收入群体比重明显提高，基本公共服务实现均等化，农村基本具备现代生活条件，社会保持长期稳定，人的全面发展、全体人民共同富裕取得更为明显的实质性进展；广泛形成绿色生产生活方式，碳排放达峰后稳中有降，生态环境根本好转，美丽中国目标基本实现；国家安全体系和能力全面加强，基本实现国防和军队现代化。在基本实现现代化的基础上，我们要继续奋斗，到本世纪中叶，把我国建设成为综合国力和国际影响力领先的社会主义现代化强国。到那时，我国物质文明、政治文明、精神文明、社会文明、生态文明将全面提升，实现国家治理体系和治理能力现代化，全体人民共同富裕基本实现，我国人民将享有更加幸福安康的生活，中华民族将以更加昂扬的姿态屹立于世界民族之林。

在中国共产党的领导下，中国特色社会主义现代化事业迈入了向第二个百年奋斗目标奋进的新征程。新时代新征程上再出发，展示出中国共产党人为实现中华民族伟大复兴而不懈奋斗的崇高理想，彰显出中国共产党人在实践发展中与时俱进不断挑战自我的勇气，更呼唤着新时代中国共产党人的历史担当，激励着全党全国各族人民坚定自信与奋发有为的精神与决心。

三、中国式现代化的内在规定性

在习近平新时代中国特色社会主义思想的根本指引下，中国共产党构建了中国式现代化理论体系，确立了中国式现代化的战略规划和总体部署，从理论到实践，都体现了中国式现代化的内在规定性。这种内在规定性，既内含现代化的一般性质，也体现了中国式现代化所具有的特殊性。这里，我们对中国式现代化的内在规定性进行系统梳理和深入研究，以便为大学生现代人格塑造提供现实和价值依据。

（一）中国式现代化的中国特色

中国式现代化是世界现代化的重要组成部分，既要遵循世界现代化的共性特征和一般规律，同时更要结合中国实际、走具有中国特色的现代化道路。中国的基本国情仍是处于并将长期处于社会主义初级阶段，仍是世界上最大的发展中国家，这就要求在推进现代化建设过程中，必须紧紧把握基本国情，制定符合中国国情的发展战略规划，走符合中国自己国情、自己特点的社会主义现代化道路。习近平在党的二十大报告中指出，中国式现代化，是中国共产党领导的社会主义现代化，既有各国现代化的共同特征，更有基于自己国情的中国特色，这就是人口规模巨大的现代化、全体人民共同富裕的现代化、物质文明和精神文明相协调的现代化、人与自然和谐共生的现代化、走和平发展道路的现代化。具体来看，中国式现代化的特色具有丰富内涵：

一是人口规模巨大的现代化。我国有14亿多人口，规模超过现有发达国家人口总和。中国式现代化，就是要使14亿多人整体迈进现代社会、人人过上现代生活，而不是少数人或部分人的现代化。这一特色是由社会主义本质属性决定的，体现出中国式现代化致力于维护和实现最广大人民群众根本利益的根本价值准则。要实现14亿多人的现代化，其艰巨性和复杂性前所未有，发展途径和推进方式也必然具有自己的特点。这就要求我们必须始终从国情出发想问题、作决策、办事情，既不能好高骛远，也不能因循守旧，要保持历史耐心，坚持稳中求进、循序渐进、持续推进。

二是全体人民共同富裕的现代化。实现共同富裕是中国特色社会主义的本质要求，也是一个长期的历史过程。实现全体人民共同富裕的宏伟目标，最终靠的是高质量发展。这就必然要求在推进现代化进程中，把实现人民对美好生活的向往作为现代化建设的出发点和落脚点，在把握国家富强、民族振兴的大局下，更要关注人民的生活发展，不断增进民生福祉，真正实现藏富于民。同时，全体人民共同富裕的现代化，还内在地包含着维护和促进社会的自由、平等、公正、法治，这就必然要求通过改革的办法克服体制机制性障碍，为全体人民自主从事生产劳动、社会活动和创新创造提供公平的制度支撑和健全的法治保障。

三是物质文明和精神文明相协调的现代化。物质富足、精神富有是社会主义现代化的崇高追求。物质贫困不是社会主义，精神贫乏也不是社会主义。只有物质文明和精神文明都发达，才是有中国特色的社会主义。物质文明和精神文明相协调的现代化，既从整体上反映出中国式现代化要在经济、政治、文化、社会、生态各领域创造出比资本主义更先进的现代文明成果，又着重凸显中国式现代化最终要在物质富裕基础上培养造就更多具有民主、自由、平等、公正、法治等现代意识和爱国、敬业、诚信、友善等现代道德的精神富有的现代公民，促进物的全面丰富和人的全面发展。为此，在实现现代化进程中，既要推动高质量发展，不断厚植现代化的物质基础，不断夯实人民幸福生活的物质条件；又要大力发展社会主义先进文化，强化社会主义核心价值观引领，不断满足人民群众多样化、多层次、多方面的精神文化需求。

四是人与自然和谐共生的现代化。人与自然是生命共同体，人类来自自然、依赖自然而生存发展，应当尊重自然、顺应自然、保护自然；人类在认识和改造自然使其为自身服务的同时，更要尊重自然规律，否则无止境地向自然索取甚至破坏自然势必遭到大自然的报复。这就要求我们在现代化的进程中，牢固树立和践行绿水青山就是金山银山的理念，坚持可持续发展，坚持节约优先、保护优先、自然恢复为主的方针，像保护眼睛一样保护自然和生态环境，坚定不移走生产发展、生活富裕、生态良好的文明发展道路，实现中华民族永续发展。

五是走和平发展道路的现代化。走和平发展道路,这是我国从历史、现实、未来的客观判断中得出的结论。首先来源于中华文明的深厚渊源。中华民族历来爱好和平,中国传统文化强调"以和为贵"。近代历史上,中国曾遭受过西方列强的欺凌,苦难深重;"己所不欲勿施于人",中国绝不会把战争苦难施加于他国人民。其次来源于对世界发展大势的把握。第二次世界大战后,特别是苏联解体、东欧剧变后,和平和发展成为时代主题和世界大势。当前,尽管有局部战争和地缘政治冲突,但是和平、发展、合作仍是主流,中国作为世界负责任大国,理应把握世界发展大势,通过和平方式实现自身现代化,绝不会走一些国家的扩张老路。再次来源于对实现中国发展目标条件的认知。40多年的改革开放实践证明,中国经济社会的发展成就离不开和平开放的国际环境。未来一段时间,中国要实现现代化的宏伟目标,更加需要和平开放的国际环境。因此,在实现现代化的进程中,中国会坚定不移坚持和平发展,在坚定维护世界和平与发展中谋求自身发展,又以自身发展更好维护世界和平与发展,推动构建人类命运共同体;在强调依靠自身力量和改革创新实现发展的同时,继续顺应经济全球化发展潮流,坚持扩大对外开放,积极学习借鉴别国长处,努力寻求与各国互利共赢和共同发展,推动建设持久和平、共同繁荣的和谐世界。

(二)中国式现代化的本质要求

习近平在党的二十大报告中明确提出:中国式现代化要坚持中国共产党领导,坚持中国特色社会主义,实现高质量发展,发展全过程人民民主,丰富人民精神世界,实现全体人民共同富裕,促进人与自然和谐共生,推动构建人类命运共同体,创造人类文明新形态[①]等九个方面本质要求。这一本质要求符合人类现代化的一般规律，明确了中国式现代化的领导力量、发展道路和根本方向、总体布局和战略要求，以及对人类文明和世界发展的重大意义，是推进中国式现代化的重要遵循。

其一，坚持中国共产党的领导，是中国式现代化的领导力量；坚持中国特色社会主义，是中国式现代化的发展道路和根本方向。这两个方面是推进中国式现代化的政治性、方向性的根本要求。只有在中国共产党的坚强领导下，才能保证通过深化改革、实行法治的方式，有效防范和根本化解中国式现代化进程中遇到的各种风险挑战和矛盾问题，最大限度地团结凝聚起全国各族人民投身于现代化火热实践的思想共识和行动力量；只有坚持中国特色社会主义，坚定中国特色社会主义道路、理论、制度和文化自信，才能保证中国式现代化在正确轨道上顺利驶向现代化的终极目标，避免误入封闭僵化的老路和改旗易帜的邪路，再次错失中国建成现代化国家的前景。

其二，实现高质量发展，发展全过程人民民主，丰富人民精神世界，实现全体人民共同富裕，促进人与自然和谐共生，推动构建人类命运共同体，是中国式现代化的总体布局和战略要求，是中国式现代化在经济建设、政治建设、文化建设、社会建设、生态文明建设和外交工作等不同领域的具体任务目标，彰显出不同领域的现代价值取向。如，要实现高质量发展，必然要求遵循转变发展方式、优化经济结构、转换增长动力的发展规律，按照自由、平等、公正、

---

① 习近平：《高举中国特色社会主义伟大旗帜 为全面建设社会主义现代化国家而团结奋斗——在中国共产党第二十次全国代表大会上的报告》，人民出版社2022年版，第23—24页。

法治的价值取向，构建以市场体系、收入分配体系、城乡区域发展体系、绿色发展体系、全面开放体系和充分发挥市场决定作用、更好发挥政府作用的经济体制为主要内容的现代化经济体系。再如，实现全过程人民民主，作为我国政治现代化的本质要求，其最终实现要求必须高擎现代民主、法治的价值旗帜，并努力将这些理念转化为发展社会主义民主法治的体制机制，贯穿选举、协商、决策、管理、监督全过程，融入经济、政治、文化、社会建设等各方面，以彰显在党的领导下通过依法治国方式实现人民当家做主的中国民主制度的独特魅力。

其三，创造人类文明新形态，是由马克思主义的理论本质所规定的，也是中国式现代化的终极目标即实现每个人的自由全面发展的内在要求。人类历史步入以近代工商文明成果为集大成的资本主义社会，较历史上的原始社会、奴隶社会和封建社会，是一次史无前例的进步和跃升，它将人类从愚昧、落后、奴役、贫穷的生活状态下解放出来，使人获得了相对文明、先进、独立、富裕的生活。但是，社会主义现代化是对资本主义现代化的超越，它所追求的未来目标是要建立一个能够实现每个人的自由全面发展的联合体。这就从根本上要求在追求实现现代化的社会主义中国，必然着眼于人类社会发展和人类文明发展进步这一更恢宏、更久远的战略目标，顺应人类现代化发展潮流，并实现对资本主义文明的全面超越，创造出更加先进的社会主义新文明，实现每个人的自由全面发展。这正是中国要为人类社会发展所贡献的新的、更先进的文明样态。

（三）推进中国式现代化需要把握的重大原则

习近平在党的二十大报告中分析指出，全面建设社会主义现代化国家,是一项伟大而艰巨的事业,前途光明,任重道远。当前,世界百年未有之大变局加速演进,新一轮科技革命和产业变革深入发展,国际力量对比深刻调整,我国发展面临新的战略机遇。同时,世纪疫情影响深远,世界经济复苏乏力,局部冲突和动荡频发,全球性问题加剧,世界进入新的动荡变革期。我国改革发展稳定面临不少深层次矛盾躲不开、绕不过,党的建设特别是党风廉政建设和反腐败斗争面临不少顽固性、多发性问题。我国发展进入战略机遇和风险挑战并存、不确定难预料因素增多的时期,各种"黑天鹅""灰犀牛"事件随时可能发生。我们必须增强忧患意识,坚持底线思维,做到居安思危、未雨绸缪,准备经受风高浪急甚至惊涛骇浪的重大考验[①]。前进道路上,必须牢牢把握以下重大原则。

一是坚持和加强党的全面领导。中国共产党是中国的最高政治领导力量,这是由我国国家性质和政治制度体系决定的,是由国家宪法所确立的,是经过中国革命、建设、改革伟大实践所检验的,具有历史合理性、实践合理性和价值合理性。要推进实现中国式现代化这一宏伟目标,必须坚持和加强党的全面领导,充分发挥党在引领政治方向、统领政治体系、决断重大事项、领导社会治理方面的领导作用。

"现代化和政治发展的有关研究表明,一个强大的政党对于后发国家实现现代化具有至关重要的作用"[②]。美国政治学家塞缪尔·P.亨

---

① 习近平:《高举中国特色社会主义伟大旗帜 为全面建设社会主义现代化国家而团结奋斗——在中国共产党第二十次全国代表大会上的报告》,人民出版社2022年版,第26页。

② 胡伟等:《现代化的模式选择:中国道路与经验》,上海人民出版社2008年版,第38页。

廷顿提出过一个著名的论断：后发国家的政治现代化必然面临政治参与的扩大和政治制度化之间的矛盾。一方面，政治现代化表现为政治参与的爆炸性增长，这是现代政体相较于传统政体的标志；另一方面，政治现代化又表现为权威的合理化，单一的、世俗的、全国的政治权威取代了传统的、宗教的、家庭的和种族的等五花八门的政治权威。而作为世界现代化发展产物的政党，正好可以同时满足政治现代化这两个方面的要求，进一步促进现代化的发展。"一个强有力的政党体制有能力做到两条，第一条是通过体制本身扩大政治参与，从而达到先发制人并使紊乱或革命的政治活动无法展开，第二条是缓解和疏导新近动员起来的集团得以参与政治，使其不至于扰乱体制本身。"①

中国共产党正好是一个拥有坚实群众基础、规模庞大、组织纪律严明、思想政治高度统一、政治整合和社会动员能力强的政党组织。不仅如此，除了政治力量强大外，党的执政者具有解放思想、实事求是、与时俱进、开拓创新的品格。中国共产党的坚强领导和革新品格是中国改革开放和现代化建设得以顺利进行的政治前提和思想基础。从成立到执政，从革命、建设到改革开放，中国共产党都与中国的现代化任务分不开，它既是现代化的产物，又塑造着中国现代化的进程和发展方向。这种塑造不同于一般的政党，一方面是由于中国共产党是世界上最大且宪法规定的长期执政的政党；另一方面也在于中国的现代化是人类历史上规模最大难度最大的现代化。此外，中国现代化的"后发性"，也更加需要发挥中国共产党的

---

① ［美］塞缪尔·P. 亨廷顿著，王冠华、刘为等译：《变化社会中的政治秩序》，上海三联书店1989年版，第344页。

领导作用。后发性是一柄双刃剑，包含着机遇和挑战，机遇在于可以直接借鉴和利用先发国家积累的现代化的经验教训，还可以引进他们的先进技术和资本，发挥自身劳动力成本低、资源环境利用空间大等后发优势，采取综合的现代化发展战略，从"落后的条件"中取得发展的"比较优势"；挑战在于经济、政治、社会等领域暂时的落后及由此带来的一系列矛盾和问题，以及同时解决一揽子问题的巨大时间压力和客观现实挑战。

国际经验表明，对于后发国家而言，只有主动加强对现代化的规划、引导和推动，才能有效应对各种矛盾，使现代化建设取得实效。面对现代化过程中遭遇的种种挑战和问题，中国共产党在强有力的政治领导下通过有效的制度创新和政策创新，一方面利用市场机制推动社会资源的有效配置，激发出巨大的生产力，保持了经济持续几十年的高速增长和人民生活水平的持续改善；另一方面，面对着现代化带动起来的社会利益结构的重新组合、社会资源的再分配以及社会价值观念的日益多元化，党和政府也采取各种措施予以吸纳、整合和消解，为经济发展提供了一个稳定的保障条件。未来，在接近实现现代化强国目标的道路上，中国式现代化面临的困难和挑战会更加严峻，这就需要中国共产党一方面不断改革自身，以适应领导现代化实践的要求，另一方面以自己科学的理论、纲领、路线、方针和政策实施坚强领导，以保证现代化的顺利进行。

二是坚持中国特色社会主义道路。中国式现代化是在中国共产党领导开创、稳步推进、深入发展中国特色社会主义道路中探索出来的。在社会主义建设遭遇严重挫折之时，如果没有开创出中国特色社会主义这一将科学社会主义基本原则和社会主义初级阶段实际相结合的科学道路，中国的社会主义事业都有可能面临被葬送的危险，就更不会有中国式现代化。中国特色社会主义是党和人民历尽千辛万苦、付出各种代价选择的正确道路，它顺应世界历史潮流，是实现我国社会主义现代化的必然选择，是创造人民美好生活的必然选择。

实践是最有说服力的明证。改革开放40多年来，我国沿着中国特色社会主义道路持续推进现代化进程，经济长期保持中高速增长，对世界经济增长贡献率超过30%。经过持续努力，我国仅用几十年就走完了发达国家上百年走过的工业化历程，创造了经济快速发展和社会长期稳定两大奇迹。未来一段时间，我们要实现现代化，必须继续坚定不移地高举中国特色社会主义伟大旗帜，坚持以经济建设为中心，坚持四项基本原则，坚持改革开放，坚持独立自主、自力更生，坚持道不变、志不改，既不走封闭僵化的老路，也不走改旗易帜的邪路，坚持把国家和民族发展放在自己力量的基点上，坚持把中国发展进步的命运牢牢掌握在自己手中。

三是坚持以人民为中心的发展思想。现代化的本质是人的现代化，只有实现了人的现代化，才是真正实现了现代化。马克思主义指引下的社会主义现代化的根本价值追求正是实现"每个人的自由全面发展"。为此，中国共产党始终坚持以人民为中心的发展思想，把人民的根本利益视作中国共产党的最高利益，把人民的美好追求作为中国共产党的最高追求。在革命年代，通过解决帝国主义和中华民族、封建主义和人民大众的矛盾，使中华民族和中国人民从被压迫被奴役的状态中解放出来、站立起来，获得独立和自由；在建设年代，通过解决人民日益增长的物质文化需要同落后的社会生产之间的矛盾，使中国人民从贫穷和愚昧的状态中解放出来、富裕起来，过上文明小康的生活。进入新时代，正在通过解决人民日益增长的美好生活需要和不平衡不充分的发展之间的矛盾,使中国人民从不平衡不充分的发展状态中解放出来、强大起来,获得更加全面自由的发展。

当前,我国人均 GDP 已达 1.2 万美元,中等收入群体规模已超过 4 亿人,绝对贫困成为历史,人民群众的获得感、幸福感、安全感显著增强。未来,我们党要抓住人民最关心最直接最现实的利益问题,不断保障和改善民生,促进社会公平正义,让现代化建设成果更多更公平惠及全体人民。

四是坚持深化改革开放。改革开放是我们党的一次伟大觉醒,也是决定当代中国命运的关键抉择。"如果没有一九七八年我们党果断决定实行改革开放,并坚定不移推进改革开放,坚定不移把握改革开放的正确方向,社会主义中国就不可能有今天这样的大好局面,就可能面临严重危机,就可能遇到像苏联、东欧国家那样的亡党亡国危机。"[①]改革开放已走过千山万水,但仍需跋山涉水。生产力发展是永无止境的,调整生产关系、完善上层建筑的改革开放也是永无止境的。进入新时代,推进改革开放有了更坚实的基础,但我国改革发展稳定仍面临不少深层次矛盾,改革进入攻坚期和深水区。我们深知,中国要前进,就要全面深化改革开放,除了全面深化改革开放,别无他途。

因此,在全面建设社会主义现代化国家的新征程上,坚持和发展中国特色社会主义,必须继续深化改革开放,紧紧围绕全面建设社会主义现代化国家总目标推出战略性、创新性、引领性改革措施,紧紧围绕使市场在资源配置中起决定性作用深化经济体制改革,紧

---

① 习近平:《习近平著作选读》(第一卷),人民出版社 2023 年版,第 78 页。

紧围绕坚持党的领导、人民当家做主、依法治国有机统一深化政治体制改革，紧紧围绕建设社会主义核心价值观、社会主义文化强国深化文化体制改革，紧紧围绕更好保障和改善民生、促进社会公平正义深化社会体制改革，紧紧围绕建设美丽中国深化生态文明体制改革，紧紧围绕提高科学执政、民主执政、依法执政水平深化党的建设制度改革；聚焦全面建设社会主义现代化国家中的重大问题，抓好重大改革任务攻坚克难。

在对内深化改革的同时，还要坚定不移全面扩大开放，构建更高水平开放型经济新体制。因为开放也是改革，开放能促进改革。为此，应深化贸易投资领域体制机制改革，稳步扩大规则、规制、管理、标准等制度型开放；推动货物贸易优化升级，创新服务贸易发展机制，发展数字贸易，加快建设贸易强国；推动共建"一带一路"高质量发展；优化区域开放格局，实施自由贸易试验区提升战略，形成陆海内外联动、东西双向互济的开放格局；深度参与全球产业分工和合作，促进国际宏观经济政策协调，维护多元稳定的国际经济格局和经贸关系，共同营造有利于发展的国际环境。总之，要通过全面深化改革开放，着力破解深层次体制机制障碍，不断彰显中国特色社会主义制度优势，不断增强社会主义现代化建设的动力和活力，把我国制度优势更好转化为国家治理效能。

五是坚持发扬斗争精神。实现中华民族伟大复兴，绝不是轻轻松松、敲锣打鼓就能实现的。进入新时代，我国发展到了一个新的阶段，面临着全面建设社会主义现代化国家新征程的历史任务，前进路上机遇与挑战前所未有。比如，世界面临百年未有之大变局，全球经济持续低迷，地缘政治冲突局势紧张，新一轮科技革命竞争激烈，大国博弈加剧；我国经济发展的高能耗、高污染、高成本仍未整体彻底改观，距离高质量目标差距较大，经济社会发展不平衡、不充分矛盾突出；教育、就业、社会保障、医疗、住房、生态环境、食品药品安全、老龄化、居民收入分配差距等民生问题凸显；阶层利益固化，贫富差距有所扩大，人员向上流动的通道变得狭窄；行业垄断利益固化，不同行业职工收入差距有所加大；城乡二元结构尚存，农村地区基本公共服务不到位；等等。

要破解发展中面临的新难题、化解来自各方面的新的风险挑战，必须进行具有许多新的历史特点的伟大斗争，冲破思想观念束缚，突破利益固化藩篱，坚决破除各方面体制机制弊端。这就具体要求中国共产党和中国人民勇于同一切不合时宜的思维定式和固有观念作坚决斗争，深入贯彻新理念、新思想、新战略，形成勇于变革、勇于突破、勇于创新的新思维方式；必须勇于同一切部门利益、行业利益、本位思想作坚决斗争，坚持服从国家整体利益、服务改革发展稳定大局，形成有利于维护国家整体利益和最广大人民根本利益的新格局；必须勇于同一切条条框框限制作坚决斗争，破除深层次体制机制障碍和顽瘴痼疾，构建系统完备、科学规范、运行有效的制度体系；必须同制约我国更高水平开放型经济新体制建设中的突出问题作坚决斗争，积极适应经济全球化新趋势、世界格局新变化和我国发展新要求，以对外开放的主动赢得经济发展的主动、赢得国际竞争的主动。总之，面对挑战困难，我们需要增强自己的志气、骨气、底气，以巨大的政治勇气和改革精神打开事业发展新天地。

（四）推进中国式现代化需要处理的重大关系

习近平强调，推进中国式现代化是一个系统工程，需要统筹兼顾、系统谋划、整体推进，正确处理好一系列重大关系。

一是顶层设计与实践探索。顶层设计即设计顶层，是总体性设计、框架性设计，不是具体细节设计；顶层设计不仅仅是中央设计，中央、地方、基层都有进行顶层设计的职责；顶层设计，不能脱离实际瞎想空想，而应在扎实调查研究基础上根据实际情况进行科学的设计，因此，顶层设计离不开实践探索。实践的观点，是马克思主义认识论的首要的、基本的观点。它告诉人们，实践是理论的来源，也是检验理论正确与否的唯一标准。那么，对于现代化实践，虽然从世界史的角度看已经走过 200 多年的历史，在实践中积累了一些成熟经验和基本规律，但是这些经验和规律还需在实践中进行进一步的检验和发展；更何况社会主义现代化、中国式现代化，也才进行了几十年，还是一项崭新的事业，实践和理论上都还没有达到成熟地步，仍需要在实践中运用"摸着石头过河"的方法摸索前进，大胆试验。就像邓小平在改革开放初期所强调的那样："走什么样的路子，采取什么样的步骤来实现现代化，这要继续摆脱一切老的和新的框框的束缚，真正摸准、摸清我们的国情和经济活动中各种因素的相互关系，据以正确决定我们的长远规划的原则。"① 这一论述放到现在仍具有重要指导意义。总之，在未来一段时间，我们在实现现代化的道路上，既要深刻洞察世界发展大势，准确把握人民群众共同愿望，深入探索经济社会发展规律，制定好规划和政策体系；同时，又要坚持一切从实际出发，在实践中大胆探索、积累经验、总结教训，确保现代化行稳致远、最终实现。

二是战略与策略。战略侧重于进行原则性、根本性、全局性、长远性的谋划部署，策略则侧重于进行灵活性、针对性、局部性、

---

① 《三中全会以来重要文献选编》（上），人民出版社 1982 年版，第 589 页。

短时性的安排落实。在我国这样一个经济文化落后的国家实现现代化，是一项宏伟目标和战略工程，必须进行战略谋划，增强战略的前瞻性、全局性、稳定性。如最早的现代化的"三步走"战略、新的"三步走"战略和最新的"两步走"战略，都是关于实现现代化的步骤安排、时间推进、目标指标的具体设计。再比如，围绕现代化国家总体目标，在不同的领域，坚持问题导向，有针对性地制定实施重点的发展战略，像乡村振兴战略、新型城镇化战略、科教兴国战略、人才强国战略、创新驱动发展战略等。同时，长远的、宏观的战略规划，需要分阶段、分步骤、分重点稳步有序推进。所以，这就要求根据现代化发展的不同阶段及面临的具体情况和重点任务，研究制定实施灵活的策略和方法，把战略的原则性和策略的灵活性有机结合起来，在因地制宜、因势而动、顺势而为中把握现代化建设的战略主动。

三是守正与创新。守正与创新是辩证统一关系。守正，不是墨守成规，而是坚持和继承在实践中形成且经过实践检验的科学的理论、原则；创新，不是胡思乱想，而是坚持实事求是、与时俱进，依据动态的发展的实践作出新的规律性的理论认识和判断，进而合乎规律地指导新的实践。建设社会主义现代化强国，既要毫不动摇地坚持中国特色社会主义道路，坚持社会主义初级阶段的基本路线，坚持改革开放，坚持中国式现代化的中国特色、本质要求、重大原则等，确保中国式现代化的正确方向；又要把创新摆在国家发展全局的突出位置，坚持创新在现代化建设全局中的核心地位，完善科技创新体系，加快实施创新驱动发展战略，不断推进理论创新、制度创新、科技创新、文化创新等各方面创新，提高自主创新能力，加快建立保障创新创造的制度体系，破除一切制约创新创造的思想障碍和制度藩篱，优化配置创新资源，不断塑造发展新动能新优势。

四是效率与公平。效率和公平是社会发展进程中的一对基本矛盾，是辩证统一的关系。效率是基础和条件，公平是目的和价值。没有效率，公平无从谈起；没有公平，效率没有意义。社会主义现代化，既要创造比资本主义更高的效率，又要更有效地维护社会公平，实现效率与公平相兼顾、相促进、相统一。在社会主义建设初期，我们没能正确认识和处理效率和公平的关系，过分强调公平，完全忽视效率，甚至把追求效率所造成的合理差距看作资本主义社会的产物加以批判，结果社会缺乏活力、效率，导致了平均主义、共同贫穷。改革开放以来，从思想僵化、"两个凡是"到解放思想、实事求是，从人民公社到家庭联产承包责任制，从僵化的计划经济体制到建立完善社会主义市场经济体制，从单一的公有制到以公有制为主体、多种所有制经济共同发展，从平均主义到让一部分人、一部分地区先富起来，都是在坚持效率优先的基础上促进社会更加公平。未来，我们要实现共同富裕、建成现代化国家，仍然要在高质量发展中促进共同富裕，正确处理效率和公平的关系，构建初次分配、再分配、三次分配协调配套的基础性制度安排，加大税收、社保、转移支付等调节力度并提高精准性，扩大中等收入群体比重，增加低收入群体收入，合理调节高收入，取缔非法收入，形成中间大、两头小的橄榄形分配结构，促进社会公平正义，促进人的全面发展，使全体人民朝着共同富裕的目标扎实迈进。

五是活力与秩序。活力与秩序之间是辩证统一的关系，秩序是活力的条件，活力是秩序的目的；没有和谐稳定的环境秩序，社会活力就无法得以释放和发挥；没有生动活泼、自由创造的活力，稳定的社会秩序只是束缚人的枷锁。在社会主义建设初期，由于照搬苏联模式及教条式地理解运用马克思主义，违背经济发展规律，脱离我国生产力水平落后的实际情况，一味地拔高生产关系，坚持唯心主义的思想路线和极"左"的政治路线，实行单一的公有制，民主缺失、法治不彰，这些都极大地束缚了生产力发展，遏制了社会生机和活力，抑制了人的合乎规律的合乎理性的创新创造，给整个国家和人民造成严重损失。改革开放以来，我们以科学的态度坚持马克思主义，解放思想、实事求是，对内改革僵化的体制机制，对外积极学习吸收先进经验，建立社会主义市场经济体制，允许发展多种所有制经济，积极调整生产关系、政治和观念上层建筑，以适应生产力发展要求，释放社会发展活力，激发人们的创造性积极性，取得了经济快速发展和社会长期稳定两大奇迹。实践证明，只有经济社会发展充满活力、人们的聪明才智得到自由发挥，才能为社会的和谐稳定、健康有序奠定坚实的基础；否则，就不可能有真正的稳定秩序，即使表面上短时间内有稳定的环境，那往往只是消极的稳定，而不是积极的和谐，并且还会掩盖和隐藏真正的矛盾和问题，埋下更大的社会隐患甚至动荡。因此，未来在朝向现代化目标迈进的路上，我们必须正确处理好活力和秩序的关系，改革、发展、稳定的关系，通过持续的改革，充分调动各方面创业的积极性，激发全社会的创新潜能，为经济社会发展和现代化建设注入强大的动力和活力；同时，健全国家安全体系，完善社会治理体系，正确处理新形势下人民内部矛盾，确保人民安居乐业。

六是自立自强与对外开放。自立自强与对外开放，是中国发展和现代化进程中要正确认识和处理的一对矛盾。自立自强是中国发展的内生动力和重要根基，对外开放是中国发展的外部机遇和有力保障。中国近代以来的历史已经证明，中国的发展，必须在把握世界发展现代化趋势和人类社会发展基本规律的基础上,坚持以科学的理论为指引,从自身实际出发,独立自主地探索适合自身的发展道路,如此才能推动实现经济社会发展进步、人民生活逐步改善和人的自由全面发展。在这个过程中,闭关锁国、故步自封不行,会造成落后挨打;迷信盛行、照抄照搬也不行,会造成僵化动乱。未来,在推进实现全面现代化的征途中,还必须继续坚持自立自强与对外开放相结合,一方面,立足自身实际和现状,把国家和民族发展放在自己力量的基点上,把中国发展进步的命运牢牢掌握在自己手中;另一方面,坚定不移扩大对外开放,主动顺应开放合作的历史潮流,大力弘扬和平、发展、公平、正义、民主、自由的全人类共同价值,尊重世界文明多样性,积极学习借鉴发达国家优秀文明成果,推动构建以合作共赢为核心的新型国际关系,用好国内国际两种资源,拓展中国式现代化的发展空间。

四、中国式现代化的价值引领

作为一场伟大的社会变革运动,中国式现代化必然是在现代性价值引领下通过波澜壮阔的实践不断向前发展的,而这种实践和发展也必然反过来进一步丰富和拓展现代性价值理念的内涵,两个方面在相互作用、相互促进中构成中国式现代化实践发展和价值引领的辩证逻辑。

(一)中国式现代化的阶段性价值演进

新中国成立至改革开放开启前,我国现代化建设的目标主要就是推动实现工业、农业、国防和科学技术四个现代化，努力把我国建设成一个物质文明（器物先进）发达的社会主义中国，彻底扭转近代以来积贫积弱的境况，实现国强民富，再造民族复兴的历史夙愿。从价值层面看，引领和驱动这一进程的深层价值理念就是"富强"。改革开放以后，社会主义现代化建设成为全党全国工作的重点，在实践上就是分阶段地不断推动完成解决温饱、建设小康社会、全面建成小康社会等目标任务，如今已迈进全面建设社会主义现代化国家的新征程。在不同阶段的现代化实践中，虽然以"富强"为价值导向的经济总量的提升依然是一个主要指标（如党的十三大制定的"三步走"战略安排和党的十五大提出的"新三步走"发展战略，都规定了国民生产总值和人均国民生产总值的量化指标），但同时党的十三大提出了把我国建设成为富强、民主、文明的社会主义现代化国家的奋斗目标，除"富强"外，民主和文明成为现代化建设的鲜明价值导向。这就意味着，中国的现代化不仅是指器物层面的经济现代化，还包括政治现代化和文化现代化。党的十五大又重申这一价值规定性的现代化目标。党的十六大进一步具体提出经济更加发展、民主更加健全、科教更加进步、文化更加繁荣、社会更加和谐、人民生活更加殷实的全面建设小康社会目标。党的十七大和十八大都提出要把我国建成富强民主文明和谐的社会主义现代化国家，目标中新增"和谐"这一社会建设的价值目标。党的十九大和党的二十大都提出把我国建成富强民主文明和谐美丽的社会主义现代化强国，又增加了"美丽"这一生态文明建设的价值目标。至此，"富强、民主、文明、和谐、美丽"就构成引领社会主义经济建设、政治建设、文化建设、社会建设、生态文明建设的鲜明价值取向，明确了我国社会主义经济现代化、政治现代化、文化现代化、社会现代化、生态文明现代化的现代价值标准。

从我国在不同发展阶段关于社会主义现代化建设目标的表述中可以看出，在中国式现代化的认识和实践上，已不再仅仅关注经济增长或物质生活水平提高这一单一维度，逐步向经济、政治、文化、社会、生态等多个领域的复合性指标转变。这表明，改革开放以来，我国现代化国家建设目标，逐步突破了物质文明发达、国家经济富强的这一单一价值维度，而拓展至经济发达、政治民主、文化繁荣、社会和谐、生态美丽的复合价值维度。

以上是单从现代化国家的目标表述上对现代化价值取向的梳理和分析。这里需要进一步思考的是，虽然富强、民主、文明、和谐、美丽五组概念具体规定了社会主义现代化国家的发展方向，具有鲜明的价值指向，但是社会主义现代化运动作为一场深刻、持久、广泛的整体性变革，它显然还缺少一套更加全面完整的鲜明的现代价值理念系统。在现代化的伟大变革中，系统研究、明确概括出引领和支撑社会主义现代化建设的核心价值系统，是我们以更自觉的历史主动精神推动中国式现代化建设需要迫切完成的重大时代课题。

（二）社会主义核心价值观规定了中国式现代化的基本价值取向

党的十六大以后直到党的十八大后不久，我们党聚焦引领和支撑社会主义现代化建设的核心价值系统这一时代课题进行了深入探索并取得了重大成果。2006年10月，党的十六届六中全会明确提出要建设以马克思主义指导思想、中国特色社会主义共同理想、以爱国主义为核心的民族精神，和以改革创新为核心的时代精神、以社会主义荣辱观为主要内容的社会主义核心价值体系，形成全民族奋发向上的精神力量和团结和睦的精神纽带。2007年，胡锦涛在"6·25"重要讲话中强调，要大力建设社会主义核心价值体系，巩固全党全国人民团结奋斗的共同思想基础。党的十八大在明确"社会主义核心价值体系是兴国之魂，决定着中国特色社会主义发展方向"的基础上，首次提出"要倡导富强、民主、文明、和谐，倡导自由、平等、公正、法治，倡导爱国、敬业、诚信、友善，积极培育和践行社会主义核心价值观"[①]。紧接着，2013年12月中共中央发布的《关于培育和践行社会主义核心价值观的意见》阐明了社会主义核心价值观与社会主义核心价值体系的内在联系，明确指出，社会主义核心价值观是社会主义核心价值体系的内核，体现社会主义核心价值体系的根本性质和基本特征，反映社会主义核心价值体系的丰富内涵和实践要求，是社会主义核心价值体系的高度凝练和集中表达。这清楚地表明，作为我国现代化建设价值系统的社会主义核心价值观明确地确立起来了，它在中国特色社会主义事业发展和社会主义现代化建设中居于灵魂引领地位。这是自鸦片战争以来，我国的现代化实践探索历程中具有里程碑意义的大事。2014年5月4日，习近平在与北京大学师生座谈时更进一步明确指出，"富强、民主、文明、和谐是国家层面的价值要求，自由、平等、公正、法治是社会层面的价值要求，爱国、敬业、诚信、友善是公民层面的价值要求。这个概括，实际上回答了我们要建设什么样的国家、建设什么样的社会、培育什么样的公民的重大问题"[②]。这一重大战略判断，深刻地揭示了社会主义核心价值观与我们要建设的社

---

① 《胡锦涛文选》（第三卷），人民出版社2016年版，第638页。
② 《习近平谈治国理政》（第一卷），外文出版社2014年版，第168—169页。

主义现代化国家、现代社会和要培养的现代公民之间的内在逻辑关系，这就是社会主义核心价值观作为我国社会主义现代化国家、现代社会、现代公民的价值要求，规定了社会主义现代化国家建设、现代社会发展和现代公民培养的价值方向，是中国式现代化的价值目标和价值引领。

深入把握社会主义核心价值观对中国式现代化的价值引领作用，需要我们在准确理解社会主义核心价值观各概念内涵的基础上分层理解并整体把握。

从国家层面来看，富强、民主、文明、和谐规定了我们要建设的现代化国家的价值目标。富强是现代国家综合国力强大和国民物质生活富足的价值指标。这一目标要求健全完善社会主义市场经济体制，极大地解放和发展生产力，生产创造出丰富的物质财富，彻底摆脱国家积贫积弱的落后状况。民主是相对于专制而言的，是公民按照平等和少数服从多数原则来共同参与管理国家和社会事务的制度安排；它是全人类共同的价值追求，更是社会主义的生命；在社会主义中国，民主就是指人民当家做主的民主政治。文明是相对于野蛮、愚昧、无序而言的一种有秩序、有规则的物质精神生产生活方式及其成果，它是社会进步的重要标志，也是现代社会的重要特征；要推动实现物质文明、政治文明、精神文明、社会文明、生态文明建设的社会主义现代化，整体上实现对资本主义文明的超越。和谐是一种和而不同、对立统一的科学辩证理念，集中体现为秩序与活力的结合；我们既要追求国内社会发展的和谐稳定，也期望国际社会各主体之间求同存异、和谐相处。

从社会层面来看，自由、平等、公正、法治规定了我们要建设的现代社会的价值目标。这里的社会，需作广义的理解，是相对于自然界而言的由人所形成的集合体，而这样一个集合体又是构成国家和民族共同体的全部基石。因此，现代社会的建设，受制于国家层面在现代价值理念引领下制定的宪法法律、制度机制、政策法规。如果国家的宪法法律、制度机制、政策法规没有或不能充分贯彻自由、平等、公正、法治的价值理念，社会建设缺乏坚实的法治保障和制度支撑的话，那么最终就不可能真正建成自由、平等、公正、法治的现代社会。自由是指宪法和法律赋予每个社会公民的基本自由权利，包括意志自由、存在和发展的自由等。从社会总体上看，自由的终极理想状态是马克思主义所追求的"每个人的自由全面发展"，也就是平等的自由。平等首先是指人格平等，其次是指作为公民依法享有的参与社会经济政治文化等各项实践活动的平等权利，再次是指发展的平等权利。公正即公平和正义，它以人的解放、人的自由平等权利的获得为前提，以国家和社会建立的维护人的自由平等权利的法律法规和制度规则为保障。法治是现代国家治国理政的基本方式，依法治国是社会主义民主政治的基本要求，通过法治建设来维护和保障公民的根本利益，是实现自由平等、公平正义的制度保证。

从个人层面来看，爱国、敬业、诚信、友善覆盖社会道德生活的各个领域，是社会公民个人在处理自身与国家、社会、组织和他人关系时必须恪守的基本道德准则，也是评价公民道德行为选择的基本价值标准。爱国是基于个人对自己祖国依赖关系的深厚情感，也是调节个人与祖国关系的行为准则；它同社会主义紧密结合在一起，要求人们以投身国家现代化、振兴中华为己任，促进民族团结、维护祖国统一、自觉报效祖国。敬业是对公民职业行为的价值评价，要求公民忠于职守，克己奉公，服务人民，服务社会，充分体现了社会主义职业精神。诚信即诚实守信，是社会主义道德建设的重点内容，它强调尊重事实、诚实劳动、信守承诺、诚恳待人。友善强调公民之间应互相尊重、互相关心、互相帮助、和睦友好，努力形成社会主义的新型人际关系。

　　社会主义核心价值观的三个层面作为一个整体，是一个具有内在联系的逻辑体系，我们对三个层面、12组概念的理解要联系起来、贯通起来，从它们之间相互作用、相互促进、相互保障的关系中加以准确理解。比如，对"民主""自由"的理解，不能脱离"法治"，以至强调无序的、绝对的民主和自由，造成极端的民主和自由。民主和自由都是有边界的，这个边界就是法治，法治之下才能实现真正的民主和自由。在理解"自由"时，又要接受"平等"的理念，防止因绝对的自由造成两极分化和社会的不稳定。同时，社会主义核心价值观作为观念上层建筑的核心，它既受到国家经济基础和政治上层建筑的规定和制约，又具有相对的独立性，并对国家的经济发展和政治变革具有一定的反作用。这就要求必须将这一套价值观体系放到整个社会大系统中，在与经济基础、政治上层建筑的关联当中统一把握和理解，从而使人们认识到社会主义核心价值观在整个经济社会发展中的重要地位和独立作用。此外，还要把社会主义核心价值观置于中国特色社会主义现代化进程中去理解，使人们认识到它既体现了中国传统文化的精华，也是对中国社会现代化未来发展方向的指引，体现了人类社会共同的价值追求。总之，只有对社会主义核心价值观进行系统性理解，才能够全面把握社会主义核心价值观在我国经济社会现代化进程中的重要地位和重大意义，才能增强践行的自觉性、主动性。

　　批判的武器不能代替武器的批判。社会主义核心价值观只有得到真诚认真的、扎扎实实的落实和践行,才能从观念的东西变成改造世界、建设现代化的强大物质力量。这里我们想重点强调的是,从实践主体上看,社会主义核心价值观的落实和践行,必须在国家主导之下,由国家、社会和公民(社会个体)三方面共同参与、整体推进。恩格斯指出:"历史是这样创造的:最终的结果总是从许多单个的意志的相互冲突中产生出来的,而其中每一个意志,又是由于许多特殊的生活条件,才成为它所成为的那样。这样就有无数互相交错的力量,有无数个力的平行四边形,由此就产生出一个合力,即历史结果,而这个结果又可以看做一个作为整体的、不自觉地和不自主地起着作用的力量的产物。"[①] 社会主义核心价值观践行的实质,是将现代社会的价值理念全方位贯彻落实到法律制度和社会生活的综合性的根本的重大活动中,其贯彻落实的深度、广度和效果如何,直接关系着现代化建设的前途和命运。它必须由国家、社会和公民个体等多种实践主体主动共同参与,在各主体之间的相互制约、相互作用中产生恩格斯所说的"总的合力",推动核心价值观平稳有序地贯彻落实到法律制度和社会生活中,从而使整个改革社会一步步向现代社会前进。从理论上讲,国家主要指各级党政机关及其公务人员,他们是践行社会主义核心价值观的首要主体,处于主导地位,决定着社会主义核心价值观践行的方向与成效。社会,主要指企业和社会组织(社会组织主要是指社会成员基于共同利益、目的和价值而自愿结成的非政府的、非营利性组织,如慈善团体、社区组织、专业协会、工会等,属于社会主义社会的重要组成部分)等,是践行社会主义核心价值观的重要主体,也是推动社会个体践

[①] 《马克思恩格斯选集》(第4卷),人民出版社2012年版,第605页。

行的重要依托，并且对党政机关及其公务人员践行社会主义核心价值观具有监督作用。公民，是指全体社会成员。唯物史观认为，人民群众是历史的创造者。在现代社会，人民群众就是广大公民。在社会主义核心价值观践行中，他们是基本主体，构成践行社会主义核心价值观的群众基础，同时对党政机关及各类社会组织践行社会主义核心价值观具有监督作用。

在具体的践行实践中，要特别注意防止出现国家、社会、公民三方主体中的任何一方出现"短板效应"和"负示范效应"，阻碍社会主义核心价值观践行活动的整体有力推进。"短板效应"，是美国管理学家劳伦斯·彼得提出的，意思是说，盛水的木桶是由许多块木板箍成的，盛水量也是由这些木板共同决定的。若其中一块木板很短，则盛水量就被短板所限制。这块短板就成了木桶盛水量的"限制因素"。在社会主义核心价值观践行中，国家、社会、公民是决定践行成效的三方主体因素，在这三者当中，任何一方主体都不能缺位、不能失责，也不能顾此失彼。比如，在践行法治公平方面，不仅要求按照司法公平的原则推进司法体制改革，而且还要求立法机关公正立法、执法部门公正执法、司法部门公正司法，同时社会和公民要具有公平的法律意识，具备用法律维护自己的合法权益及自觉履行法定义务的法治能力，这些主体的作为和环节缺一不可，不能存在短板，否则法治公平只能在那块短板的低水平上运行。所谓"负示范效应"，是指党政机关及其公务人员由于其自身与价值观要求不相符合的不作为、不当作为或错误作为，而对社会和公民个人客观形成的心理和行为上的负面暗示，使社会和公民在践行价值观方面也仿效着不认同、不作为或错误作为。我国素有"以吏为师"的传统，"百姓"一般都会向"官吏"学习看齐，"官吏"的言谈举止、所作所为容易为"百姓"效仿，产生应者景从、一呼百应的社会反响。因此，一定要注意防止党政机关及其公务人员出现不符合价值观要求的行为及其对社会和公民的负面影响。

要避免上述两种现象，使国家、社会和公民三者合力作用达到最大化，必须根据不同时期经济社会发展和人的发展的主要矛盾，突出重点、区分主次，方向一致、各自用力、协同推进。国家是践行社会主义核心价值观的主导力量，因此，在当前和今后实践中，尤其要防止国家这一践行主体成为"短板"。为此，一要增强党政机关自觉践行社会主义核心价值观的主动性，通过推动各项改革，将社会主义核心价值观的理念转化成社会主义社会的法律法规和公共政策，使经济发展实践和社会治理的方方面面体现社会主义核心价值观的要求，这是国家作为践行社会主义核心价值观的主导力量要做的最根本的、长久的工作。二要建立科学民主的监督机制，形成对党政机关及其公务人员践行社会主义核心价值观的硬约束。三要加强对国家公务人员的教育，不断提高他们的党性修养和政治素养，使他们勇于超越自身利益、冲破狭隘观念，确立起对社会主义核心价值观的坚定信仰，强化自觉践行的主动性。同时，社会和公民作为践行社会主义核心价值观的依托和基础，这两块"板子"也应全方位增强自觉践行的主动性，避免成为"短板"，并积极发挥监督推动作用。一是企业和社会组织要将社会主义核心价值观的要求有机融入自身组织建设和科学管理等各方面，自觉用社会主义核心价值观引领组织发展、规范组织成员的思想行为，同时要主动加强对党政机关践行情况的监督及对社会组织成员践行情况的督促，形成与党政机关和社会个体践行社会主义核心价值观的良性互动。二是公民要在生产生活和工作学习中自觉按照社会主义核心价值观要求去活动，有意识地提高自身思想道德素质，增强自身的民主意识、法治意识、自主意识、平等意识、公正意识，为全社会共同践行社会主义核心价值观奠定坚实的群众基础，也为监督党政机关及其公务人员践行社会主义核心价值观提供良好的群众条件。①

---

① 张瑞芬:《社会主义核心价值观践行规律》,《思想政治工作研究》, 2016 年第 1 期；中国人民大学报刊复印资料《思想政治教育》, 2016 年第 7 期。

第三章

中国现代人格的发展历程

人类文明社会发展的历史证明，社会的现代化不仅是"物"的现代化，更是人的现代化，并最终取决于人。人的现代化的首要问题是人格的现代转型。人格的现代转型，是指伴随着社会从传统向现代的转型，深处社会中的人从思想上、态度上、情感上及行为方式上等摆脱传统人格的窠臼，按照现代社会的要求向现代人格转变的过程。它既是人的现代化实现程度和水平的核心标志，也是社会从传统社会向现代社会转变的内在要求和必然结果。

中国现代人格的发展历程，是一个在批判中实践、在实践中批判的历史过程。习近平指出：传统文化在其形成和发展过程中，不可避免会受到当时人们的认识水平、时代条件、社会制度的局限性的制约和影响，因而也不可避免会存在陈旧过时或已成为糟粕的东西。这就要求人们在学习、研究、应用传统文化时坚持古为今用、推陈出新，结合新的实践和时代要求进行正确取舍，而不能一股脑儿都拿到今天来照套照用。① 作为中国传统文化的重要组成部分和重要体现，中国人的传统人格，既有不少优秀的东西，也有糟粕的东西。比如，老子的"生而不有，为而不恃，长而不宰"，庄子的"天

---

① 《习近平谈治国理政》（第二卷），外文出版社2017年版，第313页。

地与我同生,万物与我一体",孔子的"以义为先,见义忘利",孟子的"富贵不能淫,威武不能屈,贫贱不能移",张载的"为天地立心,为生民立命,为往圣继绝学,为万世开太平",文天祥的"自古人生谁无死,留取丹心照汗青",顾炎武的"天下兴亡,匹夫有责",都是我国传统士大夫精神和崇高人格理想的典型代表,值得我们在现代人格建设中大力继承和弘扬。同时,我们还应看到,中国的传统社会是一个以农耕文明为主导的社会,表现在生产方式上是自给自足的小农经济,表现在政治和社会关系上是皇权至高无上和"三纲五常"封建宗法等级秩序,表现在国民人格上是依附性、顺从性、保守性。先秦时期,列国之间的多年战争,彻底终结了王权分封制度,新建立的大秦帝国开启了皇权专制制度的构建历程,最终在西汉刘彻那里,建成了思想体系和制度体系完备的大一统皇权专制帝国。在这一集权专制之下,特别是元明清时期,皇权体制内的官僚、士大夫们越来越心安理得地以臣子身份匍匐在皇帝脚下,随时听候使唤,随时任其宰杀。而普天之下的百姓在遥拜高高在上的皇帝的同时,对皇帝的臣子们也是五体投地,自称"小民"。历朝历代的无数士子,前赴后继、呕心沥血,以飞蛾扑火的决心和意志,通过科举考试等,争做皇帝使唤的臣子和百姓仰望的"老爷"。先秦时期老庄的自由平等的光辉思想,孟子"民贵君轻"的政治价值观和"威武不能屈、贫贱不能移"的士大夫人格追求,都被这种皇权主义和臣民心态"交相辉映"的政治实践所淹没、所碾压而难见其踪影。尽管明末清初时期,王夫之、顾炎武、黄宗羲、唐甄,甚至更早的李贽等思想家发起了对皇权制度的批判,但在以自给自足的小农经济为主要经济形式的古老土地上,这些倡导个性自由、肯定人的情感欲望和人格平等的宝贵思想及其所形成的启蒙思潮,不可能掀起反抗和改革帝制的社会运动,更难以从根本上撼动国民皇权崇拜的依附性格。

到清朝末年,随着清政府统治的日益溃烂,绝大多数封建官僚士大夫更是无人格可言。他们对上口口声声自称奴才,谄媚固宠;对下不仅不问国计民生,而且骄横跋扈,横征暴敛,骄奢淫逸。一些精于算计者,更是一方面屠杀民众,邀宠封侯;另一方面又讲"道德"说"仁义",欺世盗名。而所谓的"士林风气"也是败坏至极,多数知识分子醉心于八股制艺,热心于功名富贵,干禄而不顾羞耻。一些人沉迷于汉学考据,自命清高,实际上是慑于皇权淫威,躲藏到故纸堆里以沽名钓誉,有名无实。那些尊崇宋学,以"崇德"标榜的"道学先生",则大多是虚伪行骗的假道学者。一些有识之士感叹,当时"人心惯于泰奢,风俗习于游荡"(龚自珍:《西北置行省议》),多数士大夫"道德废,功业薄,气节丧,文章衰,礼义廉耻何物乎?不得而知"(姚莹:《师说·上》)。有人认为当时道德风尚、社会习俗全面败坏,在历史上是罕见的:"今日风气,备有元、成(西汉元帝、成帝)时之阿谀,大中(唐宣宗年号)时之轻薄,明昌(金章宗年号)、贞祐(金宣宗年号)时之苟且。……实有书契以来所未见。"(沈垚:《与张渊甫》)与这种恶劣官风士风相匹配,广大民众正如晏阳初所认为的,深患贫、愚、弱、私"四大病症"。

针对中国当时的愚昧落后状态,马克思鲜明指出:"历史好像是首先要麻醉这个国家的人民,然后才能把他们从世代相传的愚昧状态中唤醒似的。"[①]1840年,英国侵华的隆隆炮声在中国海岸响起。于是,封闭在天朝帝国里的国人在西方人的坚船利炮的威力下,也

---

① 《马克思恩格斯选集》(第1卷),人民出版社2012年版,第779—780页。

开始渐渐认识到现代工商文明的强大威力，国民人格也在与中国社会现代转型的互动中开始了向现代化方向的艰难渐变历程。不破不立，大破大立。这一转型也像社会转型一样，经历了由不自觉到自觉、由救亡图存到主动建设的过程。从内驱动力看，中国国民人格，是在中国社会的近现代改造的实践锻造中、在不同时期先进分子的思想启蒙下一步步蜕变的。

一、龚自珍、魏源和洋务派对中国传统人格的批评

龚自珍（1792—1841年）是中国近代改良运动先驱，他清醒地看到清王朝已经进入"衰世"，是"日之将夕"。龚自珍认为，官僚士大夫的人格缺陷是其直接原因。在他看来，在"君为臣纲"和君主专制的政治背景下，君主出于维护自己唯我独尊、稳固自己专制地位的需要，自私无情地摧残天下人和官僚士大夫的廉耻之心、打击天下人和官僚士大夫的信心以使其养成唯命是从心理，造成了天下人和官僚士大夫严重的人格缺陷。而这样做的结果，从表面上看，皇帝好像达到了自己的目的，但同时也使官僚士大夫们廉耻沦丧、道德堕落，造成社会政治的黑暗与腐败，最终将导致人亡政息。因此，他认为，要使国家振兴，当使官僚士大夫知德明耻，为此君主就必须礼遇臣下，适当调整君臣关系。为此，他引证"敬大臣则不眩"（《中庸·第二十章》）、"帝者与师处，王者与友处，伯者与臣处，王者与役处"（《战国策·燕策一》）、"主上之遇大臣如遇犬马，彼将犬马自为也；如遇官徒，彼将官徒自为也"（贾谊：《治安策一》）三条古训，以证明自己的观点。他认为以上三训"皆圣哲之危

言,古今之至诚"。他拿清代跟唐宋盛世相比较:"唐宋盛时,大臣讲官不辍赐坐、赐茶之举,从容于便殿之下",大臣皆有"巍然岸然师傅自处之风",而至清代,"朝廷一二品之大臣,朝见而免冠,夕见而免冠""朝见长跪,夕见长跪",如此,这些大臣如此之无尊严,势必成为无羞耻心的奴仆、牛马、狎客,也势必对民对君皆无责任心可言。因此,龚自珍提出:"非礼无以劝节,非礼无以全耻"(龚自珍:《明良论》),君主只有对臣下待之以礼,尊重其人格和尊严,视之为师友,厚待群臣,才能劝其节、全其耻,才能强化他的责任心,使国家强盛。

龚自珍还以火一样的热情呼唤社会变革之风雷,呼唤思想解放和个性解放。他蔑视为封建皇权效忠的虚伪道学,称:"儒但九流一,魁儒安足为?"(龚自珍:《题梵册》)儒家本来就是九流之一,没有什么可高贵的。面对空谈心性的理学、八股取士的科举制度和人心的麻木沉睡状态,他大声疾呼:"九州生气恃风雷,万马齐喑究可哀。我劝天公重抖擞,不拘一格降人才。"(龚自珍:《己亥杂诗·其一二五》)这气势磅礴的诗篇,给死气沉沉的社会猛然一击,激励人们冲决封建罗网,鼓舞人们解放思想、解放个性,积极向真、向善、向美、向勇,使很多世人从沉梦中惊醒。梁启超评价他道:"举国方沉酣太平,而彼辈若不胜其忧危,恒相与指天画地,规天下大计。""晚清思想之解放,自珍确与有功焉。光绪间所谓新学家者,大率人人皆经过崇拜龚氏之一时期。"(梁启超:《论清学史二种》)由此,可见梁启超受龚自珍影响至深。

魏源(1794—1857),是近代中国"睁眼看世界"的首批知识分子的代表。他是龚自珍的好朋友。他认为"人心之寐"是中国人的一个大患,中国之所以衰败,一个重要原因就是人心败坏、道德沦丧，就是"人心之积患"。而"人心之积患"的具体表现就是"伪""饰""畏难""养痈""营窟"等卑劣腐朽的道德人格。他将这些卑劣人格统称为"寐"，认为"寐患去而天日昌"，只有整肃人心，国家才能昌盛；而去寐的重点在于整顿统治者的道德人格（魏源：《海国图志叙》）。而道德人格整顿的重点对象，就是掌握权力的统治者特别是君主。那么怎样整肃呢？他以性善说为基础，继承和发挥了孟子"先立乎其大"的思想，主张"先立其大"以"养心""存心"，提出"君子之学，先立其大而小者从令"，以达"去伪，去饰，去畏难，去养痈，去营窟"之目的（魏源：《默觚上·学篇十一》）。

魏源还大力倡导和践行"经世致用"治学宗旨，不仅提出"变古愈尽，便民愈甚"的变法主张，而且初显科学和民主思想以改造人心和社会。他不仅提出"师夷长技以制夷"，而且高度赞誉西方的民主制度，称瑞士"不设君位，不立王侯"，"推择乡官理事"，是"西方桃花源"，说"墨利加北洲（指美国）之以部落代君长，可垂奕世而无弊"。他阐述了自己"以人为本"的朴素民主思想："人者，天地之仁也""人为贵"，认为"天子者，众所积而成"[1]，天子，只不过是民众推举出来的，他也是民众的一员。一旦侮慢百姓，他就丧失了民心，而一旦失去了民心，就会国破人亡，连上天也挽救不了。因此，"罪在君者，人人得而诛之"。[2] 这些"睁眼看世界"的思想主张，可以说发出了近代中国科学和民主思想之先声；而科学和民主，正是去除国民人格中的愚昧和依附性、塑造具有理性精神和主体精神的现代人格的观念和制度法宝。

---

[1] 魏源：《魏源集》，中华书局1976年版，第44页。
[2] 魏源：《魏源集》，中华书局1976年版，第216页。

19世纪60年代，随着第二次鸦片战争的失败，以"中学为体，西学为用"为行动纲领的洋务运动开始兴起。我们可以从地主阶级洋务派所推行的洋务运动实践和他们的思想主张来观察他们对中国传统人格的实际影响作用。他们以西学为用，把魏源的"师夷之长技以制夷"变为实践，学习和运用西方科技，大力兴办军事工业、创办工业交通和新式学堂，派遣留学生，为中国培养了第一批具有近代知识的知识分子、科学技术人员和新军将领，客观上起到了培养中国人追求科学求真的理性人格作用。但是，这种作用在影响范围和影响深度上都很有限，因为在最核心的价值观念上他们顽固坚守"中学为体"。这就是张之洞概括的"中学为体，西学为用"。他解释道："中学为内学，西学为外学；中学治身心，西学应世事，不必尽索于经文，而必无悖于经文。如其心，圣人之心；行，圣人之行。以孝悌忠信为德，以尊主庇民为政，虽朝运汽机，夕驰铁路，无害为圣人之徒也"。（张之洞：《劝学篇下·会通第十三》）也就是说，中国学习西方科技进行物质层面的变革，要以封建传统礼教为价值统领，确保封建统治的道统、政统和清政府的统治地位不动摇。

几千年的旧中国之所以经济落后、臣民人格低下，正是建立在小农经济基础上的封建专制主义的道统和政统造成的。只要不彻底根除和摈弃这种压迫人、奴役人的道统和政统，就不可能有成功的洋务派式的现代物质文明建设，更不可能有符合现代文明要求的人心和人格改造。因此，从这个意义上说，包括龚自珍和魏源等早期地主阶级革新派在内，他们对中国道德人格的改造主张，也只能是一场空。尽管龚自珍和魏源都对皇权专制下的道德人格有着极其尖锐的批判，甚至介绍和羡慕西方的科学和民主，但他们的主张是以保存皇权专制为前提的，他们依然被困在封建主义的道统和政统牢笼里，陷入要建设的新人格与封建统治之间的悖论里。

二、维新派对中国传统人格转型的推动

随着洋务运动中中国民族资本主义和民族资产阶级的产生，19世纪七八十年代出现了一批主张维新的人物。他们提出实行"君民共主"的君主立宪政体、发展资本主义经济和"讲求西学"等改革思想，形成了一股资产阶级维新思潮。这股思潮，是龚自珍、魏源和洋务派革新思潮与戊戌变法时期资产阶级维新思潮之间的一个过渡，是前者的新发展和后者的前奏。我们称这一批人物为早期维新派。代表人物主要有王韬、薛福成、马建忠、郑观应、陈虬、陈炽、何启、胡礼垣等。

在人格建设上，他们中的一些人主张妇女与男人应当有平等的人格，提出"男女并重"。比如，郑观应认为强迫女子缠足是"酷虐残忍，殆无人理"的，当以严禁。他谴责"女子无才便是德"的说法是极其荒谬的，强调"天下女子之才力聪明，岂果出男子下哉？"（郑观应：《盛世危言·女教》）。王韬谴责一夫多妻制是"几等妇女为玩好之物，其与天地生人男女并重之说不大相刺谬哉？"，主张"一夫一妇实天之经、地之义也，无论贫富悉当如是"。（王韬：《弢园文录外编·原人》）为了健全妇女人格、提高妇女地位，有人提出禁缠足以及"设女学""兴女教"等。另外，他们还主张"简礼节""更服制"以彰显人格尊严。比如，陈虬提出"卑幼见尊长，皆仅一揖立而白事"，他认为，"褒衣博带，其不便于操作，且隐消其

精悍之气","便服一切宜用西制"(陈虬:《救时要义》)。但是,遗憾的是,由于早期维新派是从地主阶级和洋务派中分化出来的,他们在中国人的人格建设和伦理建设上与他们的政治主张还缺乏统一性,甚至还存在冲突。因为,在他们看来,封建纲常礼教仍然是万古不变的永恒准则,他们还是纲常礼教这套东西的维护者。比如,王韬就宣称:"纲常则亘古而不变,制度则递积而愈详"(王韬:《弢园文录外编·六合将混为一》),"孔之道,人道也,人类不尽,其道不变"(王韬:《弢园文录外编·变法上》)。他们认为,中国的"礼法之防,伦常之立"纲常礼教这套东西可谓"至备而至隆"(何启、胡礼垣:《新政论议》),而西方的"礼乐教化,远逊中华"(郑观应:《盛世危言·自序》)。总而言之,他们中的一些人依然主张以孔孟之教,做正心、复性、养气、变化气质的功夫,这同封建思想家的传统说教也是相同的。①

随着帝国主义对中国侵略的日益加剧,中国半殖民地化的程度更为深重。面对危局,到19世纪90年代,要求变法图强的维新思潮迅速高涨起来,并终于发展成为以建立君主立宪制度为直接目标的一场大规模的戊戌变法运动。这一维新运动的代表人物主要有康有为、梁启超、谭嗣同、严复等。从尊重人的欲望和人格的人道主义出发,坚持破旧立新、立破并举,对封建纲常展开批判,倡导和建设以"自由、平等、博爱"为价值取向的新道德新人格,正是这场运动的重要内容和实现政治目标的重要前提。

康有为从人道主义出发,鲜明指出人在社会中的价值核心地位。

---

① 张锡勤等编著:《中国近现代伦理思想史》,黑龙江人民出版社1984年版,第64页。

他认为，判断一切道德规范、礼乐政教的是非善恶、治乱文野，其标准就是要看它是不是有利于、是否能够满足人们"求乐免苦"的要求，"是非善恶皆由人生，公理亦由人定。我仪图之，凡有害于人者为非，无害于人者则为是"。他认为，现实世界乃是一个充满苦难的世界，是无边的苦海，是"大杀场、大牢狱"。他批判封建纲常并不是什么天经地义的神圣准则，而是"人之所为"，是以压制为义，旨在扼杀人的独立平等自主权利，是创造强者并使强者自便而欺压弱者的工具（康有为：《大同书》），而"人人独立，人人平等，人人自主，人人不相侵犯，人人交相亲爱"才是人类之公理（康有为：《孟子微》）。他的这些思想和主张，把人欲的正当性、合理性提到了最高的高度，反映了要前进要进步，就要使人们摆脱封建主义对人的束缚和对人格的践踏，就要尊重人的人格、保护人的基本权利，实现人的个性解放。当然，他同时也从社会秩序的角度强调节欲和反对纵欲，提出"以礼节欲"。从人格建设的角度看，这也是建设健全人格的需要。

谭嗣同是维新派中对封建伦理纲常最激烈的批判者，是自由平等博爱人格最彻底的呐喊者、最无畏的践行者。他的"仁—通—平等"理论是其破旧立新的思想武器。他认为"仁"是天地万物之源，"通"是万物之间的相互联系，是"仁"对万物的规定性，而这种联系又是"平等"的。在谭嗣同这里，最重要的联系就是人和人之间的平等自由交往。"仁"是天地万物之源，自然也是人的天性，其主要内容就是博爱、平等和自由；而封建纲常名教正是君主"钳制天下"之手段，是君桎臣、官轭民、父压子、夫困妻的工具，它"名之所在，不惟关其口，使不敢畅言，乃并锢其心，使不敢涉想"。"三纲之慑人心，足以破其胆而杀其灵魂。"他尖锐指出，一切"独夫民贼固甚乐三纲之名"，以作为"愚黔首之术"。谭嗣同大声疾呼人们"冲决君主之网罗""冲决伦常之网罗"（谭嗣同：《仁学》），摆脱封建之束缚，实现人格之解放，走向"仁—通—平等"之境界。

严复和梁启超的人格建设思想，主要体现在他们的前期"新民"主张上。在严复看来，实行君主立宪必须以"新民德"为条件。所谓新民德，就是培养民众富有自觉爱国心和社会公德的道德人格。但中国历代封建统治者不仅"以奴虏待民"，而且严禁民众关心国事，使得民众不仅只知自己私利，而且以奴隶自待，那就更谈不上自觉的爱国心和对公共事务的义务观念。因此，严复认为，要新民德，就要让民众在民主政治的实践中增长自觉的爱国心和高尚的公益人格。他指出："居今之日，欲进吾民之德，于以同力合志，联一气而御外仇，则非有道焉，使各私中国不可也。""然则使各私中国奈何？曰：设议院于京师，而令天下郡县各公举其守宰。是道也，欲民之忠爱必由此，欲教化之兴必由此，欲地利之尽必由此，欲道里之辟、商务之兴必由此，欲民各束身自好，而争濯磨于善必由此。"（严复：《原强》）梁启超的"新民说"跟严复的"新民德"一脉相承。他认为，封建专制主义造成中国人的奴性，是中国数千年的顽疾，是阻碍中国社会进步的一大障碍。由于在政治上"服一王之制"，君主对民众有如奴隶，防之如盗贼，久而久之，民众也认同奴隶或盗贼的身份；由于在文化上"守一先生之言"，久而久之，思想界变成一潭死水，容不下不同声音。这两方面相结合就必然形成"专制久而民性离""学说隘而思想窒"的局面，由此造成中国人的人格扭曲，其具体表现为奴隶性、依赖性、爱国心薄弱、缺乏公德意识、进取精神缺位、愚昧无知、柔弱不武、虚伪成风。所有这些人格扭曲现象，都是围绕着"心奴"即封建主义人身依附观念而展开的。针对中国人的人格扭曲,梁启超鲜明提出"破心奴"的主张。他认为,"心奴"比"身奴"更为可怕、更为可悲。我们可以采取斗争手段使"身奴"得以解放,而解放"心奴"就只能靠自己努力了。"破心奴"的办法就是:面对任何事物、任何言论,都要本着循"以公理为衡"的原则,大胆地独立思考,决不盲目服从;要敢于发扬自由精神,堂堂正正地做人。摆脱"心奴"的束缚,才能做一个"自主、自立、自治"的新公民;由新公民作基础,才能建立起一个崭新的中国(梁启超:《新民说》)。

三、资产阶级革命派对国人人格改造的努力

随着甲午战争战败、戊戌变法失败和《辛丑条约》签订,清政府的腐败无能及其日益沦落为帝国主义走狗和代理人的事实,更加清晰地暴露在中国人眼前,国人越来越清醒地认识到,清政府已经是"中国富强第一大障碍"(吴樾:《意见书》)。于是他们坚定地走向革命,决心以暴力手段推翻清政府,以实现对中国社会、政治和文化的现代改造。在资产阶级革命派那里,对国人人格和道德的现代改造,既是贯穿到社会、政治和文化变革之中的题中之义和重点内容,也是实现社会、政治和文化变革的重要前提。

资产阶级革命派对国人人格的改造,首先表现在对奴隶主义的批判上。他们承袭并发挥维新派思想家对奴隶主义的批判,认为"中国之所谓二十四朝之史,实一部大奴隶史也"(邹容:《革命军》),长期以来存在于民众之中的奴隶主义,是塑造国民人格、实行革命和实现民权的重大障碍。而这种奴隶主义和国人的依附性,

正是历代专制帝王及其帮凶制造的。历代所谓"圣贤"的学说,皆以服从为要义,无非是制造奴隶的、为帝王服务的一套骗人把戏。在这一套东西的欺骗下,在专制主义的压迫下,中国人"父以戒子,师以率徒,兄以诏弟,夫妇朋友之相期望,莫不曰安分,曰韬晦,曰柔顺,曰服从,曰做官,曰发财,是数者皆奴隶之根本"①。他们依赖、服从、忍耐、卑屈、柔媚、冷漠、安分、自私、不求进取。革命派认为,今欲革命,必先去奴隶之根性,播撒国民之种子,培育国民自由、平等、权利、义务、责任、独立之精神。

在具体的人格建设上,资产阶级革命派紧密结合革命运动需要提出自己的主张。著名理论家章太炎将"行己有耻"作为人格建设的第一义。他认为,道德的败坏,虽不止是一端,唯有人格堕落,是最紧一件事,号召人们做一个有人格的"我",无一事失了人格。他特别强调,革命者特别是革命党的领袖,必须具有革命的道德和人格才能使革命取得成功。他认为,革命是极为艰巨的事业,革命党人不可"夹杂一点富贵利禄之心",不可"彼此互相猜防",而必须精诚团结,勇猛奋斗,不怕牺牲;否则,人们就会"恣其情性,顺其意欲,一切破败而毁弃之"。特别是革命党领袖,如果没有高尚的道德人格,"纵令瘏其口,焦其唇,破碎其齿颊,日以革命号于天下",也是无济于事的(章太炎:《革命之道德》)。但是,章太炎是一个人类的人格和道德进化的悲观主义者。他提出著名的"俱分进化论",认为"生物之程度愈进,而为善为恶之力亦因以愈进","自微生以致人类,进化惟在智识,而道德乃日见其反张,进化愈甚,好胜之心愈甚,而杀亦愈甚"(章太炎:《五无论》),"进化之恶,又

---

① 《说国民》,《国民报》第二期,1901年6月。

甚于未进化也"（章太炎：《四惑论》）。在他看来，在进化中增进人类之善"与求神仙无异"，只能是幻想。

中国近代思想家和教育家蔡元培，认为国民完全人格之培育，乃是整个教育的根本。他视德育教育为五种教育（军国主义教育、实利主义教育、公民教育、世界观教育和美育）的中坚，而"德育实为完全人格之本，若无德，则虽体魄智力发达，适足助其为恶，无益也"；真正的爱国主义"在养成完全之人格，盖国民而无完全人格，欲国家之隆盛，非但不可得，且有衰亡之虑焉"（蔡元培：《在爱国女学校之演说》）。那么，国民人格和道德建设的目标和内容是什么呢？这就是"自由、平等、亲爱"。蔡元培认为，"自由、平等、亲爱"，是一切道德之根源。"何谓公民道德？曰法兰西之革命也，所标揭者曰自由、平等、亲爱。道德之要旨，尽于是矣。"（蔡元培：《对于教育方针之意见》）与邹容等早期资产阶级革命派的宣传家不同，由于蔡元培目睹了第一次世界大战所暴露出的西方文明的弱点，他在如何进行人格培育上试图从中国传统道德学说中寻找文化资源，将"自由、平等、亲爱"与中国传统的"义""恕""仁"相比附，企图借用中国传统道德学说来推行自己的人格和道德建设主张。

孙中山作为中国近代民主革命的先行者，他把国民特别是革命者的人格建设放到"人格救国"的至高位置。他提出"国民要以人格救国"、"造成顶好的人格"和"人民的心理改造"，要做"感化人群的奋斗"。他强调，"要人类天天进步的方法，当然是在合大家力量，用一种宗旨，互相劝勉，彼此身体力行，造成顶好的人格。人类的人格既好，社会当然进步。……人本来是兽，所以带有多少兽性，人性很少。我们要人类进步，是在造就高尚人格。……我们要造成一个好国家,便先要人人有好人格。……要正本清源,自根本上做功夫,便是在改良人格来救国。"(孙中山:《国民要以人格救国》)那么,国民和革命党人要建设什么样的人格呢?在孙中山看来,就是要努力克服自私自利的思想、发扬利人精神。他认为,兽性和利己心是恶的来源,是人类进化的障碍,只有克服自私自利,发扬利人精神才能推动社会进步,中国革命也才能取得成功。在如何进行人格培育上,他试图从中国传统道德学说中寻找文化资源。他吸收儒家"修齐治平"思想,提出使"人人有好人格"的措施:"只要先能够修身,便可来讲齐家、治国。……何以中国要退步呢?就是因为受外国政治经济的压迫,推究根本原因,还是由于中国人不修身。……我们现在要能够齐家、治国,不受外国的压迫,根本上便要从修身起"(孙中山:《三民主义·民族主义》第六讲)。而革命者通过修身就是要克服自身自利之心,破除升官发财、富贵利禄的私心,勇于投身革命,自觉"担负救国救民之责任",使中国人民过上自由平等的有人格尊严的生活。经过资产阶级革命派的不懈流血奋斗,封建帝制终于被推翻,孙中山在南京组成中华民国临时政府,并颁布了《中华民国临时约法》,规定中国人民一律平等地享有居住、宗教、言论、书信、集会、结社等自由权。这是中华民族几千年文明史上的第一次以法律的形式规定中国人民的平等自由权,为中国人民摆脱依附性人格、发展崇尚自由平等的现代人格提供了法制条件。

这里我们必须注意,不论是地主阶级中的开明派和洋务派,还是资产阶级的改良派和革命派,在对中国传统人格批判过程中都不同程度地存在着"矫枉过正"和"急于求成"的倾向和不足,甚至走向偏激和极端,比较缺乏历史的具体的辩证的科学分析。这些不足甚至对其后的新文化运动也有着一定的影响。这是我们不足取的。

四、新文化运动的领袖们致力于建设国人独立自主自由的现代人格

20世纪初，以陈独秀等为代表的一批先进知识分子，目睹戊戌变法和辛亥革命相继失败的惨状，面对旧势力折腾的尊经卫道的文化复辟逆流，他们深感必须从思想文化上彻底改造国人精神、塑造国人人格，中国才有出路。于是，他们高举"科学"和"民主"两面大旗，发起了一场伟大的新文化运动。他们提倡民主，反对专制；提倡科学，反对迷信；提倡新道德，反对旧道德；提倡新文学，反对旧文学，批判之激烈、理论之深刻，都远远超出了戊戌变法和辛亥革命两个时期，有力地打击和动摇了封建正统思想的统治地位，唤醒了一代青年，使中国的知识分子尤其是广大青年受到一次民主和科学思想的人格洗礼。

具体地说，在人格建设上，新文化运动就是要建设国民独立、自主、自由的现代人格。中国几千年的封建纲常伦理不仅造成了民族道德的堕落，而且"损坏个人独立自尊之人格"，使人们"以己属人"、缺乏自主性。因此，陈独秀指出，建设"自主自由之人格"，首先必须彻底揭露和批判封建旧道德，使人们实现"伦理的觉悟"，从而彻底摆脱奴隶地位和依附性人格。他认为，儒家的"三纲"是制造奴隶的根源，它扭曲了臣、子、妻、卑、幼的正常人格，使他们变成了君、父、夫、尊、长的奴隶；而由"三纲"衍生出的忠孝

等道德理念,"皆非推己及人之主人道德,而为以己属人之奴隶道德也"。①陈独秀认为,这种奴隶道德,不仅害人,而且误国。他强调,民主共和之所以徒有虚名、遭到破坏,就在于广大民众脑中根深蒂固地盘踞着封建旧道德,就在于民众的"自侮、自伐"。"中国之危,固以迫于独夫与强敌,而所以迫于独夫强敌者,乃民族之公德私德之堕落有以召之耳。即今不为拔本塞源之计"②,"若其国之民德,民力,在水平线以下者,则自侮自伐,其招致强敌独夫也,如磁石之引针,其国家无时不在灭亡之数"③。因此,陈独秀深入分析旧道德如何造就了中国人的奴隶人格:"宗法社会之奴隶道德,病在分别尊卑,课卑者以片面之义务,于是君虐臣,父虐子,姑虐媳,夫虐妻,主虐奴,长虐幼。社会上种种之不道德,种种罪恶,施之者以为当然之权利,受之者皆服从于奴隶道德下而莫之能违,弱者多衔怨以殁世,强者则激而倒行逆施矣。"④正是"三纲"致使中华天下男女"不见有一独立自主之人者"。⑤他们旗帜鲜明地指出,要建设与国家富强和人民幸福相一致的国民现代人格。陈独秀指出:"法律上之平等人权,伦理上之独立人格,学术上之破除迷信,思想自由:此三

---

① 任建树主编:《陈独秀著作选编》(第1卷),《一九一六》(1916年),上海人民出版社2009年版,第199页。
② 任建树主编:《陈独秀著作选编》(第1卷),《我之爱国主义》(1916年),上海人民出版社2009年版,第231页。
③ 任建树主编:《陈独秀著作选编》(第1卷),《我之爱国主义》(1916年),上海人民出版社2009年版,第232页。
④ 任建树主编:《陈独秀著作选编》(第1卷),《答傅桂馨》(1917年),上海人民出版社2009年版,第305页。
⑤ 任建树主编:《陈独秀著作选编》(第1卷),《一九一六》(1916年),上海人民出版社2009年版,第199页。

者为欧美文明进化之根本原因。"①"西洋民族，自古迄今，彻头彻尾，个人主义之民族也。……举一切伦理，道德，政治，法律，社会之所向往，国家之所祈求，拥护个人之自由权利与幸福而已。思想言论之自由，谋个性之发展也。法律之前，个人平等也。个人之自由权利，载诸宪章，国法不得而剥夺之，所谓人权是也。"②针对青年人格和道德建设，陈独秀在《青年杂志》创刊号上发表《敬告青年》一文，大声疾呼广大青年要做"自主的而非奴隶的、进步的而非保守的、进取的而非退隐的、世界的而非锁国的、实利的而非虚文的、科学的而非想象的"③的新青年。1916年，面对袁世凯称帝逆流，陈独秀又发表《一九一六》一文，奋力呐喊："青年男女，其各奋斗以脱离此附属品之地位，以恢复独立自主之人格！"④这一声声"呼唤"如惊雷响彻云霄，振聋发聩。他对新青年"自主的、进步的、进取的、世界的、实利的、科学的"人格倡导，是对中国国民现代人格内涵的明确丰富的阐述，奠定了中国现代人格的底色。

毛泽东、周恩来、邓中夏等无数进步青年，为耳目一新的新文化运动的思想风暴所震撼，矢志文明其精神、升华其人格。毛泽东在《心之力》一文中指出，当世青年当开放胸怀融东西文明之精粹，解放思想创一代精神之文明；破教派之桎梏，汇科学之精华；正本

---

① 任建树主编：《陈独秀著作选编》（第 1 卷），《袁世凯复活》（1916 年），上海人民出版社 2009 年版，第 271 页。
② 任建树主编：《陈独秀著作选编》（第 1 卷），《东西民族根本思想之差异》（1915 年），上海人民出版社 2009 年版，第 194 页。
③ 任建树主编：《陈独秀著作选编》（第 1 卷），《敬告青年》（1915 年），上海人民出版社 2009 年版，第 159—162 页。
④ 任建树主编：《陈独秀著作选编》（第 1 卷），《一九一六》（1916 年），上海人民出版社 2009 年版，第 199 页。

清源，布真理于天下；贡献身心，护持正义之道德。科学理性、破旧立新、开放融通、践行正义的现代人格跃然而出。

五、中国共产党领导的现代化实践对国人现代人格的革命性锻造

新文化运动后期，马克思主义、无政府主义、基尔特社会主义等社会思潮传入中国，陈独秀、李大钊、毛泽东等中国先进知识分子在对各种主义进行甄选、辨析、验证之后，最终确立马克思主义信仰，成立了中国共产党，中国的现代化走上了全新的道路。在28年的新民主主义革命斗争中，中国共产党以"坚持真理、坚守理想，践行初心、担当使命，不怕牺牲、英勇斗争，对党忠诚、不负人民"的精神品格，经过艰苦卓绝的奋斗，完成了反帝反封建的历史任务，建立了新中国，为全面开展中国式现代化建设、培养社会主义现代公民奠定了政治基础。但由于缺乏经验、全盘照搬苏联模式，社会主义现代化建设走了弯路。1978年，中国共产党人解放思想、实事求是，作出改革开放的伟大科学决策，终于探索开辟出一条中国特色社会主义的发展新路。经过40多年的实践探索，从农村到城市，从沿海到内陆，对内改革对外开放，逐步确立起社会主义市场经济体制建设目标，积极加入世界贸易组织，主动融入世界全球化潮流，持续推进以人民为中心的物质文明、政治文明、精神文明、社会文明和生态文明建设，社会主义现代化建设事业取得重大发展成就。中国特色的社会主义，不仅承载着现代化建设的时代重任，同时也承载着持续推进人的现代化、促进人的全面发展的历史

使命。邓小平指出，建设有中国特色的社会主义，一定要坚持发展物质文明和精神文明。这两个文明的发展本质上就是人的进步、发展的体现，是人的现代化的实现过程。江泽民提出中国共产党要始终做到"三个代表"，从执政党建设的角度为最广大人民根本利益的实现和人的全面发展提供坚强政治保证。胡锦涛鲜明地提出了以人为本、全面协调可持续的科学发展观，将促进人的发展放到了整个社会发展的核心战略地位。习近平强调要坚持以人民为中心，把人民对美好生活的向往作为奋斗目标，注重推动实现物的不断丰富和人的全面发展的统一，推动人的全面发展和社会的全面进步。早在主政浙江省期间，习近平就曾指出："人，本质上就是文化的人，而不是'物化'的人；是能动的、全面的人，而不是僵化的、'单向度'的人。"[①] 社会主义现代化，归根结底是为了人的现代化，这不仅包括人的生活方式的现代化，也包括价值观念的现代化，实现人的思想观念和心理状态从传统向现代的转化。这一转化过程，就是现代人格的塑造过程，其价值目标指向哪里？中国共产党人顺应社会主义现代化潮流和趋势，提出了富强、民主、文明、和谐，自由、平等、公正、法治，爱国、敬业、诚信、友善的24字社会主义核心价值观。习近平强调，社会主义核心价值观"实际上回答了我们要建设什么样的国家、建设什么样的社会、培育什么样的公民的重大问题"[②]。他指出，要"教育引导学生培育和践行社会主义核心价值观，踏踏实实修好品德，成为有大爱大德大情怀的人"[③]。这些重要

---

① 习近平：《之江新语》，浙江人民出版社2007年版，第150页。
② 《习近平谈治国理政》（第一卷），外文出版社2014年版，第169页。
③ 习近平：《坚持中国特色社会主义教育发展道路　培养德智体美劳全面发展的社会主义建设者和接班人》，《人民日报》，2018-09-11。

论述表明，社会主义核心价值观，作为中国特色社会主义的先进文化的精髓，是中国特色社会主义道路、理论体系和制度的价值表达，是中国式现代化的价值引领，是中华民族"止于至善"人格追求的现代表达，是现代人格培育的价值灵魂，规定了社会主义国家人民现代人格培育的基本方向和价值标准。

在社会主义核心价值观基本价值标准指引下，当前中国公民要形成和培育的现代人格具有以下四个方面的特性：一是现代人格是基于现代法律和人格意义上的平等主体。现代人的社会身份是有差异的，社会贡献可能是有大小的，但人格是平等的，所具有的基本权利和人之为人的尊严是一样的。二是现代人格是基于科学原则和方法上的理性自主的主体。现代人不依附于任何他者、任何外物而存在，而是内部建立了一个稳固的认知、精神和行为系统，具有科学知识和思维方法，遵循客观规律，追求真理，注重实践。三是现代人格是在科学理性指导下的意志自由的主体。现代人不再盲目崇拜权威，能够借助于对事物本质的认识和把握独立思考而作出决定并采取行动，积极进取，勇于创新创造。四是现代人格是遵循现代社会规范的具有公共道德的主体。现代人克服狭隘的自私自利心态，始终保持真实、正直、诚实的态度，具有一定的社会责任感，尊重差异和多样性，能够自我约束、自我管理，富有爱心和同理心、与人友善。

第四章

大学生现代人格对中国式现代化的重大意义

近代以来,一代代先进的中国青年作为中坚力量,始终站在现代化运动的最前列,为实现中国的现代化进行不懈探索和奋斗。"行百里者半九十",进入新时代,在我国开启全面建设社会主义现代化国家的新征程中,青年大学生作为整个社会力量中最积极、最有生气的力量,是担当民族复兴大任的时代新人,建成社会主义现代化强国的宏伟目标必将在他们的接续奋斗中实现。面对伟大而艰巨的责任使命,青年大学生是否具有现代国家和现代社会建设所要求的现代人格素养,直接关系着中国式现代化的前途和命运。

一、大学生现代人格的基本内涵和主要内容

基于前文对于现代人格概念的梳理分析,我们认为,大学生现代人格,是指大学生所具有的与现代社会的生产方式和生活方式相适应的价值观念、素质能力和行为方式。在此定义基础上,我们将进一步研究大学生现代人格的具体内容,即大学生应当具有什么性质和特征的价值观念、素质能力和行为方式。

人格的形成会受到文化因素的影响和制约,而同一个社会的文

化具有相对的稳定性和一致性，造就了该社会的全体成员在人格特征上区别于其他社会成员的一致性倾向，即人们在相同的文化背景下会形成基本相似的人格特征及行为模式。美国学者拉尔夫·林顿将这些共同的人格因素一起形成的紧密结合的综合结构，称为整个社会的"基本人格型"[①]。这个综合结构的存在，提供给社会成员共同的理解方式和价值观，并且使社会成员对相关的价值情境作出一致情感反应成为可能。因此，首先，大学生作为一般的社会公民，与其他社会群体一样，他们要适应中国经济建设、政治建设、文化建设、社会建设、生态文明建设现代化的要求，努力克服传统社会残留下的不适应甚至有碍现代化发展的系列性格特质，如依附性、顺从性、保守性、封闭性、自私狭隘等，积极养成全体社会公民都应当具备的现代人格素质，也就是以社会主义核心价值观为基本导向的现代人格。具体讲，在经济现代化过程中，要通过进一步建立健全成熟的市场经济体制和物质文化生活条件，促使包括大学生在内的社会公民进一步确立与之相适应的自由、平等、诚信、法治、公正等现代价值观念和契约精神；在政治现代化过程中，要通过进一步健全实行以保障公民合法权利为目的的现代民主法治制度，促使包括大学生在内的社会公民在现代法律生活中能够自觉地将以平等、自由、法治、公正为主要内容的法律精神沉淀到自己的人格之中；在文化现代化过程中，要通过教育引导、舆论宣传、实践养成、制度保障，大力培育和践行社会主义核心价值观，促使包括大学生在内的社会公民将24字核心价值理念内化为他们的精神追求、外化

---

① [美]拉夫尔·林顿著，于闽梅、陈学晶译：《人格的文化背景——文化、社会与个体关系之研究》，广西师范大学出版社2007年版，第102页。

为他们的自觉行动；在社会现代化过程中，要通过不断加强和改善民生福祉，健全完善社会事业，有效化解社会矛盾，促使包括大学生在内的社会公民用理性、宽容、平和的心态看待社会矛盾和问题，用合法合理的形式表达利益诉求、解决利益矛盾、维护合法权益；在生态现代化过程中，要通过广泛宣传、集中教育和健全法治，促使包括大学生在内的社会公民强化生态文明意识和环境保护责任感。总之，通过经济、政治、文化、社会和生态各方面现代化建设，最终使大学生作为普通社会公民，充分享有宪法保障的从事经济、政治、社会和文化活动等基本权益，并在这些社会实践活动中养成中国社会公民都应具有的现代人格。

除了"基本人格型"外，每一个社会里还有与特定的性别、年龄、阶层等因素相联系的相对特殊的群体人格类型。拉尔夫·林顿将之称作"身份人格"。"身份人格"对于社会正常运转极其重要，因为只要不同群体的身份得到提示，社会成员就有可能在此基础上进行成功的交流互动。"任何社会认定的身份人格是添加于基本人格之上，并与之相融合的。不过，它们与基本人格的不同之处在于格外偏重特定的外在反应。"[1] "无论在什么情况下，赋予人格身份最重要的社会意义的，是特定的外在反应。"[2]

因此，我们对大学生群体的人格分析不能采取单一的解释模式，而是应当在确认其社会基本人格前提下，承认并明确其身份人格，从而既使大学生对社会的共同价值体系予以认同，又能够保持他们

---

[1] ［美］拉夫尔·林顿著，于闽梅、陈学晶译：《人格的文化背景——文化、社会与个体关系之研究》，广西师范大学出版社2007年版，第102页。
[2] ［美］拉夫尔·林顿著，于闽梅、陈学晶译：《人格的文化背景——文化、社会与个体关系之研究》，广西师范大学出版社2007年版，第103页。

自身的相对独立人格。事实上，大学生除了是一般社会公民外，更是青年群体中科学文化知识水平和思想道德素质比较高、站在时代浪尖上的一部分群体，不仅肩负的社会责任和国家使命更为繁重艰巨，而且还具有引领时代潮流、开创社会风气的强大社会影响力，是推动国家进步和社会变革的生力军。所以，相较于一般社会公民而言，就不仅要求他们具有社会公民都具有的基本现代人格，如社会责任感、公共精神、公共道德、独立自主等；而且，要求他们必须结合自身的地位和使命，具备独立平等、理性自主、自由意志、批判性思维、创新创造、社会担当、远大理想等现代社会发展所要求的关键性的现代人格品质。此外，大学生在现代人格养成实践中，一定要坚决克服顽固的封建陈腐文化掣肘和现实社会中的种种障碍，率先突破、身体力行，在现代人格养成上要先行一步、行稳一步，起到对整个社会公民积极正向的引领和示范作用。这里，我们要看到，大学生现代人格养成，即大学生人格的现代转型需要一个过程。这个过程是大学生社会化的必要过程，是大学生个体与社会互动的结果。一方面，大学生人格的现代转型受到社会转型的不断影响和推动。随着当代中国的社会转型，社会的政治因素、经济因素、文化因素等构成了大学生人格发展的现实基础和社会条件。另一方面，大学生人格的现代转型又对社会转型产生影响。作为社会运行的实践主体，人是推动社会进步的真正动力，大学生群体作为社会中的精英，其人格的现代转型所产生的新的人格品质、新的交往方式和新的需要，会极大地加快社会的政治、经济、文化等各个方面的现代化进程。在中国实现向现代社会转型的过程中，大学生如果不能顺利实现人格的现代转型，较快较早养成现代人格，就无法与现代社会相向而行，反而会落后于社会甚至会被社会所淘汰，这不仅会影响到他们自身的发展,还会制约整个国家和社会的发展,对个人以及社会均产生极其不利的影响。

二、大学生健全的现代人格是我国实现现代化的重要主体性条件

青年大学生在中国现代化发展实践中的特殊重要地位及其使命任务,决定了培育大学生具有现代人格是推动实现中国式现代化的重要先决条件,因为不管是新一轮现代科学技术的研发创新、现代产业的变革发展,还是现代化组织机构和制度机制的健全运行,都需要依靠率先从心理、态度、价值观和行为方面完成现代化的青年大学生的主体作用发挥和现代人格支撑。

(一)担当时代重任需要大学生形成与之匹配的现代人格

马克思主义认为,人类的社会实践活动,本质上是一种掌握对象的"为我"的自觉自为的主体性活动。这种主体性主要表现为自主性、能动性、创造性。而自主性、能动性、创造性不是凭空实现的,其能否实现以及实现程度和效果要以作为主体的人的自身精神准备状态为前提。对作为未来中国式现代化实践主体的青年大学生来说,他们的现代人格状况和水平正是其作为现代化实践主体自身精神准备状态的直接的综合性体现。换言之,对青年大学生来说,如果不具备相应的现代人格素养,是不可能担当起实现中国式现代化的任务的。

就青年大学生的自主性而言,他们在未来的现代化实践中,在

与外部世界所发生的必然关系中，必须具备发挥自身主体性的决心和意志，充分彰显主体精神。但这种决心和意志不允许为精致利己主义的隐性价值所支配，从而表现为独断、狭隘、盲目、封闭和排外，而应当代之以出于公心的中和、宽容和开放、自由精神。只有建立在与现代化相一致的人格价值基础上的决心和意志，才可能正确发挥主体的自主性，真正构建起未来中国式现代化的高楼大厦。但是，大学生作为未来现代化实践主体，要自主地驾驭现代化实践客体、对象，不是一件轻而易举的事情；他们必然会遇到由客体、对象的抗拒而形成的各种难以想象的阻力。这就需要实践主体必须发挥足够的能动性和创造性，以应对和克服各种挑战和困难。同发挥自主性一样，能动性和创造性这种主体本质力量的发挥，也必须以与能动性和创造性相一致的现代人格准备为前提。换言之，要通过现代人格建设为大学生的能动性创造性的能力和水平的提高打好价值基础、做好精神准备。具体地说，在这种人格建设中，要培养"正确的、科学的对象意识和自由的、自觉的自我意识，还要经过观念活动的中介把两种意识统一起来形成体现真善美的实践意识、实践理念"①。

（二）克服现代化建设面临的困难挑战需要大学生以现代价值为方向担当作为

后发国家要真正实现现代化，必须对现有的一切阻碍现代化进程的落后观念认识、固化利益格局、僵化体制机制等弊病进行彻底

---

① 陈志尚主编：《人学理论与历史 人学原理卷》，北京出版社2004年版，第147页。

改革。党的十一届三中全会开启了我国改革开放和社会主义现代化建设新时期，具有划时代的意义。新时代，党的十八届三中全会作出全面深化改革的决定，决心以经济体制改革为主轴牵引带动政治体制、文化体制、社会体制、生态文明体制等整体性改革。当前的改革来到爬坡过坎的攻坚阶段和深水区域，虽然面临的形势任务、困难挑战和重点问题与改革初期大相径庭，但是改革所需要的勇气魄力、决心意志、担当精神、探索精神、智慧方法却始终未变。不同于改革初期面临的人们的思想头脑受到传统禁锢和改革实践探索迈不开步伐的两大主要难题，当前改革面对的思想障碍和现实难题具体表现在：质疑改革开放的基本政策、攻击民营经济和民营企业家等不合时宜的思维定式和固有观念此起彼伏，部门利益、行业利益等与民争利的本位思想严重，狭隘的民族主义和民粹主义思想倾向凸显，以及由此导致的在改革实践中出现不担当、不作为、慢改革、有选择地改革甚至不改革，开改革历史倒车等现象。这些问题要求我们从整体上，要加强全党全国深入推进全面深化改革的思想教育，形成勇于变革、勇于突破、勇于创新的新思维方式，跳出条条框框限制，超越狭隘既得利益，坚持从国家整体利益和最广大人民根本利益出发，破除深层次体制机制障碍和顽瘴痼疾，勇于破解我国经济社会发展中的突出问题，积极适应经济全球化新趋势、世界格局新变化和我国发展新要求。

要服务改革发展稳定大局，一方面，由政党主导的国家转型、社会转型需要凝聚更大共识，这就要求包括大学生在内的广大青年要强化正确的思想认知，以新的思想、新的理念去理解改革开放，理解社会主义核心价值观制度化的重大战略意义，充分认识到作为现代国家、现代社会和现代公民人格价值引领的核心价值观建设，必须通过深化改革融入国家治理和社会治理层面、转化成法律法规和政策制度,只有这样,现代价值理念才能变成现代化强国的现实。另一方面,在深水区、攻坚阶段破解利益固化、思想固化的樊篱,需要有壮士断腕的勇气,需要全社会的监督和参与,这就要求包括大学生在内的广大青年要积极行动起来,支持改革、推动改革,推动核心价值观制度化,勇做时代的"弄潮儿"、改革的"促进派",不做时代的"绊脚石"、改革的"促退派",在实践中参与和推动国家政治经济义化的纵深改革和社会的全面进步,在促进每个人的自由全面发展中实现自己的社会价值。

(三)中国现代化进程所处国际环境需要当代青年以现代文明形象展示于世界

经过改革开放 40 多年经济社会快速发展,现阶段中国已经稳居世界第二大经济体,具有了加快实现现代化、实现民族复兴的物质条件。"中华民族伟大复兴展现出光明的前景。现在,我们比历史上任何时期都更接近中华民族伟大复兴的目标,比历史上任何时期都更有信心、有能力实现这个目标。"[①]中国的经济实力、科技实力、军事实力的快速增长,正在影响并改变着世界经济政治格局。中国的发展走势格外引发世人注目。国际社会如何看中国——是和平崛起,给世界带来财富和机会,还是像某些别有用心的国家所宣传的那样"国强必霸"。世界人民如何看华人——是文明有序、彬彬有礼,还是土豪暴发户、粗俗不堪。"两个如何看"的问题,是相互影响、密切联系的,国家的发展道路和价值取向影响制约着国民的文化人格

---

① 《习近平谈治国理政》(第一卷),外文出版社 2014 年版,第 35—36 页。

和文明素养走向,而国民的文化人格和文明素养格局集中体现出国家的发展道路和价值选择。

对于第一个问题,早在20世纪70年代,面对美苏两个超级大国"冷战"对峙、抢占世界霸权的紧张国际局势,中国就在联合国大会上向世界宣示了中国永远不称霸的态度和决心。1974年4月11日,时任国务院副总理的邓小平在出席联合国大会第六次特别会议时,阐明中国对外关系的鲜明立场:中国是一个社会主义国家,也是一个发展中的国家。中国现在不是,将来也不做超级大国。如果中国有朝一日变了颜色,变成一个超级大国,也在世界上称王称霸,到处欺负人家,侵略人家,剥削人家,那么,世界人民就应当给中国戴上一顶社会帝国主义的帽子,就应当揭露它,反对它,并且同中国人民一道,打倒它。① 改革开放以后,中国一直奉行独立自主的和平外交政策。20世纪80年代末90年代初,在苏联解体和东欧剧变、世界社会主义陷入低谷的严峻情势下,第三世界有一些国家希望中国出来当头。邓小平冷静审慎地指出:"我们千万不要当头,这是一个根本国策。这个头我们当不起,自己力量也不够。当了绝无好处,许多主动都失掉了。中国永远站在第三世界一边,中国永远不称霸,中国也永远不当头。"② 进入新时代,随着中国经济体量的增强壮大,以及中国在国际事务中地位作用的日益凸显,所谓"中国威胁论""国强必霸论"的论调此起彼伏。美国哈佛大学教授、肯尼迪政府学院首任院长格雷厄姆·艾利森(Graham Allison)援引古希腊历史学家修昔底德对伯罗奔尼撒战争的研究,提出"修昔底德

---

① 《邓小平在联大第六届特别会议上的发言》,《人民日报》,1974-04-11。
② 《邓小平文选》(第三卷),人民出版社1993年版,第363页。

陷阱"之说，即一个新兴崛起的大国必然要挑战现有守成大国的地位，而守成大国也必然会回应这种威胁，而对新兴崛起大国采取遏制和打压措施，这样两国之间的战争就不可避免。据他研究发现，这一现象在世界历史发展进程中，自16世纪以来已在16个守成大国与崛起大国之间上演，其中12起最终都引发了战争，仅有4起逃脱陷入战争的厄运。从历史事实看，"修昔底德陷阱"似乎确实已经被视为国际关系演变进程中新兴崛起大国和现有守成大国之间走向的"铁律"。为此，格雷厄姆·艾利森特别关注中美两国关系及未来走向，并且多次到访中国，对中国的发展和崛起进行深入研究，致力于探讨和解决中美之间如何避免陷入"修昔底德陷阱"，专门撰书《注定开战：美国和中国能否逃脱修昔底德陷阱？》。

新时代，对于中美之间是否会陷入"修昔底德陷阱"，中国主要领导人在一些重大国际场合坚持直面问题，一以贯之、态度坚决地表明中国"永远不称霸、永远不搞扩张"。早在2014年1月22日，习近平在接受美国《赫芬顿邮报》子报《世界邮报》创刊号专访时，针对一些人对中国迅速崛起后必将与美国发生冲突的担忧，明确指出："我们都应该努力避免陷入'修昔底德陷阱'，强国只能追求霸权的主张不适用于中国，中国没有实施这种行动的基因。"[①] 2015年9月22日，习近平访问美国时在西雅图欢迎宴会上的演讲中进一步指出，"世界上本无'修昔底德陷阱'，但大国之间一再发生战略误判，就可能自己给自己造成'修昔底德陷阱'"[②]。党的二十大报告在谈及

---

① 《人民日报》记者申孟哲：《大国如何避免"修昔底德陷阱"？》，《人民日报海外版》，2015年11月27日第16版。
② 《人民日报》记者申孟哲：《大国如何避免"修昔底德陷阱"？》，《人民日报海外版》，2015年11月27日第16版。

中国式现代化的中国特色时，再次明示中国式现代化是走和平发展道路的现代化，即中国在追求实现全面现代化的进程中，不会单方面为了寻求自身的发展而损害别国的发展利益，将始终高举和平、发展、合作、共赢的旗帜，努力做到在坚定维护世界和平与发展中谋求自身发展，以自身发展更好维护世界和平与发展。在对外关系上，坚称中国奉行防御性国防政策，无论发展到什么程度，中国永远不称霸、永远不搞扩张。从中国最高国家领导人和中国共产党最高规格大会的反复重申中，足见中国坚持走和平发展、和平崛起道路的昭昭之心。

当然，我们深谙听其言而观其行的道理。只是口头宣称还不够，要完全打消一些国家对中国崛起过程中"国强必霸"的戒惧，还需要用更深层次的价值共识和实际行动来证明。价值观是支配行动的深层力量。不同的国家因为宗教传统、历史文化、社会制度、发展路径各不相同，会形成并信奉不同的价值观。西方国家一直坚守他们所谓的"自由、平等、博爱、人权"等价值理念，我国提出了"富强、民主、文明、和谐；自由、平等、公正、法治，爱国、敬业、诚信、友善"的社会主义核心价值观，两套价值观体系从政治制度和意识形态的角度看存在本质区别。但是，我们还要看到人类的活动在许多方面是有相通之处的，在各个国家不同的价值观中肯定有许多人类共同的价值观念及其所反映的价值关系。我国所倡导的社会主义核心价值观，就兼有中华文明的元素和反映时代潮流特点的世界文明元素。所以，我们坚决反对西方的所谓"普世价值"，但高度认可全人类存在着共同的价值追求。2015 年 9 月 28 日，习近平在参加美国纽约联合国总部举行的第 70 届联合国大会一般性辩论时，首次提出全人类共同价值并阐释其基本内涵，指出"和平、发展、公平、正义、民主、自由,是全人类的共同价值"①。此后在许多重要国际关系场合,他围绕全人类共同价值提出一系列新理念新主张。在党的二十大报告中,他又进一步强调:"我们真诚呼吁,世界各国弘扬和平、发展、公平、正义、民主、自由的全人类共同价值,促进各国人民相知相亲,尊重世界文明多样性,以文明交流超越文明隔阂、文明互鉴超越文明冲突、文明共存超越文明优越,共同应对各种全球性挑战。"②全人类共同价值贯通个人、国家、世界多个层面,以每一个国家现代价值的构建为基础和前提,蕴含着不同文明对共同价值内涵和价值实现的共通点。和平是世界各国人民的永恒期望,犹如空气和阳光一样珍贵;发展是世界各国的第一要务,是增进人类福祉的重要前提;公平、正义是国际秩序的基石,事关国际关系的道义基础;民主是人类不懈追求的政治理想,其本意是要求实行多数人的统治,消除专制主义;自由是人类社会进步的产物,强调实现人的全面发展。全人类共同价值超越了意识形态、社会制度和发展水平差异,体现了对不同文明价值内涵的理解,体现了对不同国家探索人类共同价值实现路径的尊重,体现了对不同国家人民追求幸福生活平等权利的支持,彰显出强大的国际感召力和影响力。在实践上,我们努力推动构建人类命运共同体,以全人类共同价值为基石,坚持对话协商,推动建设一个持久和平的世界;坚持共建共享,推动建设一个普遍安全的世界;坚持合作共赢,推动建设一个共同繁荣的世界;坚持交流互鉴,推动建设一个开放包

---

① 《习近平谈治国理政》(第二卷),外文出版社 2017 年版,第 522 页。
② 习近平:《高举中国特色社会主义伟大旗帜 为全面建设社会主义现代化国家而团结奋斗——在中国共产党第二十次全国代表大会上的报告》,人民出版社 2022 年版,第 56—57 页。

容的世界；坚持绿色低碳，推动建设一个清洁美丽的世界。

在世界交流交往日益密切的国际舞台上，青年作为最为活跃和代表未来的群体，其形象在某种程度上就是国家的形象代言，其现代人格素养在某种程度上就是国家现代化水平的人格化身。因此，在当前和今后一段时期，中国在推动实现全面现代化的伟大进程中，广大青年大学生能够以独立自主、自信自强、开放包容、自由平等、和谐友好的现代人格形象屹立于世界东方，是中国作为现代化强国和世界负责任大国的集中体现和最好证明。

三、培育大学生现代人格是我国现代化的重要价值目标

实现人的现代化、培育人们具有现代人格，既是国家经济、政治、文化、社会获得现代化发展的先决条件，更是全部发展过程自身的价值目标。青年大学生作为我国广大人民群众中的一部分重要群体，他们既是中国式现代化的重要实践主体，也是需要在现代化建设实践中得到培养和锻炼、不断提升自身现代人格素养的价值主体，其建设主体作用的发挥与自身人格发展目标要求之间是相互作用、互为促进、良性互动、齐步跃进的关系。因此，当前重视并加强大学生现代人格培育，把他们塑造成为具有现代价值理念和行为方式的高素质人才，是推动实现中国式现代化进程中一项重要且意义深远的战略任务。这就进一步要求在推进中国式现代化实践中，通过持续推动经济、政治、文化、社会和生态文明现代化，为大学生现代人格培育创造有利的制度环境和保障条件，使大学生自觉形成同现代社会相适应的现代价值观念和品质特征，成为有理想、敢

担当、能吃苦、肯奋斗的新时代好青年，让他们的青春在全面建设社会主义现代化国家的火热实践中绽放出绚丽之花。

第一，要培养当代青年大学生树立远大理想抱负，使他们在推动实现社会发展进步中塑造"大我"。青年马克思，中学时代就在《青年在选择职业时的考虑》一文中，表达了他要"为人类而工作"的宏大抱负。他认为，在选择职业时，青年"应该遵循的主要指针是人类的幸福和我们自身的完美"[①]。马克思青年时期的这一理想抱负，支配着他一生的理论研究事业和革命实践活动，塑造了他伟大健全的人格，使他能够成为"千年思想家"、"人类最伟大的哲学家"和人类自由解放的伟大导师。一代伟人毛泽东在他的青少年时代，就能够做到"身无分文，心忧天下"，锤炼"小我"，强化"大我"，追求"无我"，确立起要变革不平等的旧社会、建立人人都能过上幸福美好生活的新社会的远大志向，并经过坚持不懈地追逐、探索、比较、验证，最后将这一伟大理想定格为具有马克思主义科学理论支撑的共产主义理想。他穷尽一生心血矢志不渝为实现这一理想而不懈奋斗。革命先辈所开创的社会主义现代化事业，已经延续接力到今天的"90后""00后"青年大学生手中。适应新时代现代化建设的要求，要教育引导青年大学生以毛泽东、周恩来、蔡和森、陈延年、邓中夏等19世纪的"80后"青年为榜样，"以天下为己任"，树立鸿鹄之志，确立远大理想抱负，以国家富强、人民幸福为己任，争当建设现代化强国的有志青年，不应该也不能够被"躺平""内卷"等眼前的现实主义问题羁绊，更拒绝做"精致的利己主义者"，自觉践行社会主义核心价值观、高尚的现代人格品质。

[①] 《马克思恩格斯全集》（第四十卷），人民出版社1982年版，第7页。

第二，要培养当代青年大学生具有高尚人文情怀，使他们在努力推动解决不平衡不充分发展问题中去实现人的现代化。真正的现代化国家，必然内含着对人的生命和价值的尊重关怀，对人的自由全面发展的终极关照。这也正是马克思主义所追求的根本价值目标。新时代，我国社会主要矛盾已经转化为人民日益增长的美好生活需要和不平衡不充分发展之间的矛盾。人民群众在教育、就业、收入、居住、环境、社会保障、医疗卫生和文化生活等方面都有新期待；在民主、法治、公平、正义等方面都有新诉求。青年大学生作为人民群众当中的重要成员，他们同样拥有追求自身美好生活的权利，同时，他们又不是普通群众，而是受过高等教育、具有高层次知识文化的时代精英，身上肩负着推动现代化建设和服务社会大众发展的重任。因此，在推动整个国家现代化进程中，必须培养青年大学生具有高尚的人文情怀，引导他们始终秉承"以人为本"的价值理念，积极参与和推动经济社会改革发展，努力推动社会主要矛盾的解决，在持续促进社会大众更自由更平等、更有尊严和体面地生活和发展的过程中完成个人现代人格的蜕变。

第三，要培养当代青年大学生养成科学理性精神，使他们在投身社会实践中能够充分自由地创新创造。科学理性精神的内涵丰富，其最基本的要求就是客观理性、实事求是、开拓创新。马克思主义是最讲科学理性精神的。怀疑一切，是马克思的座右铭。实事求是是马克思主义、毛泽东思想的精髓。马克思主义的经典作家和毛泽东、邓小平等中国共产党的领袖们，都善于根据实际情况的发展变化提出新的思想和理论，为我们树立了坚持科学理性精神的光辉典范。中国共产党一贯强调和坚持实事求是，提倡不唯书、不唯上、只唯实。革命战争年代，许多革命先驱为了坚持真理、坚守正义而献出了宝贵生命。现在时代不同了，没有了战争中的流血牺牲，但是要切实做到客观理性认识事物、做到坚持真理仍不是件容易的事。当今社会，在一些地方、一些领域还存在着背离实事求是的形式主义、官僚主义等问题，存在严重的"假大空"现象，这些问题不解决，影响的不仅是特定领域、特定群体，蔓延扩展开来会祸国殃民。早在1942年延安整风运动期间，毛泽东就发表了《反对党八股》讲演，列举了党八股的八大罪状，一针见血地披露出其严重危害：空话连篇，言之无物；装腔作势，借以吓人；无的放矢，不看对象；语言无味，像个瘪三；甲乙丙丁，开中药铺；不负责任，到处害人；流毒全党，妨害革命；传播出去，祸国殃民。[①]他进一步揭露指出："党八股里面藏的是主观主义、宗派主义的毒物，这个毒物传播出去，是要害党害国的。"[②]新时代，习近平严肃批评过部分干部讲话长空假的问题，称文风不正严重影响真抓实干、影响工作成效，耗费大量时间和精力，耽误实际矛盾和问题的研究解决，不良文风蔓延开来，损害党的威信，导致干部脱离群众，使党的理论和路线方针政策在群众中失去感召力、亲和力。

从人类科学史发展角度看，人类社会之所以能够不断向着现代文明的方向发展进步，正是因为人们有了不断追问、探索、怀疑、批判的求真精神。教育史、科学史界公认自觉进行批判性思维的传统始于苏格拉底，英国科学史家、科学哲学史家 W. C. 丹皮尔（Whetham Cecil Dampier）在其著作《科学史及其与哲学和宗教的关系》中说，苏格拉底是富于批判精神的典型。他以查问者的姿态，

---

① 《毛泽东选集》（第三卷），人民出版社1991年版，第833—840页。
② 《毛泽东选集》（第三卷），人民出版社1991年版，第840页。

对诡辩家、政治家和哲学家,无不加以诘难,一遇到无知、愚蠢和自命不凡,就加以揭发。这之后的亚里士多德、哥白尼、伽利略、牛顿、爱因斯坦、霍金等科学巨匠,都具有强烈的批判意识和极强的批判思维能力,没有这些科学巨人的批判性思维,没有他们对智慧的非功利的、纯粹的热爱,就不会有人类文明的进步。

在人类文明发展史上,中国哲学人文领域独具一格,天文、医学、历法、造船、火药、造纸、印刷术等科学技术也曾领先世界。但从明朝中后期开始,西方发生了资产阶级革命,科学技术得到前所未有的发展,中国仍然徘徊于农业文明,并没有产生现代科学技术,经济社会发展日渐落后于西方。这就是著名的"李约瑟之谜",它聚焦的核心问题是:尽管中国古代对人类科技发展作出了很多重要贡献,但为什么科学和工业革命没有在近代的中国发生?这个问题背后的深层次原因非常复杂,但其中科学理性精神、批判性思维的缺位,无疑是导致中国近代以来落后的重要原因之一。与"李约瑟之谜"同样令人深思的是我国著名科学家钱学森提出的"钱学森之问"。2005年,时任国务院总理温家宝在看望钱学森的时候,钱学森对中国的教育和科技发展提出更高期待:现在中国没有完全发展起来,一个重要原因是没有一所大学能够按照培养科学技术发明创新人才的模式去办学,没有自己独特的创新的东西,老是冒不出杰出人才,这是个很大的问题。当今和未来世界的竞争归根结底是人才的竞争。我国要跟上世界科技进步的步伐,加快科技创新和知识创新,归根结底要依靠创造性人才的涌现。而人才的培养,关键在于教育。教育的根本,在于激发人的创造性,要培养人独立自主思考。因此,今天的教育、学校、社会、家庭,都应当为培养大学生的批判性思维能力给予宽容的条件和环境,引导并鼓励他们敢设想、敢质疑、敢批判、敢负责,如此才能激发出他们本真的创新创造能力,彻底摆脱对"人的依赖关系"和"物的依赖关系",获得马克思主义所追求的充分的"自由个性","成为自身的主人——自由的人"①。

第四,要培养当代青年大学生具有勤于学习练就过硬本领的意识和能力,使他们在将所学所专运用于社会发展需要的过程中全面发展个人的全部能力。当今时代,知识更新步伐加快,科学技术发展迅猛,社会变化日新月异,社会竞争空前激烈。这既为广大青年提供了广阔舞台,也对青年素质提出了新要求。青年大学生是否能够孜孜不倦学习新知识,练就真本领,努力成为各行各业精英,直接关系到他们自身的全部能力即体力和智能是否得到全面充分的施展。

2010年,温家宝在与北京大学学生共度五四青年节时,对广大时代青年寄语"仰望星空、脚踏实地",告诫青年既要树立远大理想,也要付诸行动练就过硬本领。2018年,五四青年节前夕,习近平在与北大师生座谈时也语重心长地寄语青年大学生:要求真,求真学问,练真本领。要通过学习知识,掌握事物发展规律,通晓天下道理,丰富学识,增长见识。②今天,青年大学生要大有作为,就必须下一番修学储能的苦功夫,练就一身成就伟业的真本事。为此,要求教育引导青年大学生珍惜宝贵的学习机会和条件、资源,下真功夫、苦功夫,不断加强学习,追求新知、探索真知,提高素质、增强本领,不断拓宽国际视野、历史视野,打通古与今、中与外,

---

① 《马克思恩格斯文集》(第3卷),人民出版社2009年版,第566页。
② 习近平:《在北京大学师生座谈会上的讲话》,《人民日报》,2018-05-03。

学好人文社科，做到"思接千载、视通万里"，提高思想境界，修炼健全人格，把自己所学所专更好地运用和服务于国家和社会发展需要，在推动国家和社会变革发展中全面发展和表现自己的全部能力。

第五，要培养当代青年大学生具有积极投身社会实践的意识和能力，做到在社会主义现代化建设中实现个人全面自由的发展。知者行之始，行者知之成。再美好的理想、再高尚的情怀、再理性的精神、再高深的知识，如果不付诸行动，理想终将只是空中楼阁，人生也终将一事无成。马克思说："哲学家们只是用不同的方式解释世界，问题在于改变世界。"① 毛泽东为改造旧中国旧社会、让穷苦的人也能过上平等幸福的美好生活，选择在学习求真中不断试验实践，在实践中不断检验理论、实现理想。新时代，要培养青年大学生具有勤于实践精神，引导他们除了读有字之书、钻研书本理论之外，还要多读无字之书，尽可能利用社会实践课程、志愿服务活动或平时外出等一切机会，深入社会、深入基层、深入群众，调查了解实际情况；引导青年大学生走上工作岗位后更要积极投身于伟大的现代化建设实践、勇做时代的"弄潮儿"、不做时代的"绊脚石"，去推动国家政治经济文化的纵深改革和社会的全面进步，在促进每个人的自由全面发展中使个人的体力、智力、才能、兴趣、品质、素质等都得到充分的、全面的、自由的发展。

1930年，在革命战争年代最艰难的时期，面对"红旗到底能打多久"的疑问，毛泽东信心满怀地看到了即将到来的革命前景。他豪迈地指出："它是站在海岸遥望海中已经看得见桅杆尖头了的一只航船，它是立于高山之巅远看东方已见光芒四射喷薄欲出的一轮朝

---

① 《马克思恩格斯选集》（第1卷），人民出版社2012年版，第136页。

日,它是躁动于母腹中的快要成熟了的一个婴儿。"[1] 在 90 余年后的今天,经过我们党的百年奋斗,我国一举成为世界第二大经济体。成就催人奋进,辉煌令人鼓舞。革命、建设和改革开放的事业和成就,是干出来的,新时代也是干出来的。当前,实现中国的现代化、中华民族伟大复兴的宏伟目标,满足人民群众对美好生活的各种向往需求、实现人的自由全面发展的价值目标,已是"立于高山之巅远看东方已见光芒四射喷薄欲出的一轮朝日"渐行渐近,即将展现在我们面前。在这实现伟大理想的紧要关头,新时代青年大学生重任在肩,必须发扬力学笃行精神,积极投身于现代化建设火热实践中,热烈迎接和拥抱中华民族伟大复兴和全体人民美好生活的辉煌日出。

---

[1] 《毛泽东选集》(第 1 卷),人民出版社 1991 年版,第 106 页。

第五章
大学生对现代人格内涵及其重要意义的认知状况

为准确掌握当代大学生对现代人格的内涵和重要意义的认知状况及他们自身的现代人格发展状况，对照中国式现代化的实践要求以及社会主义核心价值观所规定的大学生现代人格价值标准，笔者研究设计了一套专项调查问卷，在北京地区部分高校面向在校大学生有针对性地开展了问卷抽样调查；同时，组织召开了四场北京、上海等地教师代表参加的研讨会和在读大学生代表座谈会；利用高校思想政治理论课教学实践，重视加强对大学生思想行为进行日常观察，共形成20余万字座谈访谈观察材料和12万字调查问卷数据等一手资料，在马克思主义基本理论指引下，综合运用现代化理论和人格理论对这些资料进行全面深入的量化分析，最终形成大学生对现代人格认知状况以及大学生现代人格素质状况的比较系统的事实判断和价值判断。

一、北京地区部分在校大学生问卷调查样本情况

（一）调查目的

了解掌握当代大学生对现代人格内涵及其自身现代人格素质对

中国现代化建设重要意义的认知状况，了解掌握大学生现代人格总体现状，了解掌握大学生对其现代人格形成影响因素的认知状况，听取大学生对加强其自身现代人格培育塑造的意见建议。

（二）调查对象

北京地区部分高校在校大学生，涵盖大学本科、硕士研究生、博士研究生三个学历层次的学生。

（三）调查规模

本次调查共组织发放880份纸质问卷，实际回收有效问卷850份，有效回收率96.6%。

（四）样本基本状况

1. 性别

男性524人，占61.6%；女性326人，占38.4%（图5-1）。

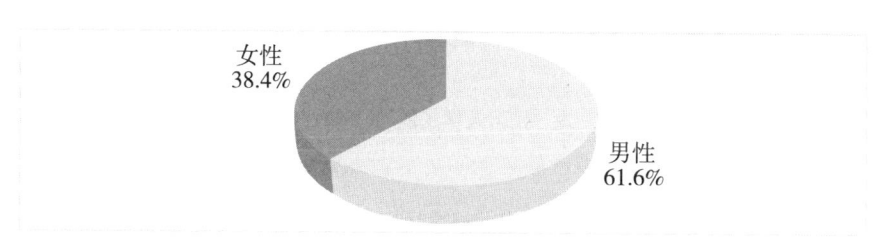

图5-1　被访大学生的性别结构情况

2. 年龄

18岁以下16人，占1.9%；18—21岁375人，占44.1%；22—27岁454人，占53.4%；28岁及以上5人，占0.6%（图5-2）。

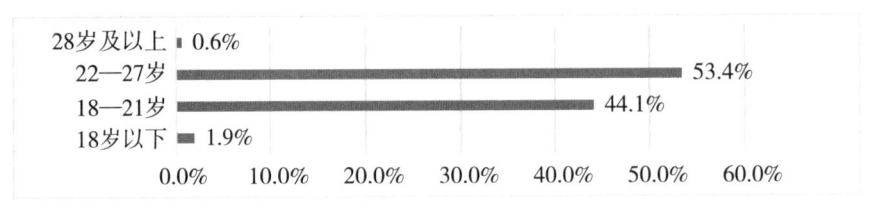

```
28岁及以上  0.6%
22—27岁    53.4%
18—21岁    44.1%
18岁以下   1.9%
         0.0%  10.0%  20.0%  30.0%  40.0%  50.0%  60.0%
```

图5-2 被访大学生的年龄结构情况

3. 政治面貌

中共党员（含预备党员）189人，占22.3%；共青团员590人，占69.4%；民主党派13人，占1.5%；无党派人士8人，占0.9%；普通群众50人，占5.9%（图5-3）。

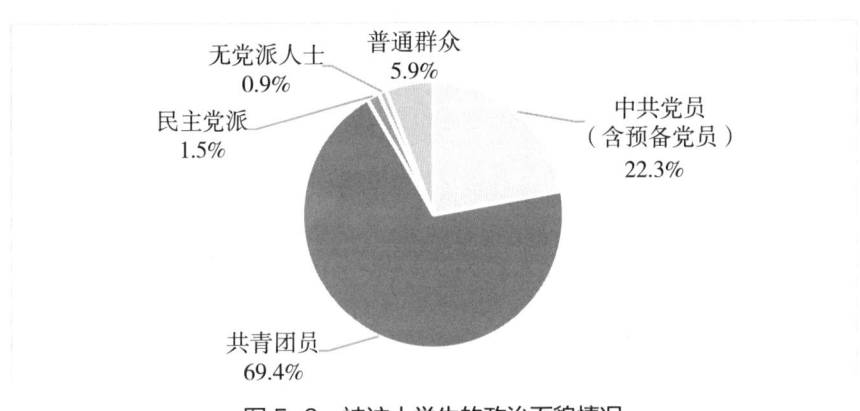

图5-3 被访大学生的政治面貌情况

4. 正在攻读的学历

本科340人，占40.0%；硕士496人，占58.4%；博士14人，占1.6%（图5-4）。

5. 所学专业类别

经济学、法学、教育学、管理学、军事学104人，占12.2%；哲学、文学、艺术学、历史学71人，占8.4%；理学、工学660人，占 77.6%；农学、医学 12 人，占 1.4%；"其他" 3 人，占 0.4%，其中 1 人所学专业类别为新闻学 – 法学双学位（图 5-5）。

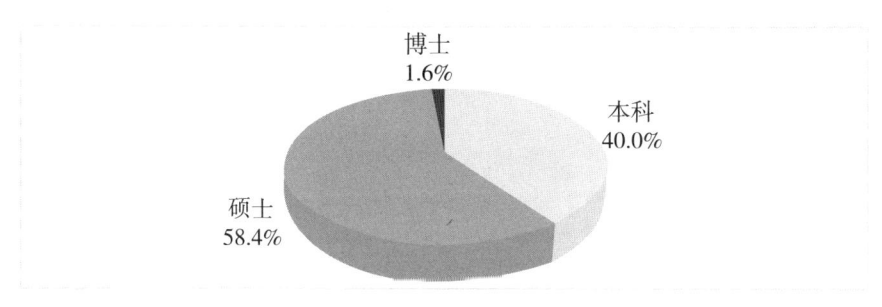

图 5-4　被访大学生的学历情况

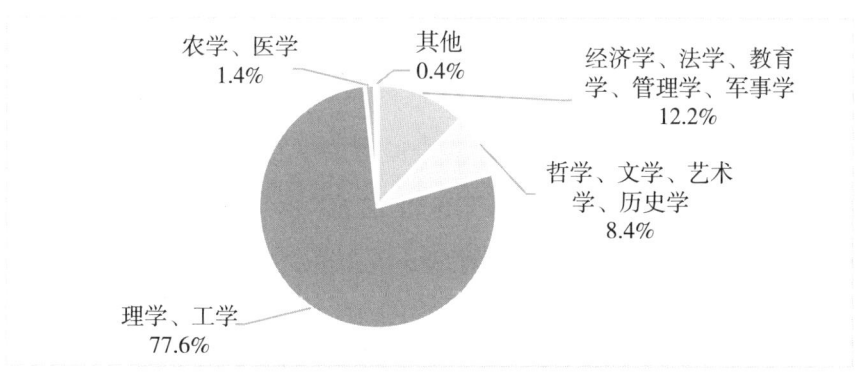

图 5-5　被访大学生的专业类别

6. 国外和中国港澳台地区学习经历

有国外学习经历的 25 人，占 2.9%；有在中国香港学习经历的 44 人，占 5.2%；有在中国澳门学习经历的 32 人，占 3.8%；有在中国台湾学习经历的 18 人，占 2.1%；没有国外和中国港澳台地区学习经历的 731 人，占 86.0%（图 5-6）。在有国外学习经历的被访大学生中，有 14 人在英国学习，有 6 人在美国学习，有 1 人在英国和美国学习，有 1 人在英国和韩国学习，有 1 人在日本学习，有 1

人在新加坡学习，有1人在比利时学习。

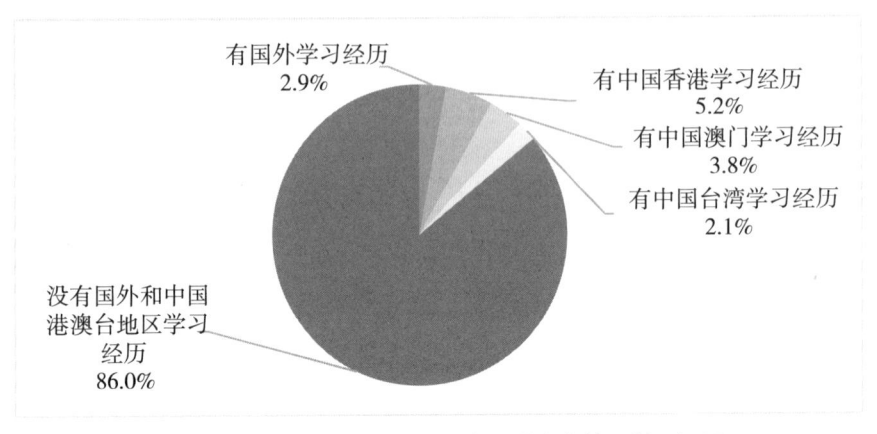

图中数据：
- 有国外学习经历 2.9%
- 有中国香港学习经历 5.2%
- 有中国澳门学习经历 3.8%
- 有中国台湾学习经历 2.1%
- 没有国外和中国港澳台地区学习经历 86.0%

图5-6　被访大学生的国外和中国港澳台地区学习经历

7. 家庭所在地

直辖市97人，占11.4%；省会城市203人，占23.9%；地级市212人，占24.9%；县城196人，占23.1%；乡镇58人，占6.8%；农村78人，占9.2%；港澳台地区6人，占0.7%（图5-7）。

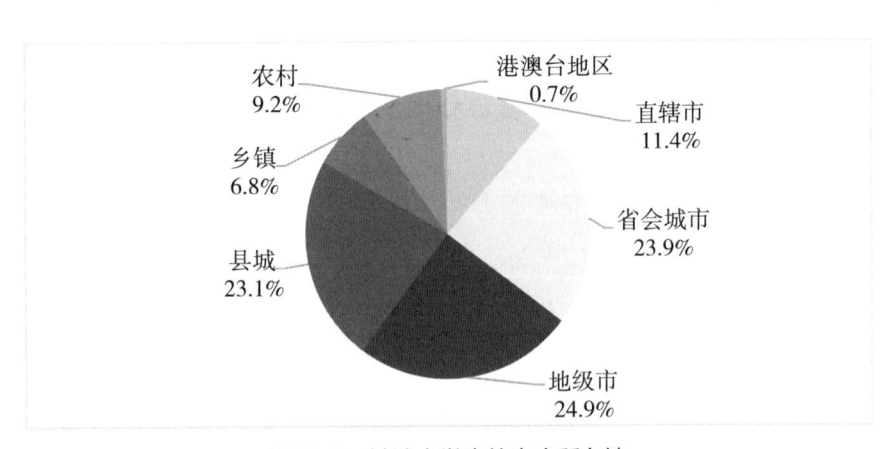

图中数据：
- 农村 9.2%
- 港澳台地区 0.7%
- 直辖市 11.4%
- 乡镇 6.8%
- 县城 23.1%
- 省会城市 23.9%
- 地级市 24.9%

图5-7　被访大学生的家庭所在地

8.目前同父母的经济关系

全部依赖父母的经济收入314人，占36.9%；部分依赖父母的经济收入383人，占45.1%；完全不需要父母的钱72人，占8.5%；不仅不需要父母的钱，还能帮助负担家里的部分生活开支81人，占9.5%；没有"其他"情况（图5-8）。

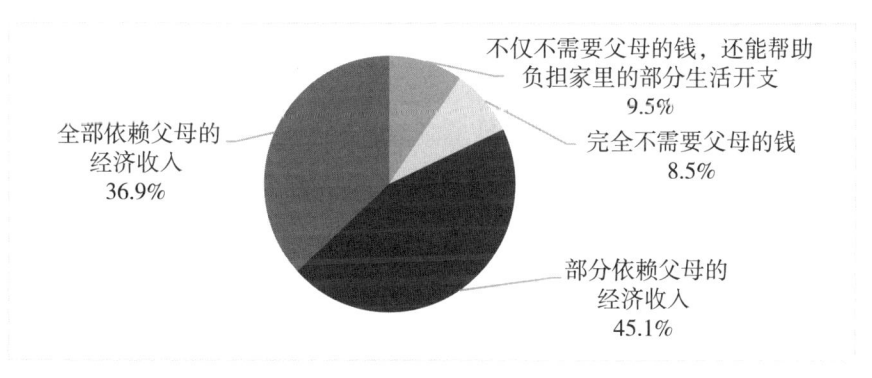

图5-8 被访大学生的经济独立情况

二、被访大学生对现代人格内涵的认知状况

（一）六成以上被访大学生认为"具有适应现代经济政治文化社会生活所需价值观念、素质能力和行为方式的人才是真正的现代人"

大学生对现代人格内涵的正确认知是其自觉强化自我现代人格建设的认知基础和思想前提。我们在调查问卷中设计了"什么样的人是现代人"一题，结果显示，认同"具有适应现代经济政治文化社会生活所需价值观念、素质能力和行为方式的人才是真正的现代人"的被访大学生占67.0%，占比最大；认同"每一个生活在现时代的人都是现代人"的被访大学生占12.6%；认同"每一个享用着现代工业文明成果的人就是现代人"的被访大学生占 11.6%。此外，8.7% 的被访大学生表示不清楚什么样的人是现代人；0.1% 的被访大学生表示"对什么样的人是现代人"有其他看法，但没进行具体作答（图 5-9）。由此可见，当前大部分学生对现代人格具有清醒认知，能够从人自身的价值观念、素质能力和行为方式等与现代社会是否相适应的角度，全面综合地认识现代人格的本质。

选项	百分比
具有适应现代经济政治文化社会生活所需价值观念、素质能力和行为方式的人才是真正的现代人	67.0%
每一个生活在现时代的人都是现代人	12.6%
每一个享用着现代工业文明成果的人就是现代人	11.6%
不清楚	8.7%
其他	0.1%

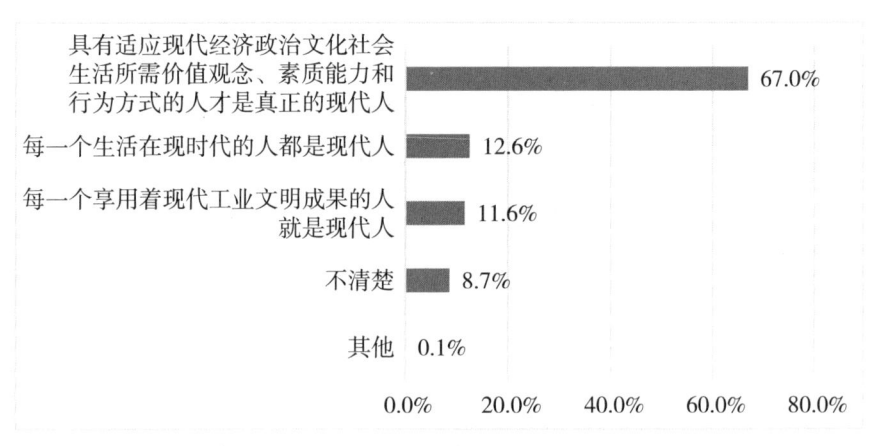

图 5-9 被访大学生对于什么样的人是现代人的看法的选择

但是也看到，还有 1/5 的大学生仅从历史发展的时间维度或享有工业文明发展成果的物质成果维度等表面现象来评判人格的现代性，这些认识都是极其肤浅的、片面的。我们知道，在全球化的世界，各个国家之间的联系日益紧密，任何一国的国民每天都能够直接接触到国际上包含着新的现代文明的事物，享受到国际贸易交往的国际化产品和服务，学着世界发达国家人们的方式和样子生活、社交，如模仿他们的发型、服装款式、嗜好娱乐等。但是，这些并不是现代化的精髓，只是肤浅的皮毛，甚至是被歪曲的现代图画，而这些浅层的模仿容易败坏现代化和现代人格的名声。那些生活在现时代穿着现代服装和外表装扮新潮的人，并不一定就是真正的现代人，甚至在他们中一些人的徒有其表的现代化外衣里面，包裹着的可能是一颗与传统封建糟粕一脉相传的心，他们还没有从理念、心理和态度上获得个人现代性。瑞士心理学家卡尔·荣格（Carl Gustav Jung，1875—1961）说得很好："一个人不能单凭生活在现代就有资格被称为现代人，因为这样的话，每一位现在活着的人都可算是现代人了。"[①] 真正的现代人格本质内核，是植根于个人品性的心理状态和心理倾向，如认识上的开放和富于灵活性，独立自主精神，这些本质的东西是模仿不来的。所以，真正具备了现代人格的人，应该是能深刻感知现代生活，自觉顺应现代社会要求，主动地创造现代生活的人。

交互分析进一步显示，不同年龄、不同学历、不同政治面貌、不同专业类别、不同国外和中国港澳台地区学习经历、不同家庭所在地、不同经济独立情况的被访大学生，对于什么样的人是现代人的看法的选择存在统计上的显著差异。

（1）不同年龄、不同学历的被访大学生对什么样的人是现代人的选择差异。28岁及以上的被访大学生对"具有适应现代经济政治文化社会生活所需价值观念、素质能力和行为方式的人才是真正的现代人"的选择占比40.0%，不足五成，低于其他三个年龄群体的选择；他们对"每一个享用着现代工业文明成果的人就是现代人"的选择占比达40.0%，远高于其他三个年龄群体的选择；他们对"不清楚"的选择占比达20.0%，远高于其他三个年龄群体的选择（表5-1）。博

---

① ［瑞士］卡尔·荣格著，黄奇铭译：《探索心灵奥秘的现代人》，社会科学文献出版社1987年版，第188页。

士学历的被访大学生对"具有适应现代经济政治文化社会生活所需价值观念、素质能力和行为方式的人才是真正的现代人"的选择占比50.0%，低于其他两类学历层次的大学生的选择（表5-2）。

表5-1 不同年龄的被访大学生对于什么样的人是现代人的看法的选择

	18岁以下	18—21岁	22—27岁	28岁及以上	总体
具有适应现代经济政治文化社会生活所需价值观念、素质能力和行为方式的人才是真正的现代人	56.2%	68.8%	66.1%	40.0%	67.0%
每一个生活在现时代的人都是现代人	18.8%	9.1%	15.4%	0.0%	12.6%
每一个享用着现代工业文明成果的人就是现代人	6.3%	8.3%	14.3%	40.0%	11.6%
不清楚	12.5%	13.8%	4.2%	20.0%	8.7%
其他	6.2%	0.0%	0.0%	0.0%	0.1%
合计	100.0%	100.0%	100.0%	100.0%	100.0%

表5-2 正在攻读不同学历的被访大学生对于什么样的人是现代人的看法的选择

	本科	硕士	博士	总体
具有适应现代经济政治文化社会生活所需价值观念、素质能力和行为方式的人才是真正的现代人	65.0%	68.8%	50.0%	67.0%
每一个生活在现时代的人都是现代人	9.4%	14.9%	7.1%	12.6%
每一个享用着现代工业文明成果的人就是现代人	9.7%	12.7%	21.4%	11.6%
不清楚	15.9%	3.6%	14.3%	8.7%
其他	0.0%	0.0%	7.2%	0.1%
合计	100.0%	100.0%	100.0%	100.0%

(2)不同政治面貌的被访大学生对于什么样的人是现代人的选择差异。被访的民主党派大学生选择"具有适应现代经济政治文化社会生活所需价值观念、素质能力和行为方式的人才是真正的现代人"的占比为38.5%,不到五成,占比最低;他们选择"不清楚"的占比为23.1%,占比最高(表5-3)。

表5-3 不同政治面貌的被访大学生对于什么样的人是现代人的看法的选择

	中共党员（含预备党员）	共青团员	民主党派	无党派人士	普通群众	总体
具有适应现代经济政治文化社会生活所需价值观念、素质能力和行为方式的人才是真正的现代人	68.8%	68.0%	38.5%	75.0%	54.0%	67.0%
每一个生活在现时代的人都是现代人	13.8%	12.3%	15.4%	0.0%	12.0%	12.6%
每一个享用着现代工业文明成果的人就是现代人	10.0%	11.9%	15.4%	12.5%	14.0%	11.6%
不清楚	7.4%	7.8%	23.1%	12.5%	20.0%	8.7%
其他	0.0%	0.0%	7.6%	0.0%	0.0%	0.1%
合计	100.0%	100.0%	100.0%	100.0%	100.0%	100.0%

(3)不同专业类别的被访大学生对于什么样的人是现代人的选择差异。专业为"哲学、文学、艺术学、历史学"的被访大学生选择"具有适应现代经济政治文化社会生活所需价值观念、素质能力和行为方式的人才是真正的现代人"的占比为53.5%,占比最低;而他们选择"每一个享用着现代工业文明成果的人就是现代人"和

"不清楚"的占比分别为 21.1%、16.9%，均高于其他四个专业类别群体的被访大学生的选择（表 5-4）。

表 5-4　不同专业类别的被访大学生对于什么样的人是现代人的看法的选择

	经济学、法学、教育学、管理学、军事学	哲学、文学、艺术学、历史学	理学、工学	农学、医学	其他	总体
具有适应现代经济政治文化社会生活所需价值观念、素质能力和行为方式的人才是真正的现代人	76.9%	53.5%	66.8%	66.7%	66.7%	67.0%
每一个生活在现时代的人都是现代人	14.4%	8.5%	12.9%	8.3%	0.0%	12.6%
每一个享用着现代工业文明成果的人就是现代人	2.9%	21.1%	12.0%	16.7%	0.0%	11.6%
不清楚	5.8%	16.9%	8.3%	8.3%	0.0%	8.7%
其他	0.0%	0.0%	0.0%	0.0%	33.3%	0.1%
合计	100.0%	100.0%	100.0%	100.0%	100.0%	100.0%

（4）在境内外不同学习经历的被访大学生对什么样的人是现代人的选择差异。没有在国外、中国港澳台地区学习经历和有在其他国家学习经历的被访大学生选择"具有适应现代经济政治文化社会生活所需价值观念、素质能力和行为方式的人才是真正的现代人"的占比分别为 70.7% 和 60.0%，远高于具有在中国港澳台三个地区学习经历的被访大学生的选择；有在中国港澳台三个地区学习经历

的被访大学生对该选项的选择占比都没有达到五成，而他们选择"不清楚"的占比分别为18.2%、31.2%、44.5%，远高于其他被访大学生对该选项的选择（表5-5）。这与不同家庭所在地的被访大学生的答案基本一致，即家庭所在地在中国港澳台地区的被访大学生选择"具有适应现代经济政治文化社会生活所需价值观念、素质能力和行为方式的人才是真正的现代人"的占比最低，只有三成，而选择"不清楚"的占比最高，高达50%（表5-6）。

表5-5 不同国外和中国港澳台地区学习经历的被访大学生对于什么样的人是现代人的看法的选择

	有，国家名称	有，中国香港	有，中国澳门	有，中国台湾	无	总体
具有适应现代经济政治文化社会生活所需价值观念、素质能力和行为方式的人才是真正的现代人	60.0%	38.6%	43.8%	33.3%	70.7%	67.0%
每一个生活在现时代的人都是现代人	16.0%	15.9%	12.5%	11.1%	12.3%	12.6%
每一个享用着现代工业文明成果的人就是现代人	20.0%	27.3%	12.5%	11.1%	10.4%	11.6%
不清楚	4.0%	18.2%	31.2%	44.5%	6.5%	8.7%
其他	0.0%	0.0%	0.0%	0.0%	0.1%	0.1%
合计	100.0%	100.0%	100.0%	100.0%	100.0%	100.0%

表 5-6 不同家庭所在地的被访大学生对于什么样的人是现代人的看法的选择

	直辖市	省会城市	地级市	县城	乡镇	农村	港澳台地区	总体
具有适应现代经济政治文化社会生活所需价值观念、素质能力和行为方式的人才是真正的现代人	61.9%	72.9%	65.6%	65.8%	74.1%	61.5%	33.3%	67.0%
每一个生活在现时代的人都是现代人	16.5%	7.4%	14.6%	12.8%	12.1%	15.4%	16.7%	12.6%
每一个享用着现代工业文明成果的人就是现代人	13.4%	13.8%	9.0%	13.3%	5.2%	12.8%	0.0%	11.6%
不清楚	8.2%	5.9%	10.8%	7.6%	8.6%	10.3%	50.0%	8.7%
其他	0.0%	0.0%	0.0%	0.5%	0.0%	0.0%	0.0%	0.1%
合计	100.0%	100.0%	100.0%	100.0%	100.0%	100.0%	100.0%	100.0%

（5）不同经济独立情况的被访大学生对什么样的人是现代人的选择差异。"完全不需要父母的钱"和"不仅不需要父母的钱，还能帮助负担家里的部分生活开支"这两类被访大学生，选择"具有适应现代经济政治文化社会生活所需价值观念、素质能力和行为方式的人才是真正的现代人"的占比均不到五成，低于全部和部分依赖父母经济收入的被访大学生的选择，而他们对"不清楚"和"每一个享用着现代工业文明成果的人就是现代人"的选择，又高于后者（表 5-7）。这在一定程度上说明，经济物质上相对独立的学生，总

体上也更认可"具有适应现代经济政治文化社会生活所需价值观念、素质能力和行为方式的才是真正的现代人",但同时他们较多依靠自己的努力实现一定程度的经济独立,现实生活打拼的艰辛致使他们在现阶段更关注物质层面,对于超越物质层面的价值观念等精神因素以及整体能力素质对个体现代人格塑造的重要性认识有待进一步明确和强化。

表5-7 不同经济独立情况的被访大学生对于什么样的人是现代人的看法的选择

	全部依赖父母的经济收入	部分依赖父母的经济收入	完全不需要父母的钱	不仅不需要父母的钱,还能帮助负担家里的部分生活开支	其他	总体
具有适应现代经济政治文化社会生活所需价值观念、素质能力和行为方式的人才是真正的现代人	69.1%	73.4%	47.2%	45.7%	0.0%	67.0%
每一个生活在现时代的人都是现代人	14.6%	12.5%	8.3%	8.6%	0.0%	12.6%
每一个享用着现代工业文明成果的人就是现代人	11.5%	10.2%	16.7%	14.8%	0.0%	11.6%
不清楚	4.8%	3.9%	26.4%	30.9%	0.0%	8.7%
其他	0.0%	0.0%	1.4%	0.0%	0.0%	0.1%
合计	100.0%	100.0%	100.0%	100.0%	0.0%	100.0%

(二)七成以上被访大学生认同"24字社会主义核心价值观规定了我国现代人格塑造的标准和方向"

党的十八大首次明确提出要倡导富强、民主、文明、和谐,自由、平等、公正、法治，爱国、敬业、诚信、友善的 24 字社会主义核心价值观。对"24 字社会主义核心价值观规定了我国现代人格塑造的标准和方向"这一命题，40.2% 的被访大学生表示非常认同，36.7% 的被访大学生比较认同，14.4% 的被访大学生一般认同，4.8% 的被访大学生不太认同，0.8% 的被访大学生表示完全不认同。此外，1.8% 的被访大学生表示"不清楚"，1.3% 的被访大学生表示"不关心"（图 5-10）。

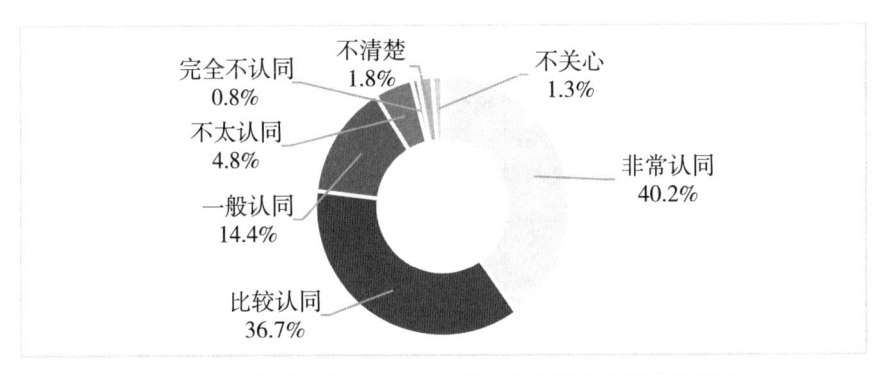

图 5-10 被访大学生对 24 字社会主义核心价值观规定了我国现代人格塑造的标准和方向的认同程度的选择

交互分析进一步显示，不同年龄、不同学历、不同政治面貌、不同专业类别、不同国外和中国港澳台地区学习经历、不同经济独立情况的被访大学生对是否认同 24 字社会主义核心价值观规定了我国现代人格塑造的标准和方向的选择存在统计上的显著差异。

（1）不同年龄和不同学历的被访大学生对 24 字社会主义核心价值观规定了我国现代人格塑造的标准和方向的认同程度的差异。22—27 岁即正在攻读硕士研究生学历的被访大学生的认同程度为 83.7%，高于其他三个年龄群体和其他学历的被访大学生（表 5-8、表 5-9）。

表 5-8 不同年龄的被访大学生对 24 字社会主义核心价值观规定了
我国现代人格塑造的标准和方向的认同程度

	18 岁以下	18—21 岁	22—27 岁	28 岁及以上	总体
认同程度	68.8%	69.3%	83.7%	60.0%	76.9%

表 5-9 正在攻读不同学历的被访大学生对 24 字社会主义核心价值观规定了
我国现代人格塑造的标准和方向的认同程度

	本科	硕士	博士	总体
认同程度	65.0%	85.1%	78.6%	76.9%

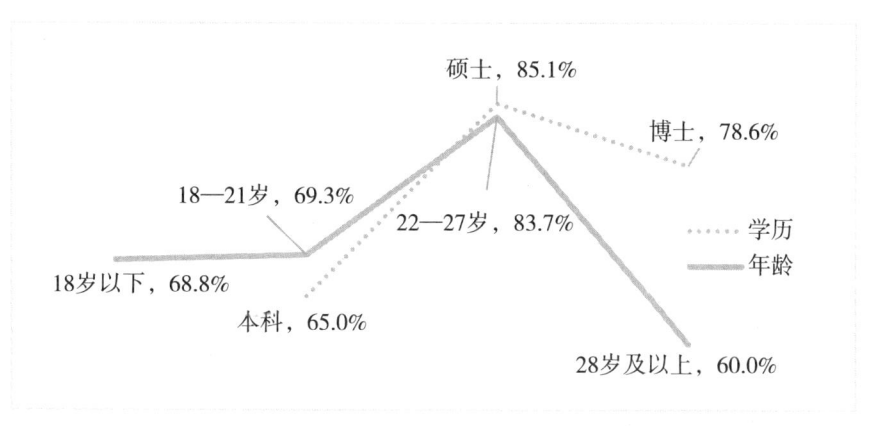

图 5-11 不同年龄和不同学历的被访大学生对 24 字社会主义核心价值观
规定了我国现代人格塑造的标准和方向的认同程度

（2）不同政治面貌的被访大学生对 24 字社会主义核心价值观规定了我国现代人格塑造的标准和方向的认同程度的差异。中共党员（含预备党员）和共青团员被访大学生的认同程度依次为 85.7%、76.3%，远高于政治面貌是民主党派、无党派人士、普通群众的被访大学生的认同程度（表 5-10）。

表 5-10 不同政治面貌的被访大学生对 24 字社会主义核心价值观规定了我国现代人格塑造的标准和方向的认同程度

	中共党员（含预备党员）	共青团员	民主党派	无党派人士	普通群众	总体
认同程度	85.7%	76.3%	53.9%	50.0%	62.0%	76.9%

（3）不同专业类别的被访大学生对 24 字社会主义核心价值观规定了我国现代人格塑造的标准和方向的认同程度的差异。学习"经济学、法学、教育学、管理学、军事学"和"理学、工学"的被访大学生的认同程度依次为 86.6%、77.8%，远高于学习"哲学、文学、艺术学、历史学"和"农学、医学"的被访大学生 59.2%、58.3% 的认同程度（表 5-11）。

表 5-11 不同专业类别的被访大学生对 24 字社会主义核心价值观规定了我国现代人格塑造的标准和方向的认同程度

	经济学、法学、教育学、管理学、军事学	哲学、文学、艺术学、历史学	理学、工学	农学、医学	其他	总体
认同程度	86.6%	59.2%	77.8%	58.3%	66.6%	76.9%

（4）有在境内外不同学习经历的被访大学生对 24 字社会主义核心价值观规定了我国现代人格塑造的标准和方向的认同程度的差异。没有在国外和中国港澳台地区学习经历和有在其他国家学习经历的被访大学生的认同程度依次为 79.7%、76.0%，高于有在中国港澳台地区学习经历的被访大学生 65.9%、43.8%、55.6% 的认同程度（表 5-12）。

表 5-12 不同国外和中国港澳台地区学习经历的被访大学生对 24 字社会主义核心价值观规定了我国现代人格塑造的标准和方向的认同程度

	有，国家名称	有，中国香港	有，中国澳门	有，中国台湾	无	总体
认同程度	76.0%	65.9%	43.8%	55.6%	79.7%	76.9%

（5）不同经济独立情况的被访大学生对 24 字社会主义核心价值观规定了我国现代人格塑造的标准和方向认同程度的差异。全部或部分依赖父母的经济收入的被访大学生的认同程度分别为 83.1% 和 83.3%，远高于"完全不需要父母的钱""不仅不需要父母的钱，还能帮助负担家里的部分生活开支"的被访大学生的认同程度（表5-13）。这与他们对"什么样的人是现代人"的认知和判断是完全一致的，也能够进一步印证，这部分主要依靠自己能力赚取一定收入的大学生在现阶段相对更看重眼前的物质，对于人格中精神成分的重要作用的认知还有待强化。

表 5-13 不同经济独立情况的被访大学生对 24 字社会主义核心价值观规定了我国现代人格塑造的标准和方向的认同程度

	全部依赖父母的经济收入	部分依赖父母的经济收入	完全不需要父母的钱	不仅不需要父母的钱，还能帮助负担家里的部分生活开支	其他	总体
认同程度	83.1%	83.3%	47.2%	49.3%	83.1%	76.9%

(三)八成以上被访大学生赞成"现代人格主要表现为:在思想认知上,具有清醒的现代意识,能够依据现代价值理念对事物作出科学独立判断;在社会实践上,积极参与公共事务,自觉为现代社会建设和社会大众发展奉献担当、贡献力量"

问卷调查中,通过让大学生评判他人观点的间接形式,进一步追问了大学生对于现代人格的本质及外延的认知情况,数据结果显示,对于"现代人格主要表现为:在思想认知上,具有清醒的现代意识,能够依据现代价值理念对事物作出科学独立判断;在社会实践上,积极参与公共事务,自觉为现代社会建设和社会大众发展奉献担当、贡献力量"的观点,43.1%的被访大学生表示非常赞成,39.6%的被访大学生表示比较赞成,10.4%的被访大学生表示一般赞成。按照态度的性质归类,选择赞成的占比高达93%(图5-12),比第一题中六成选择"具有适应现代经济政治文化社会生活所需价

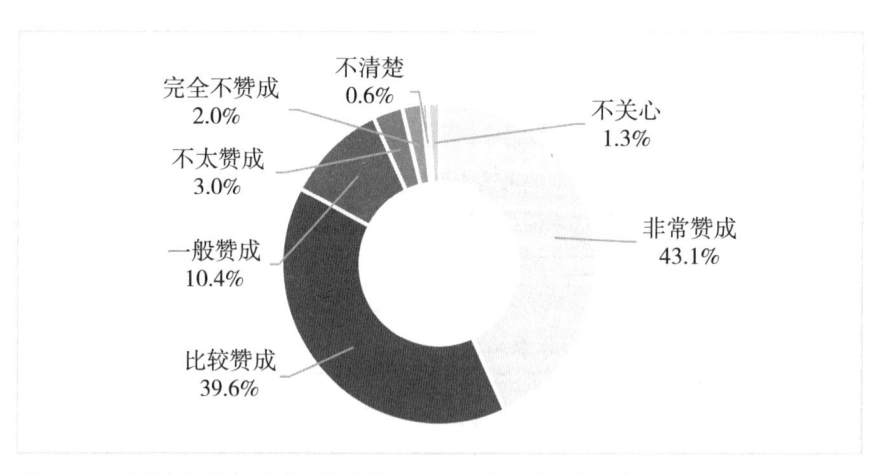

图5-12 被访大学生对"现代人格主要表现为:在思想认知上,具有清醒的现代意识,能够依据现代价值理念对事物作出科学独立判断;在社会实践上,积极参与公共事务,自觉为现代社会建设和社会大众发展奉献担当、贡献力量"的赞成程度的选择

值观念、素质能力和行为方式的人才是真正的现代人"的被访大学生还高出三成,反映出绝大多数大学生对于现代人格的内涵和本质具有清醒正确的认知。

交互分析显示,不同年龄、不同学历、不同政治面貌、不同专业类别、不同国外和中国港澳台地区学习经历、不同经济独立情况的被访大学生对是否赞成"现代人格主要表现为:在思想认知上,具有清醒的现代意识,能够依据现代价值理念对事物作出科学独立判断;在社会实践上,积极参与公共事务,自觉为现代社会建设和社会大众发展奉献担当、贡献力量"的选择存在显著差异。

(1)不同年龄的赞成程度差异。28岁及以上被访大学生的赞成程度最低,与他们认同"具有适应现代经济政治文化社会生活所需价值观念、素质能力和行为方式的人才是真正的现代人"的占比完全一致,均为40.0%,远低于18岁以下、18—21岁和22—27岁大学生的赞成程度(分别为75.1%、78.4%、87.0%)(表5-14、图5-13)。

表5-14 不同年龄的被访大学生对"现代人格主要表现为:在思想认知上,具有清醒的现代意识,能够依据现代价值理念对事物作出科学独立判断;在社会实践上,积极参与公共事务,自觉为现代社会建设和社会大众发展奉献担当、贡献力量"的赞成程度

	18岁以下	18—21岁	22—27岁	28岁及以上	总体
赞成程度	75.1%	78.4%	87.0%	40.0%	82.7%

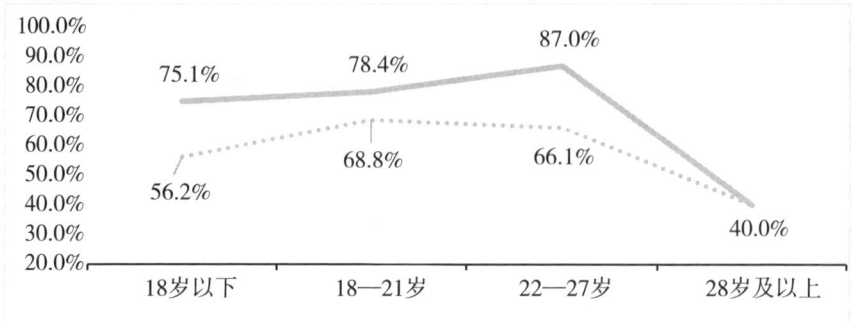

```
100.0%
 90.0%                              87.0%
 80.0%   75.1%      78.4%
 70.0%
 60.0%              68.8%          66.1%
 50.0%
 40.0%   56.2%                              40.0%
 30.0%
 20.0%
        18岁以下    18—21岁    22—27岁    28岁及以上
```

······· 认同"具有适应现代经济政治文化社会生活所需价值观念、素质能力和行为方式的人才是真正的现代人"的选择结果

—— "现代人格主要表现为：在思想认知上，具有清醒的现代意识，能够依据现代价值理念对事物作出科学独立判断；在社会实践上，积极参与公共事务，自觉为现代社会建设和社会大众发展奉献担当、贡献力量"的赞成程度

图 5-13　不同年龄的被访大学生对"现代人格主要表现为：在思想认知上，具有清醒的现代意识，能够依据现代价值理念对事物作出科学独立判断；在社会实践上，积极参与公共事务，自觉为现代社会建设和社会大众发展奉献担当、贡献力量"的赞成程度与认同"具有适应现代经济政治文化社会生活所需价值观念、素质能力和行为方式的人才是真正的现代人"的选择结果

（2）不同政治面貌的赞成程度差异。中共党员（含预备党员）和共青团员被访大学生的赞成程度为均超过八成，高于民主党派、无党派人士和普通群众的赞成程度差异（表 5-15）。这一问题与他们关于"具有适应现代经济政治文化社会生活所需价值观念、素质能力和行为方式的人才是真正的现代人"的选择结果呈现出差异性，特别是民主党派和无党派人士的选择前后呈现出极其不一致的结果（图 5-14）。

（3）不同学历的赞成程度差异。硕士研究生赞成程度最高，本科生的赞成程度次之，博士研究生赞成程度最低（表 5-16）。这一题的赞成趋势与他们对"具有适应现代经济政治文化社会生活所需价值观念、素质能力和行为方式的人才是真正的现代人"的认同趋势是一致的（图5-15）。

表5-15 不同政治面貌的被访大学生对"现代人格主要表现为：在思想认知上，具有清醒的现代意识，能够依据现代价值理念对事物作出科学独立判断；在社会实践上，积极参与公共事务，自觉为现代社会建设和社会大众发展奉献担当、贡献力量"的赞成程度

	中共党员 （含预备党员）	共青团员	民主党派	无党派人士	普通群众	总体
赞成程度	86.8%	83.7%	69.3%	50.0%	64.0%	82.7%

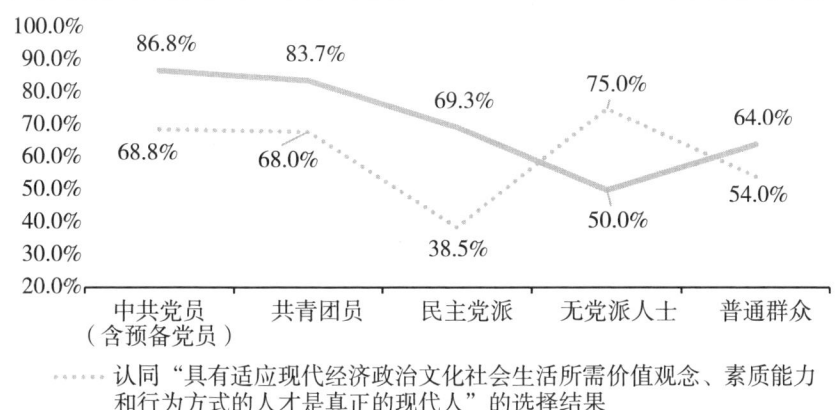

图5-14 不同政治面貌的被访大学生对"现代人格主要表现为：在思想认知上，具有清醒的现代意识，能够依据现代价值理念对事物作出科学独立判断；在社会实践上，积极参与公共事务，自觉为现代社会建设和社会大众发展奉献担当、贡献力量"的赞成程度与认同"具有适应现代经济政治文化社会生活所需价值观念、素质能力和行为方式的人才是真正的现代人"的选择结果

表 5-16　正在攻读不同学历的被访大学生对"现代人格主要表现为：
在思想认知上，具有清醒的现代意识，能够依据现代价值理念对事物
作出科学独立判断；在社会实践上，积极参与公共事务，自觉为现代
社会建设和社会大众发展奉献担当、贡献力量"的赞成程度

	本科	硕士	博士	总体
赞成程度	76.2%	87.7%	64.3%	82.7%

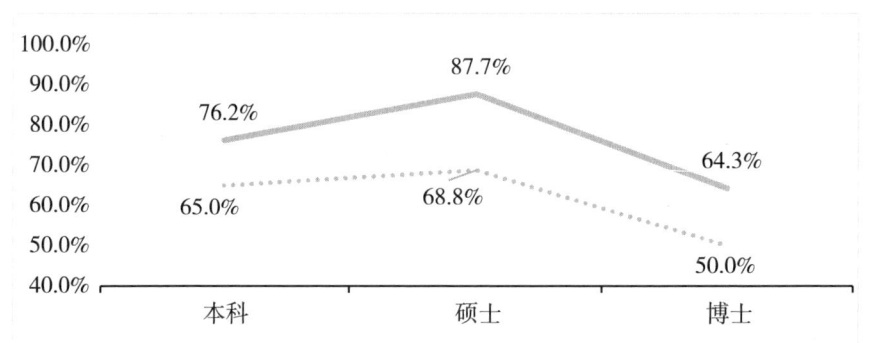

······ 认同"具有适应现代经济政治文化社会生活所需价值观念、素质能力和行为方式的人才是真正的现代人"的选择结果

—— "现代人格主要表现为：在思想认知上，具有清醒的现代意识，能够依据现代价值理念对事物作出科学独立判断；在社会实践上，积极参与公共事务，自觉为现代社会建设和社会大众发展奉献担当、贡献力量"的赞成程度

图 5-15　不同学历的被访大学生对"现代人格主要表现为：在思想认知上，
具有清醒的现代意识，能够依据现代价值理念对事物作出科学独立判断；
在社会实践上，积极参与公共事务，自觉为现代社会建设和社会大众发展
奉献担当、贡献力量"的赞成程度与认同"具有适应现代经济政治文化社会
生活所需价值观念、素质能力和行为方式的人才是真正的现代人"的选择结果

（4）不同专业类别的赞成程度差异。专业为"经济学、法学、教育学、管理学、军事学"和"理学、工学"的被访大学生的认同程度均为84.6%，高于专业为"哲学、文学、艺术学、历史学"（66.2%）和"农学、医学"的被访大学生的赞成程度（66.6%）（表

5-17)。这一题的赞同趋势与他们认同"具有适应现代经济政治文化社会生活所需价值观念、素质能力和行为方式的人才是真正的现代人"的趋势呈现出一致性（图5-16）。

表5-17 不同专业类别的被访大学生对"现代人格主要表现为：在思想认知上，具有清醒的现代意识，能够依据现代价值理念对事物作出科学独立判断；在社会实践上，积极参与公共事务，自觉为现代社会建设和社会大众发展奉献担当、贡献力量"的赞成程度

	经济学、法学、教育学、管理学、军事学	哲学、文学、艺术学、历史学	理学、工学	农学、医学	其他	总体
赞成程度	84.6%	66.2%	84.6%	66.6%	66.6%	82.7%

······ 认同"具有适应现代经济政治文化社会生活所需价值观念、素质能力和行为方式的人才是真正的现代人"的选择结果

──── "现代人格主要表现为：在思想认知上，具有清醒的现代意识，能够依据现代价值理念对事物作出科学独立判断；在社会实践上，积极参与公共事务，自觉为现代社会建设和社会大众发展奉献担当、贡献力量"的赞成程度

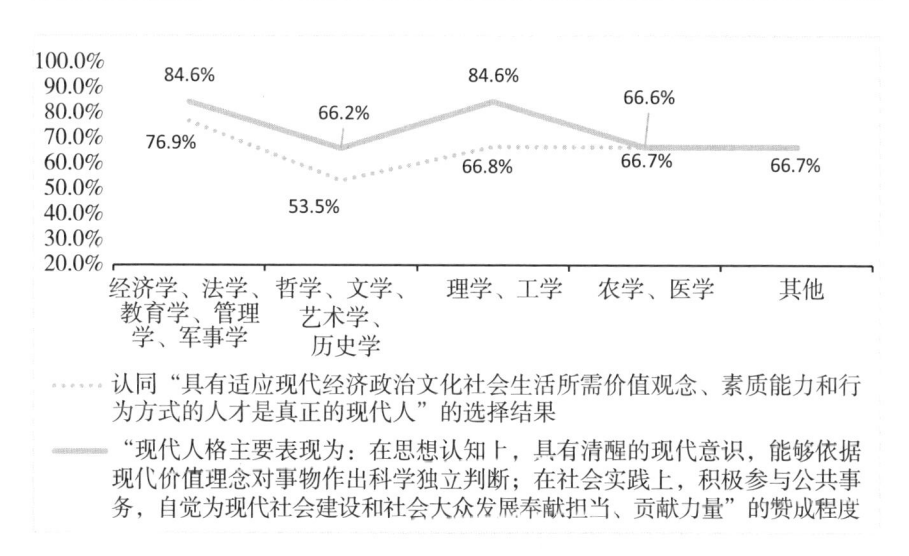

图5-16 不同专业类别的被访大学生对"现代人格主要表现为：在思想认知上，具有清醒的现代意识，能够依据现代价值理念对事物作出科学独立判断；在社会实践上，积极参与公共事务，自觉为现代社会建设和社会大众发展奉献担当、贡献力量"的赞成程度与认同"具有适应现代经济政治文化社会生活所需价值观念、素质能力和行为方式的人才是真正的现代人"的选择结果

（5）在境内外不同学习经历的赞成程度差异。没有国外和中国港澳台地区学习经历的被访大学生赞同程度为84.7%，高于有国外和中国港澳台地区学习经历群体的被访大学生的赞成程度；有台湾地区学习经历的被访大学生赞同程度最低，只有50.0%，远低于有其他地区学习经历的被访大学生的赞成程度（表5-18）。这一题的赞成趋势与他们认同"具有适应现代经济政治文化社会生活所需价值观念、素质能力和行为方式的人才是真正的现代人"的选择结果，呈现出一致性（图5-17）。

（6）不同经济独立情况的赞成程度差异。全部和部分依赖父母的经济收入的被访大学生的赞成程度分别为85.1%、85.6%，高于"完全不需要父母的钱"和"不仅不需要父母的钱，还能帮助负担家里的部分生活开支"的被访大学生的赞成程度（表5-19）。这一题的赞成趋势与他们认同"具有适应现代经济政治文化社会生活所需价值观念、素质能力和行为方式的人才是真正的现代人"的选择结果呈现出一致性（图5-18）。

表5-18 不同国外和中国港澳台地区学习经历的被访大学生对"现代人格主要表现为：在思想认知上，具有清醒的现代意识，能够依据现代价值理念对事物作出科学独立判断；在社会实践上，积极参与公共事务，自觉为现代社会建设和社会大众发展奉献担当、贡献力量"的赞成程度

	有，国家名称	有，中国香港	有，中国澳门	有，中国台湾	无	总体
赞成程度	72.0%	75.0%	75.0%	50.0%	84.7%	82.7%

第五章　大学生对现代人格内涵及其重要意义的认知状况

```
100.0%
 90.0%                                              84.7%
 80.0%         75.0%     75.0%
 70.0%  72.0%                                  70.7%
 60.0%  60.0%                        50.0%
 50.0%
 40.0%         38.6%    43.8%
 30.0%                               33.3%
 20.0%
        有,国家名称:有,中国香港 有,中国澳门 有,中国台湾    无
```

······ 认同"具有适应现代经济政治文化社会生活所需价值观念、素质能力和行为方式的人才是真正的现代人"的选择结果

―――― "现代人格主要表现为：在思想认知上，具有清醒的现代意识，能够依据现代价值理念对事物作出科学独立判断；在社会实践上，积极参与公共事务，自觉为现代社会建设和社会大众发展奉献担当、贡献力量"的赞成程度

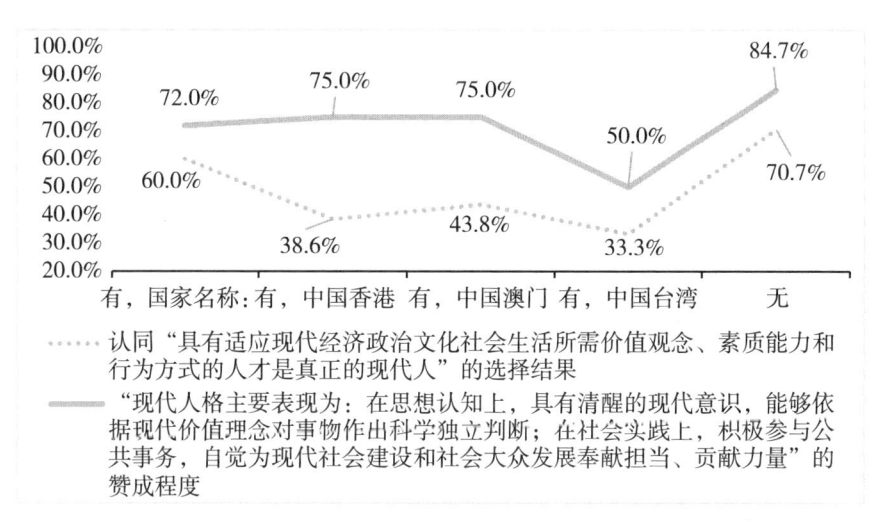

图 5-17　不同国外和中国港澳台地区学习经历的被访大学生对"现代人格主要表现为：在思想认知上，具有清醒的现代意识，能够依据现代价值理念对事物作出科学独立判断；在社会实践上，积极参与公共事务，自觉为现代社会建设和社会大众发展奉献担当、贡献力量"的赞成程度与认同"具有适应现代经济政治文化社会生活所需价值观念、素质能力和行为方式的人才是真正的现代人"的选择结果

表 5-19　不同经济独立情况的被访大学生对"现代人格主要表现为：在思想认知上，具有清醒的现代意识，能够依据现代价值理念对事物作出科学独立判断；在社会实践上，积极参与公共事务，自觉为现代社会建设和社会大众发展奉献担当、贡献力量"的赞成程度

	全部依赖父母的经济收入	部分依赖父母的经济收入	完全不需要父母的钱	不仅不需要父母的钱，还能帮助负担家里的部分生活开支	其他	总体
赞成程度	85.1%	85.6%	69.4%	71.6%	0.0%	82.7%

```
100.0%   85.1%    85.6%
 90.0%
 80.0%                          71.6%
 70.0%                  69.4%
 60.0%  69.1%   73.4%
 50.0%
 40.0%                  47.2%   45.7%
 30.0%
 20.0%
 10.0%                                   0.0%
  0.0%
        全部依赖  部分依赖  完全不需要  不仅不需要  其他
        父母的    父母的    父母的钱    父母的钱,
        经济收入  经济收入              还能帮助负担
                                        家里的部分
                                        生活开支
```

······ 认同"具有适应现代经济政治文化社会生活所需价值观念、素质能力和行为方式的人才是真正的现代人"的选择结果

—— "现代人格主要表现为:在思想认知上,具有清醒的现代意识,能依据现代价值理念对事物作出科学独立判断;在社会实践上,积极参与公共事务,自觉为现代社会建设和社会大众发展奉献担当、贡献力量"的赞成程度

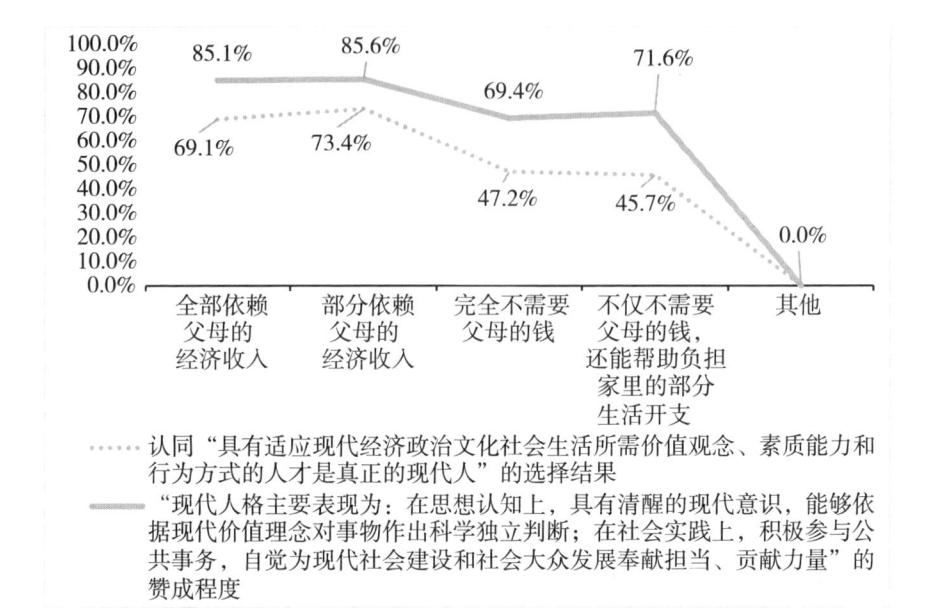

图 5-18 不同经济独立情况的被访大学生对"现代人格主要表现为:在思想认知上,具有清醒的现代意识,能够依据现代价值理念对事物作出科学独立判断;在社会实践上,积极参与公共事务,自觉为现代社会建设和社会大众发展奉献担当、贡献力量"的赞成程度与认同"具有适应现代经济政治文化社会生活所需价值观念、素质能力和行为方式的人才是真正的现代人"的选择结果

三、被访大学生对大学生现代人格在现代化国家建设中的重要作用的认知与评判

(一)六成以上被访大学生认同现代化应是"先化人后化物"

有研究人员提出,"现代化应是'先化人后化物',不如此,物的现代化就会掩盖人的现代化,从而出现物支配奴役人的现象"。对此种说法,问卷调查中,11.8% 的被访大学生表示非常认同,30.9% 的被访大学生表示比较认同,20.9% 的被访大学生表示一般认同,

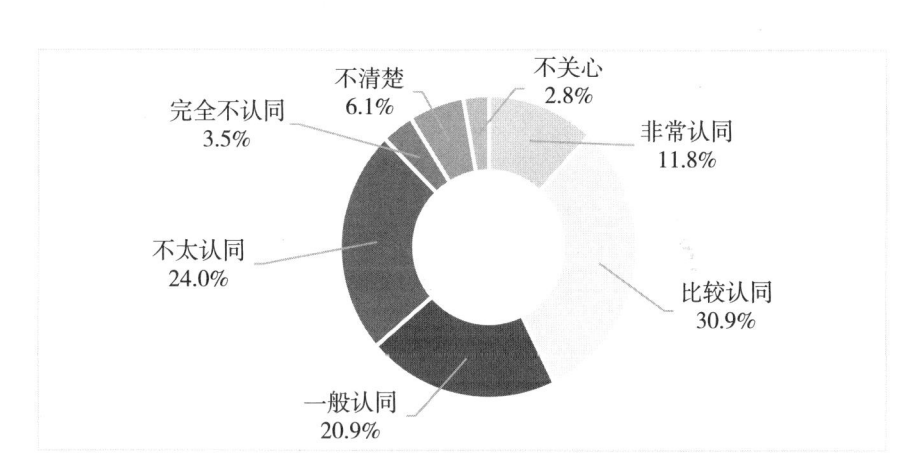

认同者合计占比是 63.6%（图 5-19）。

图 5-19 被访大学生对"现代化应是'先化人后化物'，不如此，物的现代化就会掩盖人的现代化，从而出现物支配奴役人的现象"这一说法的认同程度的选择

交互分析显示，不同年龄、不同政治面貌、不同学历、不同专业类别、不同国外和中国港澳台地区学习经历、不同家庭所在地、不同经济独立情况的被访大学生对"现代化应是'先化人后化物'，不如此，物的现代化就会掩盖人的现代化，从而出现物支配奴役人的现象"这一说法的认同程度的选择存在显著差异。

（1）不同年龄的认同程度差异。18 岁以下的被访大学生的认同程度为 6.3%，远低于其他三个年龄群体的被访大学生的认同程度（表 5-20）。

表 5-20 不同年龄的被访大学生对"现代化应是'先化人后化物'，不如此，物的现代化就会掩盖人的现代化，从而出现物支配奴役人的现象"这一说法的认同程度

	18 岁以下	18—21 岁	22—27 岁	28 岁及以上	总体
认同程度	6.3%	39.2%	47.0%	40.0%	42.7%

（2）不同政治面貌的认同程度差异。中共党员（含预备党员）被访大学生的认同程度为54.5%，高于其他四个政治面貌群体的被访大学生的认同程度（表5-21）。

表5-21　不同政治面貌的被访大学生对"现代化应是'先化人后化物'，不如此，物的现代化就会掩盖人的现代化，从而出现物支配奴役人的现象"这一说法的认同程度

	中共党员（含预备党员）	共青团员	民主党派	无党派人士	普通群众	总体
认同程度	54.5%	40.7%	23.1%	25.0%	30.0%	42.7%

（3）不同学历的认同程度差异。硕士学历的被访大学生的认同程度为48.4%，高于其他两个学历群体的被访大学生的认同程度（表5-22）。

表5-22　不同正在攻读学历的被访大学生对"现代化应是'先化人后化物'，不如此，物的现代化就会掩盖人的现代化，从而出现物支配奴役人的现象"这一说法的认同程度

	本科	硕士	博士	总体
认同程度	34.7%	48.4%	35.7%	42.7%

（4）在境内外不同学习经历的认同程度差异。没有在国外和中国港澳台地区学习经历的被访大学生的认同程度为45.1%，高于有在国外和中国港澳台地区学习经历的被访大学生的认同程度（表5-23）。

表 5-23　不同国外和中国港澳台地区学习经历的被访大学生对"现代化应是'先化人后化物',不如此,物的现代化就会掩盖人的现代化,从而出现物支配奴役人的现象"这一说法的认同程度

	有,国家名称	有,中国香港	有,中国澳门	有,中国台湾	无	总体
认同程度	36.0%	20.5%	31.3%	27.8%	45.1%	42.7%

(5)不同经济独立情况的认同程度差异。经济独立情况为"全部依赖父母的经济收入"和"部分依赖父母的经济收入"的被访大学生的认同程度分别为48.4%和48.5%,远高于"完全不需要父母的钱"和"不仅不需要父母的钱,还能帮助负担家里的部分生活开支"的被访大学生的认同程度;其中,"不仅不需要父母的钱,还能帮助负担家里的部分生活开支"的被访大学生的认同程度最低,仅有9.9%(表5-24)。

表 5-24　不同经济独立情况的被访大学生对"现代化应是'先化人后化物',不如此,物的现代化就会掩盖人的现代化,从而出现物支配奴役人的现象"这一说法的认同程度

	全部依赖父母的经济收入	部分依赖父母的经济收入	完全不需要父母的钱	不仅不需要父母的钱,还能帮助负担家里的部分生活开支	其他	总体
认同程度	48.4%	48.5%	23.6%	9.9%	0.0%	42.7%

(二)三成被访大学生认同"具有现代意识和行为能力的国民"是一个国家现代化的决定性因素,在各选项中被选占比最高

对于一个国家实现现代化的决定性因素,被访大学生中认同

"具有现代意识和行为能力的国民"的占30.1%，占比最高；认同"先进的科学技术"的占20.0%，占比居第二位；认同"雄厚的经济实力"的占16.7%；认同"繁荣的思想文化"的占13.9%；认同"科学的政治制度"的占13.8%；认同"强大的国防装备"的占2.5%。此外，3.0%的被访大学生选择了"其他"，他们表示对于一个国家实现现代化的决定性因素有其他看法，认为一个国家实现现代化的决定性因素不止一种（图5-20）；其中，选择"其他"的26名被访大学生中，23人的答案包括"具有现代意识和行为能力的国民"。

选项	比例
具有现代意识和行为能力的国民	30.1%
雄厚的经济实力	16.7%
科学的政治制度	13.8%
繁荣的思想文化	13.9%
先进的科学技术	20.0%
强大的国防装备	2.5%
其他	3.0%

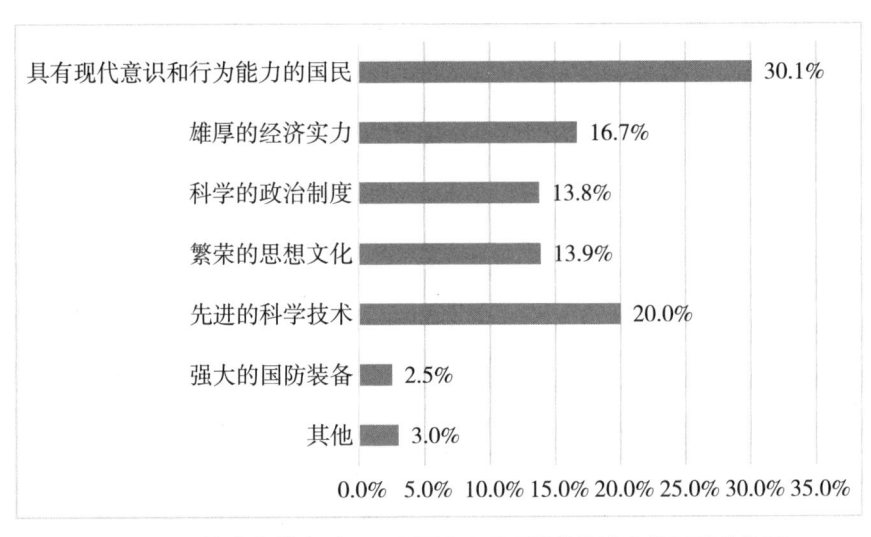

图5-20 被访大学生对于一个国家实现现代化的决定性因素的选择

交互分析显示，不同年龄、不同学历、不同政治面貌、不同专业类别、不同境内外学习经历、不同经济独立情况的被访大学生对一个国家实现现代化的决定性因素的选择存在统计上的显著差异。

（1）不同年龄的选择差异。18岁以下、18—21岁、22—27岁被访大学生相对更赞成"具有现代意识和行为能力的国民";28岁及以上被访大学生更赞成"其他"(40%),他们认为一个国家实现现代化的决定性因素不止一种,结合他们对其他选项的选择,他们赞成"先进的科学技术"、"繁荣的思想文化"和"强大的国防装备"三个因素,选择占比均是20%(表5-25)。

表5-25 不同年龄的被访大学生对一个国家实现现代化的决定性因素的选择

	18岁以下	18—21岁	22—27岁	28岁及以上	总体
具有现代意识和行为能力的国民	37.4%	31.5%	29.2%	0.0%	30.1%
雄厚的经济实力	12.5%	11.7%	21.1%	0.0%	16.7%
科学的政治制度	12.5%	13.1%	14.5%	0.0%	13.8%
繁荣的思想文化	18.8%	14.4%	13.2%	20.0%	13.9%
先进的科学技术	18.8%	24.5%	16.3%	20.0%	20.0%
强大的国防装备	0.0%	2.7%	2.2%	20.0%	2.5%
其他	0.0%	2.1%	3.5%	40.0%	3.0%
合计	100.0%	100.0%	100.0%	100.0%	100.0%

(2)不同学历的选择差异。本科学历、硕士学历的被访大学生首选"具有现代意识和行为能力的国民",博士学历的被访大学生的选择比较平均,认为"具有现代意识和行为能力的国民""雄厚的经济实力""先进的科学技术"的重要程度一样,都是决定性因素(表5-26)。

表 5-26　不同正在攻读学历的被访大学生对一个国家实现现代化的决定性因素的选择

	本科	硕士	博士	总体
具有现代意识和行为能力的国民	30.9%	29.8%	21.4%	30.1%
雄厚的经济实力	9.4%	21.7%	21.4%	16.7%
科学的政治制度	13.8%	14.1%	0.0%	13.8%
繁荣的思想文化	15.9%	12.7%	7.2%	13.9%
先进的科学技术	24.7%	16.7%	21.4%	20.0%
强大的国防装备	2.9%	2.0%	7.2%	2.5%
其他	2.4%	3.0%	21.4%	3.0%
合计	100.0%	100.0%	100.0%	100.0%

（3）不同政治面貌的选择差异。中共党员（含预备党员）、共青团员、民主党派、普通群众均首选"具有现代意识和行为能力的国民"，只有无党派人士首选"先进的科学技术"（表 5-27）。

表 5-27　不同政治面貌的被访大学生对一个国家实现现代化的决定性因素的选择

	中共党员（含预备党员）	共青团员	民主党派	无党派人士	普通群众	总体
具有现代意识和行为能力的国民	26.5%	31.5%	30.8%	12.5%	30.0%	30.1%
雄厚的经济实力	20.1%	15.9%	7.7%	0.0%	18.0%	16.7%
科学的政治制度	13.8%	14.2%	7.7%	12.5%	10.0%	13.8%

续表

	中共党员（含预备党员）	共青团员	民主党派	无党派人士	普通群众	总体
繁荣的思想文化	18.0%	12.4%	23.1%	25.0%	12.0%	13.9%
先进的科学技术	16.9%	20.7%	15.4%	37.5%	22.0%	20.0%
强大的国防装备	2.1%	2.2%	15.3%	12.5%	2.0%	2.5%
其他	2.6%	3.1%	0.0%	0.0%	6.0%	3.0%
合计	100.0%	100.0%	100.0%	100.0%	100.0%	100.0%

（4）不同专业类别的选择差异。学习"经济学、法学、教育学、管理学、军事学"、"理学、工学"和"农学、医学"的被访大学生均首选"具有现代意识和行为能力的国民"，只有学习"哲学、文学、艺术学、历史学"的被访大学生首选"先进的科学技术"（表5-28）。

表5-28 不同专业类别的被访大学生对一个国家实现现代化的决定性因素的选择

	经济学、法学、教育学、管理学、军事学	哲学、文学、艺术学、历史学	理学、工学	农学、医学	其他	总体
具有现代意识和行为能力的国民	44.2%	26.8%	28.2%	41.7%	0.0%	30.1%

续表

	经济学、法学、教育学、管理学、军事学	哲学、文学、艺术学、历史学	理学、工学	农学、医学	其他	总体
雄厚的经济实力	23.1%	9.8%	16.2%	16.7%	66.7%	16.7%
科学的政治制度	5.8%	14.1%	15.2%	8.3%	0.0%	13.8%
繁荣的思想文化	10.6%	15.5%	14.2%	16.7%	0.0%	13.9%
先进的科学技术	8.6%	28.2%	21.2%	8.3%	0.0%	20.0%
强大的国防装备	1.9%	1.4%	2.4%	8.3%	33.3%	2.5%
其他	5.8%	4.2%	2.6%	0.0%	0.0%	3.0%
合计	100.0%	100.0%	100.0%	100.0%	100.0%	100.0%

（5）不同境内外学习经历的选择差异。无国外和中国港澳台地区学习经历的被访大学生首选"具有现代意识和行为能力的国民"，有在其他国家学习经历被访大学生首选"具有现代意识和行为能力的国民"和"科学的政治制度"两项，有香港和澳门学习经历的被访大学生均首选"先进的科学技术"，有台湾学习经历的被访大学生首选"具有现代意识和行为能力的国民"和"先进的科学技术"两项（表5-29）。

表5-29 不同国外和中国港澳台地区学习经历的被访大学生对一个国家实现现代化的决定性因素的选择

	有，国家名称：	有，中国香港	有，中国澳门	有，中国台湾	无	总体
具有现代意识和行为能力的国民	24.0%	15.9%	12.5%	27.8%	32.0%	30.1%
雄厚的经济实力	12.0%	9.1%	12.5%	11.1%	17.6%	16.7%
科学的政治制度	24.0%	20.4%	9.4%	11.1%	13.3%	13.8%
繁荣的思想文化	12.0%	18.2%	25.0%	11.1%	13.3%	13.9%
先进的科学技术	16.0%	36.4%	37.5%	27.8%	18.2%	20.0%
强大的国防装备	4.0%	0.0%	3.1%	11.1%	2.3%	2.5%
其他	8.0%	0.0%	0.0%	0.0%	3.3%	3.0%
合计	100.0%	100.0%	100.0%	100.0%	100.0%	100.0%

（6）不同经济独立情况的选择差异。全部依赖和部分依赖父母经济收入的被访大学生均首选"具有现代意识和行为能力的国民"，而"完全不需要父母的钱"和"不仅不需要父母的钱，还能帮助负担家里的部分生活开支"的被访大学生均首选"先进的科学技术"（表5-30）。

表 5-30 不同经济独立情况的被访大学生对一个国家实现现代化的决定性因素的选择

	全部依赖父母的经济收入	部分依赖父母的经济收入	完全不需要父母的钱	不仅不需要父母的钱，还能帮助负担家里的部分生活开支	其他	总体
具有现代意识和行为能力的国民	35.7%	30.8%	15.3%	18.5%	0.0%	30.1%
雄厚的经济实力	18.5%	18.8%	6.9%	8.6%	0.0%	16.7%
科学的政治制度	14.0%	14.9%	13.9%	7.4%	0.0%	13.8%
繁荣的思想文化	11.1%	12.5%	25.0%	21.0%	0.0%	13.9%
先进的科学技术	15.3%	17.5%	37.5%	34.6%	0.0%	20.0%
强大的国防装备	2.5%	1.6%	1.4%	7.4%	0.0%	2.5%
其他	2.9%	3.9%	0.0%	2.5%	0.0%	3.0%
合计	100.0%	100.0%	100.0%	100.0%	0.0%	100.0%

（三）近九成被访大学生认为大学生的现代人格状况对于中国现代化建设"重要"

关于大学生的现代人格状况对于中国现代化建设的重要程度的

判断，48.9%的被访大学生认为非常重要，28.7%的被访大学生认为比较重要，9.9%的被访大学生认为一般重要。也就是说，认为"重要"的（三者合计）总占比为87.5%。另外，8.5%的被访大学生认为不太重要，2.2%的被访大学生认为非常不重要。此外，1.1%的被访大学生表示"不清楚"，0.7%的被访大学生表示"不关心"（图5-21）。

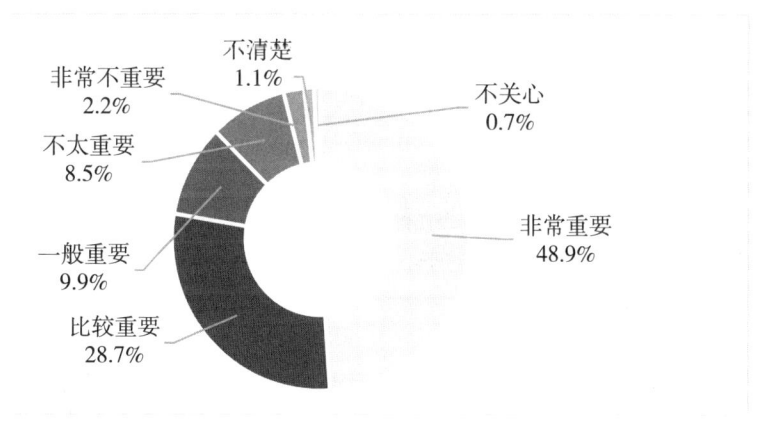

图5-21 被访大学生对大学生的现代人格状况对于中国现代化建设的重要程度的选择

交互分析显示，不同年龄、不同政治面貌、不同学历、不同专业类别、不同境内外学习经历、不同经济独立情况的被访大学生对大学生的现代人格状况对于中国现代化建设的重要性的选择存在统计上的显著差异。

（1）不同年龄的选择差异。22—27岁、28岁及以上被访大学生认为"重要"的选择占比分别是85.1%、80.0%，高于18—21岁、18岁以下被访大学生认为"重要"的选择占比（表5-31）。

表 5-31　不同年龄的被访大学生认为大学生的现代人格
状况对于中国现代化建设的重要程度

	18岁以下	18—21岁	22—27岁	28岁及以上	总体
重要程度	62.6%	69.4%	85.1%	80.0%	77.6%

（2）不同学历的选择差异。在读博士研究生认为"重要"的选择占比最高，其次是硕士研究生，最后是本科生（表5-32）。可见，绝大多数研究生对于当代大学生在中国实现现代化进程中的重要作用具有更深刻的认识，对于自身承担的使命也更有紧迫感。

表 5-32　不同学历的被访大学生认为大学生的现代人格
状况对于中国现代化建设的重要程度

	本科	硕士	博士	总体
重要程度	64.7%	86.1%	92.9%	77.6%

（3）不同政治面貌的选择差异。中共党员（含预备党员）、共青团员、普通群众认为"重要"的选择占比远高于民主党派、无党派人士的选择占比（表5-33）。

表 5-33　不同政治面貌的被访大学生认为大学生的现代人格
状况对于中国现代化建设的重要程度

	中共党员（含预备党员）	共青团员	民主党派	无党派人士	普通群众	总体
重要程度	83.6%	77.3%	38.5%	50.0%	74.0%	77.6%

（4）不同专业类别的选择差异。学习"经济学、法学、教育学、管理学、军事学"的被访大学生认为"重要"的选择占比高达90.4%，远高于其他专业学生的选择占比（表5-34）。

表5-34 不同专业类别的被访大学生认为大学生的现代人格状况对于中国现代化建设的重要程度

	经济学、法学、教育学、管理学、军事学	哲学、文学、艺术学、历史学	理学、工学	农学、医学	其他	总体
重要程度	90.4%	64.8%	77.2%	58.4%	100.0%	77.6%

（5）境内外不同学习经历的选择差异。没有国外和中国港澳台地区学习经历的被访大学生认为"重要"的选择占比最高，其次是有在其他国家学习经历的被访大学生的选择占比，远高于有在中国港澳台地区学习经历的被访大学生的选择占比（表5-35）。

表5-35 不同国外和中国港澳台地区学习经历的被访大学生认为大学生的现代人格状况对于中国现代化建设的重要程度

	有，国家名称	有，中国香港	有，中国澳门	有，中国台湾	无	总体
重要程度	68.0%	34.1%	37.5%	44.4%	83.2%	77.6%

（6）不同经济独立情况的选择差异。全部依赖和部分依赖父母经济收入的被访大学生选择"重要"的占比均达到八成以上，"完全不需要父母的钱"的被访大学生选择"重要"的占比是五成，而

"不仅不需要父母的钱,还能帮助负担家里的部分生活开支"的被访大学生选择"重要"的占比仅有两成多(表5-36)。

表5-36 不同经济独立情况的被访大学生认为大学生的现代人格状况对于中国现代化建设的重要程度

	全部依赖父母的经济收入	部分依赖父母的经济收入	完全不需要父母的钱	不仅不需要父母的钱,还能帮助负担家里的部分生活开支	其他	总体
重要程度	89.2%	84.6%	50.0%	24.7%	0.0%	77.6%

第六章
大学生的现代人格特质

青年大学生,即"90后""00后"大学生,他们大都出生于改革开放深入发展的历史进程中,学习成长于新世纪及新时代,是一支最富有生机和活力的新生力量。尤其是作为新生代大学生和互联网上的"原住民",他们的现代人格得到了较快发展,呈现出积极向上的精神风貌,具有鲜明的现代人格特质。

一、具有比较强的使命感和历史责任感

中国特色社会主义进入新时代,时代青年处在新时代蓬勃发展的历史进程中,青年的个体发展与国家的发展、与中华民族伟大复兴交融在了一起。对于自身所处的新时代坐标及所肩负的职责使命,绝大多数大学生都具有比较清醒深刻的认识。座谈中有同学分析指出,从历史上看,每当在国家发展的重大节点上,最响亮最耀眼的永远都是青年一代为民族存亡的呐喊与行动。他们认为,在一次次民族救亡运动的洗礼中,孙中山、陈独秀、李大钊等革命先驱,不仅在年轻时就表现出强烈的历史主动精神,义无反顾地投身到我国现代化的探索实践中;而且教育青年尽快觉醒,自觉承担

起救国救民的时代任务。陈独秀对青年一代提出自主、进步、进取、世界、实利和科学的六大要求,就是对青年理想人格的强烈期许。中国共产党成立后,一代代共产党人努力塑造并奋力践行这一理想人格,领导推动中国革命、建设、改革发展的伟大历史进程。中国特色社会主义进入新时代,恰逢世界百年未有之大变局和中华民族伟大复兴战略全局重叠交织,当代青年理应在新时代的召唤下,着眼于世界大局和时代大势,不妥协、不盲从,努力追求自主进步,去引领和造就时代,为把我国建成社会主义现代化强国而努力拼搏。有同学坚定地表示,我们青年一代有理想、有本领、有担当,国家就有前途、民族就有希望。理想决定信念和行动,有理想就能够战胜困难、挑战;有本领就有实现理想的本事,就有为人民服务、为民族振兴的能力。我们青年绝不驰于空想,不骛于虚声,要做推动社会变革的重要政治力量,勇于站在时代前列,为民族振兴、国家富强、人民幸福而奔走呼号、付诸行动;要做推动经济社会发展、科技创新的生力军和突击队,在科研一线奋发努力、发挥价值;要做社会先锋的排头兵,勇于突破条条框框束缚,积极拥抱新生事物,树立并引领社会新风尚。座谈中,老师们也表示,我们敬畏青年,敬畏他们勇于探索历史必然性、勇于前行的强烈意识。就像黑格尔所说的,这种必然性,这种向前开拓的必然性,是任何一个时代、任何一个人无法抹杀的。青年是一种代表未来的力量,代表向前开拓的创造性的力量。大学生们在看到时代机遇的同时,也表现出强烈的危机意识。有同学不无忧虑地谈到,新时代,机遇和挑战、风险并存,像新冠疫情就是一场突如其来的全球公共卫生大灾难,是一个非常典型的"黑天鹅"事件,虽然属于偶然事件,但它难以预测,对人类生命安全及世界经济发展造成了极大困扰，未来我们可能还要面临更多更大的挑战和不确定性。我们青年要用爱国之智、爱国之情、爱国之行理性应对、积极参与抵御各种风险。

问卷调查中，在让被访大学生"用一两句话说一下您想成为一个什么样的人"时，答案中"责任"一词多次出现。当问到"您认为当代大学生最应该具备哪些人格素养"时，"责任意识"的选择率排在第三位（图6-1），仅次于独立意识、法治意识。

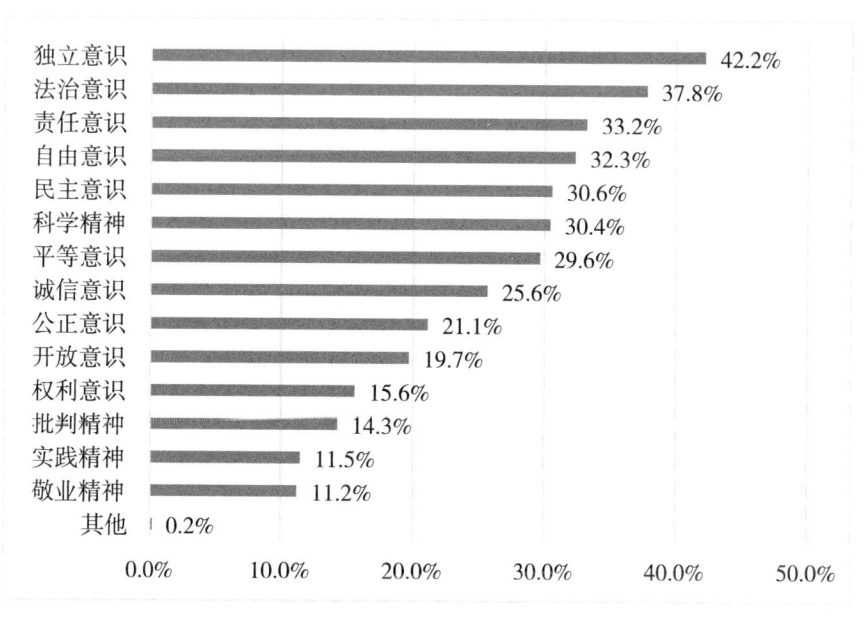

人格素养	比例
独立意识	42.2%
法治意识	37.8%
责任意识	33.2%
自由意识	32.3%
民主意识	30.6%
科学精神	30.4%
平等意识	29.6%
诚信意识	25.6%
公正意识	21.1%
开放意识	19.7%
权利意识	15.6%
批判精神	14.3%
实践精神	11.5%
敬业精神	11.2%
其他	0.2%

图6-1 被访大学生对当代大学生最应该具备的人格素养的选择

在座谈中，多数被访大学生表示他们学习之余会非常积极参与各种社会实践活动，会利用自己所学的专业知识和技能，参与到环保、健康、教育、文化等各个领域的志愿服务和社会活动中，关注和推动解决社会问题，热心为社会和他人贡献力量。特别是，持续蔓延近三年的新冠疫情对国家治理能力提出考验，也对每个人的公共文明素养提出很高要求。有的同学在讲到这个话题时动情地谈到身边的大学生积极踊跃地参与学校和所在地区疫情防控志愿服务活动的场景：我记得我们学校疫情防控期间招募志愿者，参与进行测温和搬运防疫物资时，同学们非常踊跃地报名，服务名额基本上都是被秒抢一空的；通过这次疫情，我更加看到了我身边大学生人格中呈现出的强烈责任意识，他们是不怕吃苦、敢想敢做的一群青年人。对于青年大学生在这场疫情大考中的表现，座谈中老师们纷纷称赞道：国家和人民危难关头，有很多"90后""00后"青年学生自告奋勇冲在疫情防控第一线，不畏艰险、舍生忘死，彰显了青春的蓬勃力量，交出了合格答卷；还有很多青年学生积极参与学校和所在家乡组织的防疫募捐、线上无偿教育和心理辅导、防疫宣传和值勤值守等志愿服务活动。

二、认同并努力践行社会主义核心价值观

社会主义核心价值观，规定了大学生现代人格建设的根本价值方向。座谈发现，青年大学生高度认同社会主义核心价值观。大部分学生能够认识到，社会主义核心价值观是现代人格的灵魂，它就像是现代人格中的第一粒扣子，对现代人格建设起着定方向的基础性作用。有同学谈到，社会主义核心价值观所蕴含的现代人格从根本上区别于我国传统封建专制主义下的臣民依附性人格，它强调人本身及其社会存在的现代自觉，是一种对于现代的真、善、美具有科学理解和正确关切的一种人格，是一种既与时代紧密相关又能体

现人格主体独立自由的一种人格状态。有的同学认为，社会主义核心价值观，从国家、社会、个人三个层面对人们的思想行为进行规范和引领，让生活在新时代的中国人，知道什么样的人是好公民，什么样的社会是好社会，什么样的国家是好国家。同学们提出，现代公民不仅要遵守爱国、敬业、诚信、友善个人层面的价值规范，成为一个好的公民；但作为大学生仅仅满足于做一个好公民是不够的，大学生还要关心和思考人们所生活的社会是否足够现代、国家是否足够现代，以及自身作为一个现代公民能为建设现代社会、现代国家做些什么。问卷调查中，当问到"近来社会上连续发生'100种方法刑事人'的乡镇女书记、'周公子炫富'、'唐山烧烤店打人'等事件。对此，网络上有各种声音，您认可下面哪种声音"时，有七成多被访大学生认可"这反映我们的社会还有一些深层次问题，必须通过进一步深化改革、健全完善相关法律制度才能予以根本解决，我们每个人都是社会建设的主体，都应保有清醒认识并积极为改革贡献力量和智慧"这一选项（图6-2）。

当问到"改革开放初期，我们提出允许和鼓励一部分人先富起来，先富带动后富，最终实现共同富裕；现阶段，我们要推动实现共同富裕。为此，有人强烈建议，国家要出台相关硬性措施强制要求那些先富起来的人通过捐款等方式带动后富，否则的话，对没富的人太不公平。您是否赞成这一建议"时，有四成多的被访大学生能够理性认识到实现共同富裕不能搞杀富济贫、逼捐逼供，而应是党和国家通过建立健全公平公正的制度规则，塑造权利公平、机会公平、规则公平的社会环境，让每个人都有通过辛勤劳动、合法经营和创新发展实现致富的机会（图6-3）。这表明有相当一部分大学生高度认同并极力向往推动建设社会主义核心价值观所倡导的自由、平等、公正、法治的现代社会,渴望在其中每个人都能够实现自己的梦想和价值。

选项	比例
这反映我们的社会还有一些深层次问题,必须通过进一步深化改革、健全完善相关法律制度才能予以根本解决,我们每个人都是社会建设的主体,都应保有清醒认识并积极为改革贡献力量和智慧	75.3%
我们的社会是存在一些需要改革的问题,但我们作为普通人,改变不了什么	15.2%
这些事都是极个别的例子,说明不了什么问题,不用大惊小怪	6.7%
这些事跟我又没有关系,懒得去管	0.7%
根本不知道有这些事	1.6%
其他	0.5%

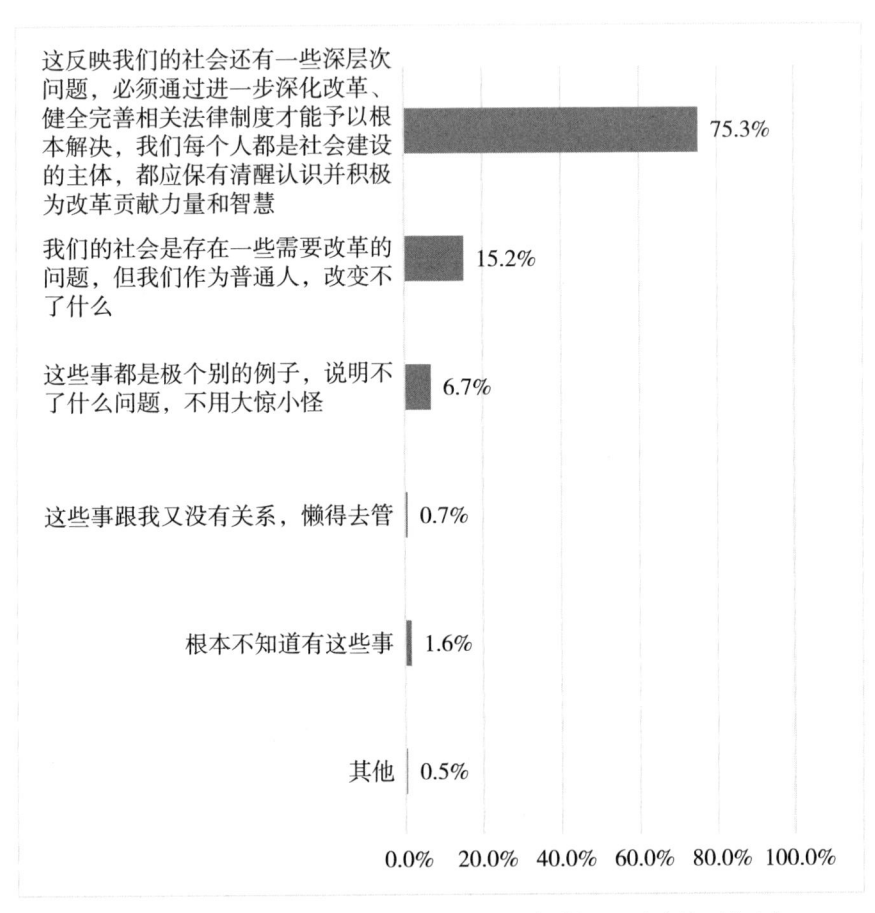

图6-2 被访大学生对近来社会上连续发生"'100种方法刑事人'的乡镇女书记""周公子炫富""唐山烧烤店打人"等事件的看法

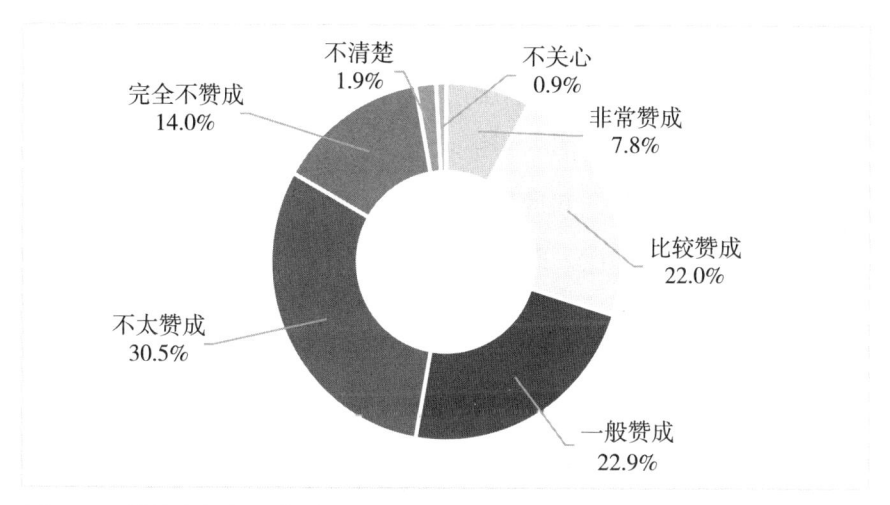

图6-3 被访大学生对"改革开放初期,我们提出允许和鼓励一部分人先富起来,先富带动后富,最终实现共同富裕;现阶段,我们要推动实现共同富裕。为此,有人强烈建议,国家要出台相关硬性措施强制要求那些先富起来的人通过捐款等方式带动后富,否则的话,对没富的人太不公平"这一建议的赞成程度的选择

三、具有较强的开放意识和较开阔的国际视野

从世界范围看,人类现代文明的发展是与全球化相伴而行的,"过去那种地方的和民族的自给自足和闭关自守状态,被各民族的各方面的互相往来和各方面的互相依赖所代替了"[①]。凡卷入人类现代化大潮中的一国公民,只要有相应的真诚和眼界,都会以开放的心胸理性看待和积极接纳世界现代文明发展成果,推动本国本民族早日实现现代化,从而也使开放精神成为自身现代人格的一个重要组成部分。新时代,中国的现代化运动发展到关键时期,以开放的精神看世界,是作为担当民族复兴时代大任的中国青年大学生必不可少

---

① 马克思、恩格斯:《共产党宣言》,人民出版社2018年版,第31页。

的重要品格。

当代青年大学生身处一个高度全球化的世界，具有较强的国际视野和开放意识，他们能够积极学习并关注世界各国科技和经济的最新进步成果，对我国和世界其他发达国家的发展现状，持有实事求是、理性客观的态度，既能看到我国改革开放几十年来经济社会发展取得的巨大成就，又能客观正视我国与世界发达国家之间的各方面差距。问卷调查中，当问到"我国虽然已是世界第二大经济体，但在芯片、传感器研发生产以及工业机器人制造等诸多高新技术领域还有不小差距。对这一判断，您的看法"时，有81.4%的被访大学生选择"实事求是、理性客观，既看到发展的成绩，又敢于正视差距和不足"这一选项（图6-4）。座谈中，同学们谈到，我国的现代化建设是面向世界面向未来的，世界各国的现代化历史已经有几百年之久，西方一些发达国家走在了我们的前头，他们积累了现代化发展的成功经验和失败教训，我国作为后发国家，应当以他们为镜子，扬长避短、兼容并包，少走弯路。

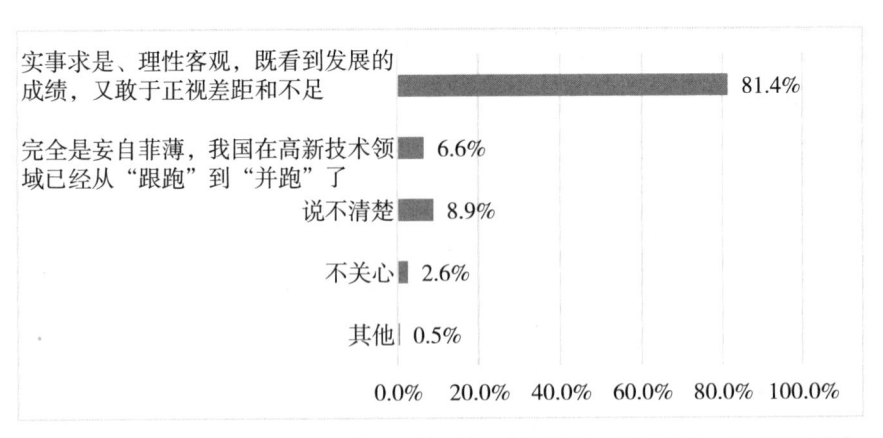

选项	比例
实事求是、理性客观，既看到发展的成绩，又敢于正视差距和不足	81.4%
完全是妄自菲薄，我国在高新技术领域已经从"跟跑"到"并跑"了	6.6%
说不清楚	8.9%
不关心	2.6%
其他	0.5%

图6-4 被访大学生对"我国虽然已是世界第二大经济体，但在芯片、传感器研发生产以及工业机器人制造等诸多高新技术领域还有不小差距"这一判断的看法的选择

座谈中，大学生表示，我们应当在跨文化交流和文化课程学习中加深对世界各国历史和文化的理解认识，主动拓展自己的国际视野；应当深入探究世界多样文化背后的价值和意义，这有助于培养自己的开放精神和世界眼光，冲破狭隘的民族主义和文化守旧主义束缚，涵养海纳百川的胸怀、有容乃大的气度，焕发出内心深处真正的自尊自重自信。

对于青年应当如何爱国，不少同学认为，青年的爱国应是有担当的，要站在世界发展大势及我国建成现代化国家的大方向来谈爱国，只要是有助于促进我国更好地融入世界现代化发展潮流，更快地提高国家、社会和公民的现代化水平的思想行为，都是更深层更有意义的爱国言行，不能以狭隘的民族主义情绪和民粹主义心态来肆意歪曲污蔑真正的理性的爱国行为。青年的爱国应是真实的，要明白我们的国家主权和广大群众的权益是紧密联系在一起的，爱国就是要爱社会主义、爱中国共产党、爱广大民众，相信和拥护党的领导。青年的爱国应是理性的，不能盲目、狭隘、极端、扭曲、排外，用暴力宣泄个人情绪。

四、积极关注社会公平正义和民生福祉

近代以来，在中国的现代化运动中，青年始终是推动中国社会进步和变革的先锋力量，他们最为关心国家和民族发展，最为体恤百姓民情；每当国家和民族面对危机之时，每当苍生百姓遭遇灾难之际，总是青年人最先觉悟最先行动，引领中国社会变革发展的潮流与趋势。新中国成立后，特别是改革开放以来，党和国家制定和

实施了一系列加快社会制度和经济制度改革的政策，同时要求包括青年大学生在内的全体人民同心协力实现这种社会变革。大学生虽然身处校园象牙塔里，但绝不只是一心只读圣贤书的书呆子。座谈中，他们表示，新时代青年应当关注国际形势、国家大事、社会发展和民生问题，应当关心社会公平正义和民生福祉。他们利用社交媒体、论坛、博客等各种公共平台，关注并参与一些社会重点热点问题和事件等公共话题的讨论，表达自己的观点和看法，发出自己的理性声音。很多大学生还建立自己的社交账号、个人博客等私人平台，发布自己对某些社会热点问题的看法和观点，如针对性别平等、黑人生命、环境保护等话题，他们都积极发表自己的意见和建议。一些大学生积极参与所在学校和地区组织的人大代表选举、党组织换届选举等政治活动，关注政府政策和决策，积极表达自己的看法和意见。问卷调查中问到"您参加选举活动时，最为关注哪方面情况"时，选择关注"选举程序"的被访大学生占 14.5%，选择关注"候选人情况"的被访大学生占 27.3%，选择关注"选举结果"的被访大学生占 25.6%，选择"以上都关注"的被访大学生占 42.9%；0.2% 的被访大学生选择"其他"，其中 1 人表示不了解选举活动，1 人表示没参加过选举活动。此外，9.9% 的被访大学生表示参加选举活动时没啥可关注（图 6-5）。这表明，绝大部分大学生都具有一定的政治参与意识，有一些大学生在参与民主选举过程中不仅关注结果公正，也注重程序民主。他们认为，在这种民主实践的大课堂里，自身的民主、法治、公正等现代人格素养也得到了有效提高。

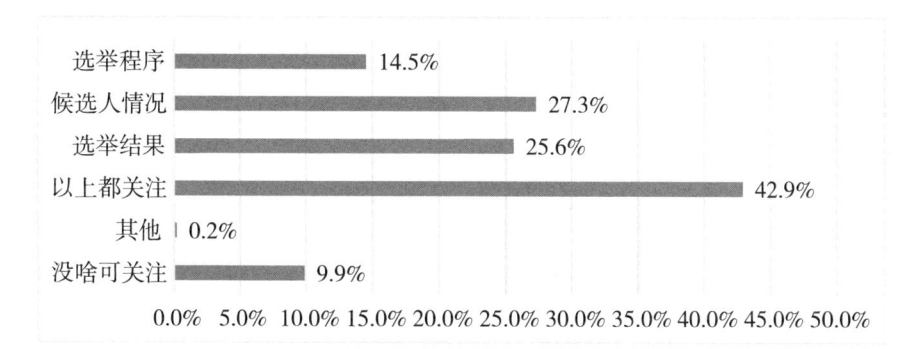

选举程序	14.5%
候选人情况	27.3%
选举结果	25.6%
以上都关注	42.9%
其他	0.2%
没啥可关注	9.9%

图6-5 被访大学生对参加选举活动时最为关注的方面的选择

针对一些地方存在的脱离群众、形式主义、官僚主义等问题，大学生表示担忧。他们谈到，我们国家在理念上倡导公平、正义、法治、和谐等价值观，但真正到基层的时候是不是能够落实下去，到底打了多少折扣，这个问题需要关注。特别是基层，比如县级、乡级政府官员与群众百姓的关系是一种什么状态，当地群众的生活生产困难是否有人关心过问，这都是非常现实的问题，需要多关注。

大学生有着强烈的自主意识和权利意识。他们认为，现代社会的根本价值取向就是以人为本、以人民为中心，就是努力促进每个人的自由全面发展；而作为个人，作为现代社会中具有现代人格的公民，应当懂得维护自身合法权益，防止个体合法权益被侵犯，这也是公民维护现代社会公平正义的一个具体体现。也就是说，他们认为，维护每个个体的合法权益对于推动整个社会的公平正义是非常重要的，维护个体合法权益与维护社会公共权益之间是相互促进、相互影响的。问卷调查中，当问到"在如何认识个人与社会的关系上，有一种观点认为，在社会生活中存在着虚假的集体和真实的集体、虚假的社会利益和真实的社会利益的区别，要防止一些人利用虚假的社会利益去侵犯和剥夺个人的合法权益"时，25.5%的被访大学生表示非常有道理，44.4% 的被访大学生表示比较有道理，17.5% 的被访大学生表示一般有道理（图 6-6）。

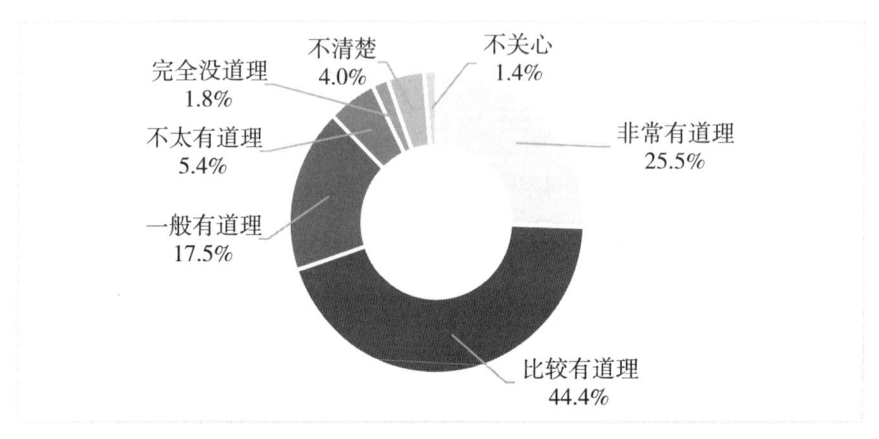

图 6-6 被访大学生对"在社会生活中存在着虚假的集体和真实的集体、虚假的社会利益和真实的社会利益的区别，要防止一些人利用虚假的社会利益去侵犯和剥夺个人的合法权益"这一观点的有道理程度的选择

五、具有理性精神，能够从事实出发作出客观判断

理性精神的实质是科学精神，是从实际出发、实事求是的求真精神。从世界现代化的起源和发展来看，从一定程度上可以说，科学理性精神是现代社会现代性的直接的思想文化源头。正是人类用理性的光芒打破非理性的、蒙昧野蛮的黑暗，才使人类文明从传统走向现代。作为置身于中国式现代化潮流中的新时代青年大学生，他们应当在大学教育的氛围里，在现代社会的实践活动中，自觉地承袭人类现代科学理性这一现代文明的人格光辉；并在人类科学理性精神的照耀下，在认识世界和社会实践上，能够透过纷繁复杂的

现象抓住事物的本质及事物与事物之间内在的必然的联系，进行去粗取精、去伪存真、由此及彼、由表及里的研究分析，做到认识的理性和理性的认识、实践的理性和理性的实践，而且在认识和实践的深化互动中，使自身的科学理性人格及其能动地作用于现代化实践的能力不断得到健全和提升。从在个体现代人格价值系统中的地位和作用来看，科学理性精神是构建整体现代人格的基础和条件。也就是说，只有具备科学理性精神，才能为构建整体现代人格提供科学的指导思想和思维方式，形成对其他人格价值要素如平等、自由、公正、法治、民主等的深刻理解和认同，并进一步内化为坚定信念、外化为矢志不渝的行动，从而将自己塑造成真正意义上的现代人。

在现代社会中，不少人在面对一些问题和矛盾冲突时，首先容易被情绪和感情左右，忽略对事物进行客观的分析和判断。青年大学生经过多年的系统学习教育，他们不仅学习吸收了大量丰富具体的科学文化知识，而且还学习掌握了科学的思维方式和思想方法，特别是学习掌握了马克思主义的辩证唯物主义和历史唯物主义，了解了自然界和人类社会存在、运行和发展的基本规律，总体上具有了一定的求真精神和科学理性精神，能够做到从客观实际出发，运用理性能力进行客观分析和判断。问卷调查中，问到对"科学不是技术层面的发明，不是'学以致用'的具体学问，它有其诞生的文化土壤——科学精神，即对待真理的无功利的追求和捍卫，这是科学诞生的核心"这一观点的态度时，20.8%的被访大学生表示非常认同，43.1%的被访大学生表示比较认同，20.4%的被访大学生表示一般认同（图6-7）。

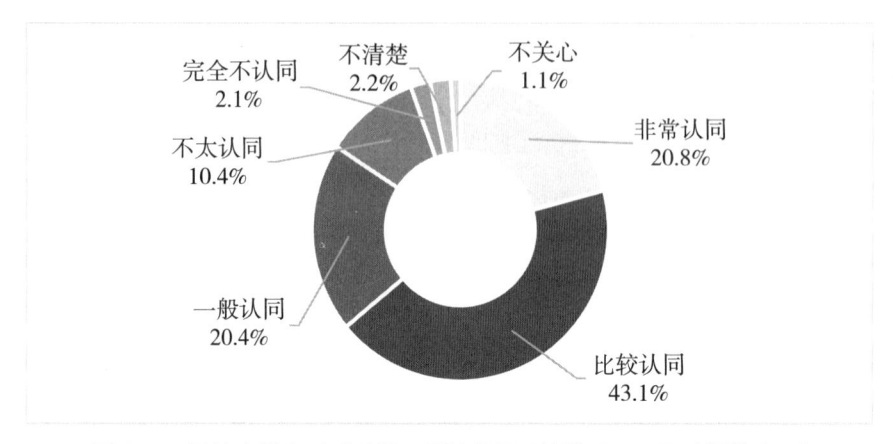

图6-7 被访大学生对"科学不是技术层面的发明,不是'学以致用'的具体学问,它有其诞生的文化土壤——科学精神,即对待真理的无功利的追求和捍卫,这是科学诞生的核心"这一观点的认同程度的选择

饼图数据:非常认同 20.8%,比较认同 43.1%,一般认同 20.4%,不太认同 10.4%,完全不认同 2.1%,不清楚 2.2%,不关心 1.1%

青年大学生身处信息大爆炸的时代,他们对舆论事件极为敏感,习惯于迅速捕捉、消化与反馈信息,并通过读取信息来观察社会人性、了解世间百态。面对互联网上各种纷繁复杂的舆论信息,大多数大学生能采取较为谨慎的态度,他们会自行查证信息的真实性,从可靠的渠道获得有关信息,不会轻易相信谣言。而对于社会上的热点事件或问题的评判,他们通常会从多个角度和因素进行全面考量,使用公正的评价标准,以客观的方式进行分析和评判,而不是单纯凭个人感觉或情感进行褒贬。同时,当代大学生注重尊重不同的观点和看法,不会凭个人喜好或偏见去否定或排斥不同的声音,通常会倾听不同的声音和意见,并进行客观的评估和分析。

在学术研究方面,青年大学生也能够采取严谨的治学态度和方法,他们会采用科学的方法进行研究,从事实和数据出发,通过系统和逻辑的分析,得出客观的结论和判断。座谈中,有辅导员结合多年工作实践中对大学生的细微观察分析道,青年大学生渴望能够学到真本领，对于伪学问有着强烈的排斥；他们是真的想明理、愿明理、会明理的一代人，对真学问有着质朴的追求，不将就、不盲从，非常厌恶假大空的东西；他们特别推崇真正的知识分子的专业品质、专业态度和科学观点；他们在独立思考中能逐步建立起自身的专业自信。总的来说，当代大学生的理性精神、实事求是的态度和自主意识、权利意识等，构成了当代大学生最宝贵的精神品质。这些品质让他们在面对复杂的现实问题时，能够以客观的眼光去看待事物，去追求公平正义。

第七章
大学生的非现代人格特质

鲁迅曾指出,青年又何能一概而论?有醒着的,有睡着的,有昏着的,有躺着的,有玩着的……如上所述,当前,尽管大多数青年大学生的现代人格得到较快发展,但是由于目前我国经济社会发展仍不充分不平衡,一些领域改革不到位、政策法律制度不健全,一些陈腐观念、错误思潮和网络杂音冲击干扰,再加上一些学校和家庭人格教育不到位以及大学生自身因素,一些大学生的现实人格中还存在着不少现代性缺陷和短板。

一、一些大学生需要进一步坚定理想信念、增强理性精神

在一定程度上可以说,是否具有与现代性要求相一致的坚定正确的理想信念,是衡量青年大学生理性精神发展水平的重要标尺,进而也是衡量其现代人格发展水平的一项重要指标。座谈中,有老师深有体会地说道,现在一些青年大学生缺失的是什么呢?需要强化的是什么呢?最重要的还是科学的理想和信念。问卷调查中,当问及"你身边党员同学对马克思主义的信仰情况如何"时,15.9%的被访大学生认为,"很多都只是表面上信,不是真心信"(图7-1)。

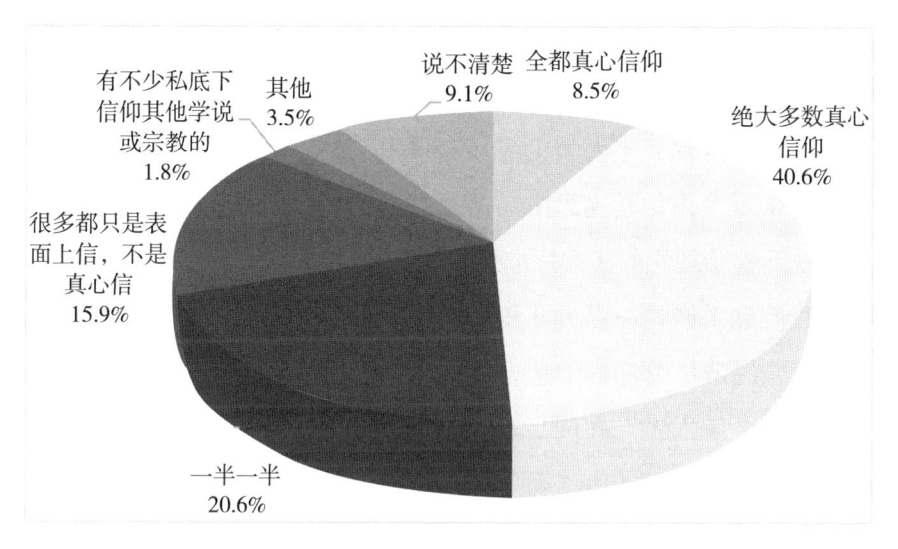

图 7-1 被访大学生对身边党员同学中信仰马克思主义的情况的判断（N=603）

有同学谈到，即使是学习马克思主义理论专业的个别同学，他们表面上都讲要以马克思主义作为指导，但其实离开课堂或者离开马克思主义学术环境，在现实生活当中，奉行的理论准则是比较割裂的，"两张皮"的现象还是时常出现的。有同学结合自己身边的实例谈道，他们马克思主义理论学科的硕士研究生，大都是跨学科报考的，有些同学原本是打算出国的，但是因为受新冠疫情影响出不去，本科毕业又不容易找到满意的工作，所以就想着报考研究生，在报考具体专业上，觉得自己是文科生，有一些底子，马克思主义理论学科可能相对容易考一些，就报考了这个专业，并不是真的对马克思主义抱有极大的热诚，希望将来去从事这方面的学术研究，而只是觉得这个专业相对好考，将来能拿到一张硕士毕业文凭。就是说，一些同学是抱着非常功利性的目的在学习马克思主义理论，并不是发自内心认同马克思主义理论的科学性、真诚信仰马克思主义的。

再者，一些学生在运用马克思主义理论时，也存在着脱离实际的教条主义问题。比如，问卷调查中，以关于民营企业发展的网络舆情为例，考察青年大学生对马克思主义的态度和认知水平，发现一些学生对中国化马克思主义不是真懂会用，而是生搬硬套理论教条，缺乏检验理论的实践标准意识。

我们先来回顾一下近几年在网络和社会上出现的一些否定和妖魔化民营经济和民营企业家的噪声。早在2018年9月，就有一名所谓"资深金融人士"在网上发文，宣称中国民营经济已完成协助公有经济发展的任务，应逐渐离场。2019年4月，某民营企业家因称"996"是福报被骂上网络热搜。这场骂声未消，2020年5月，又因某民营企业家在演讲中表达了商业本身就是最大的公益这一观点而遭某网站网民围攻。一时间，该企业家的演讲视频播放量达40万余次，视频画面出现7000多条弹幕、近万条评论，绝大多数是批评甚至咒骂之声，整个视频被怒目和仇恨所淹没。面对此种情况，该企业官方账号不得不把演讲标题由"商业本身就是最大的公益"改为"用公益的心，商业的手段，科技的力量，帮助更多的人"。但网友们依然不依不饶。当然，这一演讲，在理论和逻辑上确有不严密之处，但总的意思是向公众说明民营企业对推动中国经济社会发展进步的作用，表达了民营企业承担社会责任的公益情怀。这与党的十一届三中全会以来，党和国家关于民营经济发展的大政方针是根本一致的，而且民营企业对我国经济社会发展的实际作用和地位也被事实所证明。因此，网友的愤怒态度和铺天盖地的咒骂声，被认为是民营经济发展道路上的一声"惊雷"。此后，在网上对民营经济和民营企业家进行口诛笔伐似乎成为一种时髦，成为对民生真诚又热心的"呵护"与"关照"。特别是一些"网络大V"等以经营"眼球经济"为主业的"生意人",利用现实存在的贫富差距,敏锐捕捉到这一发家致富大好时机,快速乘上这股声讨逆风,使尽摇唇鼓舌和诅咒之能事,对民营企业家和资本进行"妖魔化",使自己的"粉丝"数量和"眼球经济"收益迅速几何式蹿升,而且自己俨然成了爱国爱民的"民族英雄",而民营企业家在数千万网民眼里就成了"人间妖魔"。在这种氛围之下,民营企业家形象似乎在整个社会迅速可憎起来。① 更值得警惕的是,这种声浪将不少青年裹挟进对我国"两个毫不动摇"方针的认识误区。问卷调查中,有五成以上被访大学生赞成"民营企业家是资本家、吸血鬼,是靠剥削广大老百姓的血汗发家致富的,建议国家调整关于鼓励和支持民营经济发展的基本经济制度抑制其发展"(图7-2)。

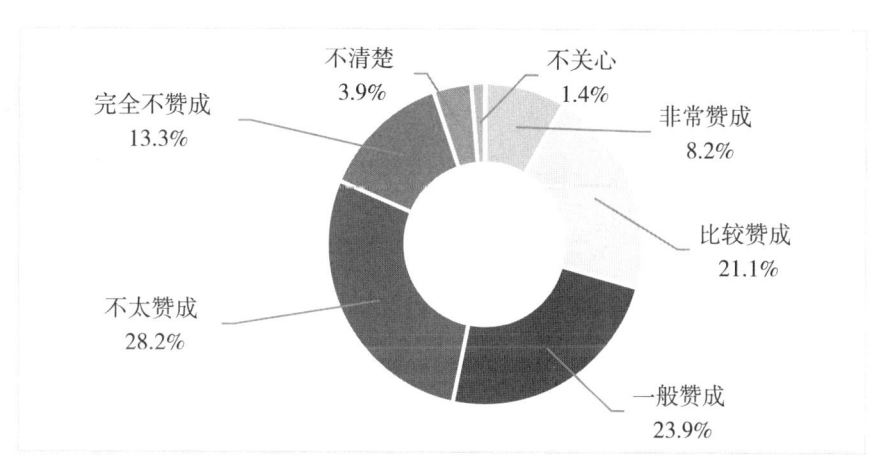

图7-2 被访大学生对"民营企业家是资本家、吸血鬼,是靠剥削广大老百姓的血汗发家致富的,建议国家调整关于鼓励和支持民营经济发展的基本经济制度抑制其发展"这 提议的赞成程度的选择

---

① 张瑞芬:《重塑民企发展舆论环境 提振民营企业家发展信心》,《中外企业文化》,2023年第2期。

诚然，正像任何人一旦拥有权力如果不受到严格的监督就容易滥用权力一样，企业家作为资本的所有者或占有者和使用者，如不受到严格监督就容易滥用资本。但是，我们没有因此而主张取消"权力"的设置。同样的道理，我们也不能因为"资本"的"双刃剑"作用而否定资本的价值和意义，做出因噎废食的蠢事。只不过需要充分考虑怎样进一步通过完善监管和社会分配制度等以进行"兴利除弊"罢了[①]。正是在如上舆论环境之下，加上新冠疫情对我国经济发展的冲击，不少民营经济人士信心遭受重大打击。这种情况已对我国经济和社会造成"机理性损伤"，必须通过采取积极措施，大力改善舆论生态、切实提振民企发展信心，为现阶段我国民营经济和市场经济的持续健康高质量发展提供优良的舆论环境。

这一系列网络舆情事件从一定角度折射出，一些学生在理解和运用马克思主义理论上存在教条主义倾向，他们不能从马克思主义关于"生产力决定生产关系、生产关系适应生产力"这一基本规律出发，实事求是地认识我国现阶段发展民营经济的客观必然性和重大战略意义。1895年，恩格斯在与一位德国著名的经济学家韦尔纳·桑巴特讨论《资本论》的时候强调："马克思的整个世界观不是教义，而是方法。它提供的不是现成的教条，而是进一步研究的出发点和供这种研究使用的方法。"[②] 马克思生前明确表示："我不主张我们树起任何教条主义的旗帜"[③]，自己的学说，如果被教条式、僵化地对待，那将是一种耻辱。网络上、社会上一些青年脱离我国经济

---

① 张瑞芬：《重塑民企发展舆论环境 提振民营企业家发展信心》，《中外企业文化》，2023年第2期。
② 《马克思恩格斯选集》（第4卷），人民出版社2012年版，第664页。
③ 《马克思恩格斯文集》（第10卷），人民出版社2009年版，第7—8页。

社会发展的历史阶段而对民营企业和民营企业家进行批评甚至攻击，恰恰违背了马克思、恩格斯的谆谆教诲。因此，不能简单地否定民营经济存在的合理性，而应该用马克思主义关于生产关系适应生产力这一基本原理，来分析中国当前生产力发展总体水平不够、发展还不平衡不充分的实际，来理解与这一状况相适应允许多种生产资料所有制形式共同发展的客观必然性，以及让民营企业参与社会生产对解放和发展生产力的重大战略意义。当然，民营企业作为追求利润的经济实体，在不同的企业家那里，存在着不同的劳动关系状况，存在有的企业不尊重劳动者合法权益的实际情况，但是我们不能因噎废食，对民营企业损害劳动者合法权益的情况，可以用法律、教育等多种手段，来克服这些弊端，达到扬其利、避其害的目的。

另一方面，这一事件背后还反映出青年缺乏对马克思主义中国化成果的准确深刻理解和实践标准意识。坚持"两个毫不动摇"方针，促进民营经济发展壮大，是由人类经济社会发展规律和我国国情决定的。在不同国家不同历史发展阶段，民营经济作为生产关系的一种形式，它的存废生灭是由生产力的发展水平和实际状况决定的。实践证明，在人类社会发展过程中，商品经济、市场经济是必经的、不能绕过的经济发展形态。商品经济、市场经济，意味着多元经济主体、市场主体的存在，尤其是对于我国仍处于并将长期处于社会主义初级阶段的现实国情来说，更需要让商品经济、市场经济充分发展，更需要民营经济充分参与到推动生产力解放发展中去。正像习近平所强调的那样，改革开放 40 多年来，"我国民营经济从小到大、从弱到强，不断发展壮大"，为我国经济社会发展作出了"56789"的贡献，即"贡献了 50% 以上的税收，60% 以上的国内生产总值，70% 以上的技术创新成果，80% 以上的城镇劳动就业，90%以上的企业数量"；"民营经济已经成为推动我国发展不可或缺的力量，成为创业就业的主要领域、技术创新的重要主体、国家税收的重要来源，为我国社会主义市场经济发展、政府职能转变、农村富余劳动力转移、国际市场开拓等发挥了重要作用"；"长期以来，广大民营企业家以敢为人先的创新意识、锲而不舍的奋斗精神，组织带领千百万劳动者奋发努力、艰苦创业、不断创新。我国经济发展能够创造中国奇迹，民营经济功不可没！"① 这些重大成就有目共睹。但个别大学生却对这些客观实践视而不见，盲目地跟随网络和社会上别有用心的"网络大V"制造的舆情节奏，作出非理性的轻率判断。座谈中，有同学表示，大学生除了在学校学习理论之外，更要去深入社会实践，去主动了解市场经济发展实际，在实践中提高自己辨别是非的能力，自觉地消除民粹主义等错误思潮的影响。

二、一些大学生缺乏青年应有的社会责任感和担当精神

如前所述，人作为社会的一分子，特别是大学生作为现代公民和担当民族复兴大任的时代新人，在享有公民正当权益的同时，理应以社会主人翁的姿态和充沛的公共精神创造性地担当起维护和发展公共福祉的责任。青年学子在人格品质构成上以及将这种人格物化到社会实践的过程中，都要表现出主动担当的精神品质和实践意志品格。但是，调研中发现，一些学生缺乏青年应有的社会责任感，

---

① 习近平：《在民营企业座谈会上的讲话》（2018年11月1日），《中国企业改革发展2018蓝皮书》，2019-03-01。

缺少担当精神。座谈中，老师们不约而同地谈到，一些学生在大学是被动学习，以拿到文凭为满足；走上社会，也会是被动工作和生活，不能紧跟时代脉搏去奋斗，很难去真正关心中国式现代化的发展和人民生活福祉。这种人格的现代性短板的形成，有着深刻的历史文化背景和直接的现实原因。中国几千年农耕文明旧时代留存的"各人自扫门前雪，哪管他人瓦上霜""枪打出头鸟"等小农保守意识，依然深刻地影响着青年学生；再加上有些学生或满足于衣食无忧的小日子，或出于自身现实和家庭存在的一些困难和压力，而缺乏远大抱负，甚至失去了奋斗的勇气和信心。

问卷调查显示，有15.2%的被访大学生认为，"我们的社会是存在一些需要改革的问题，但我们作为普通人，改变不了什么"。他们简单、轻率，甚至自卑地以所谓"普通人"来定位自己，干脆"躺平"，而不愿看到作为青年学子应有的责任和担当，更无意投身到现代化的实践中主动地创新创造。问卷调查中问到"您感觉身边同学面对激烈的学习或社会竞争时是否存在'躺平'心态"时，结果显示，选择"存在"的比率合计达到80.8%（图7-3）。

选项	比率
存在，被迫无奈和主动退缩两种情况都有，需要具体情况具体分析	62.0%
存在，太卷了，无奈、没办法	12.8%
存在，就是不想奋斗、消极懒惰、逃避竞争	6.0%
不存在	9.0%
说不清楚	7.1%
不关心	2.4%
其他	0.7%

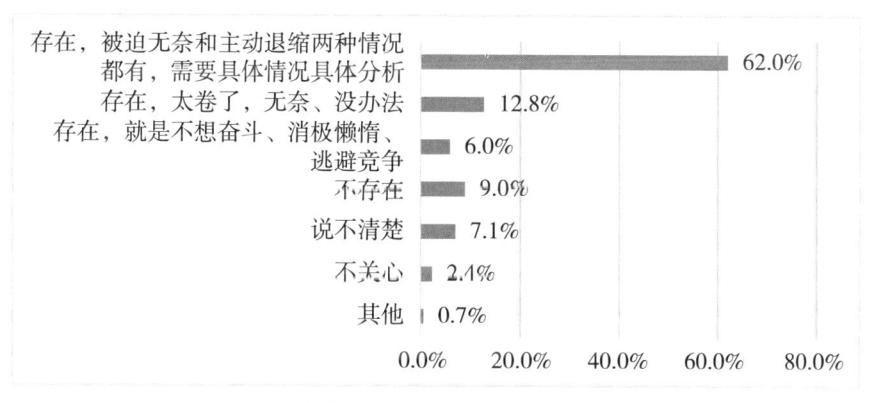

图7-3 被访大学生对"躺平"现象的态度的选择

当进一步追问背后原因时，不同年龄、不同学历、不同政治面貌、不同专业类别、不同国内外学历背景、不同经济情况的被访大学生之间的选择存在显著差异。

不同年龄的选择差异。22—27 岁、28 岁及以上、18—21 岁、18 岁以下四组年龄段的被访大学生选择"被迫无奈和主动退缩两种情况都有，需要具体情况具体分析"的占比依次是 65.2%、60.0%、59.2%、37.5%；28 岁及以上被访大学生对"太卷了，无奈、没办法"的选择率是 40.0%，占比最高；而 18 岁以下、22—27 岁、18—21 岁三个年龄群体的选择率分别只有 18.8%、15.4%、9.1%；18 岁以下被访大学生对"就是不想奋斗、消极懒惰、逃避竞争"的选择率最高，是 12.5%，18—21 岁、22—27 岁被访大学生的选择率分别为 6.7%、5.3%；28 岁及以上被访大学生无人选择此项原因（表 7-1）。

表 7-1 不同年龄的被访大学生对"躺平"现象的态度的选择

	18 岁以下	18—21 岁	22—27 岁	28 岁及以上	总体
存在，被迫无奈和主动退缩两种情况都有，需要具体情况具体分析	37.5%	59.2%	65.2%	60.0%	62.0%
存在，太卷了，无奈、没办法	18.8%	9.1%	15.4%	40.0%	12.8%
存在，就是不想奋斗、消极懒惰、逃避竞争	12.5%	6.7%	5.3%	0.0%	6.0%
不存在	12.5%	11.7%	6.8%	0.0%	9.0%
说不清楚	12.5%	9.3%	5.1%	0.0%	7.1%
不关心	6.2%	3.5%	1.3%	0.0%	2.4%
其他	0.0%	0.5%	0.9%	0.0%	0.7%
合计	100.0%	100.0%	100.0%	100.0%	100.0%

不同学历的选择差异。硕士、博士、本科生对"被迫无奈和主动退缩两种情况都有，需要具体情况具体分析"的选择率依次是 66.7%、57.2%、55.3%；被访博士生对"太卷了，无奈、没办法"的选择率最高，为 21.4%，硕士生和本科生的选择率分别为15.8%、8.2%；被访博士生没有选择"就是不想奋斗、消极懒惰、逃避竞争"选项，本科生和硕士生对该项的选择率也比较低，分别为 7.4%、5.3%（表 7-2）。

表 7-2　不同正在攻读学历的被访大学生对"躺平"现象的态度的选择

	本科	硕士	博士	总体
存在，被迫无奈和主动退缩两种情况都有，需要具体情况具体分析	55.3%	66.7%	57.2%	62.0%
存在，太卷了，无奈、没办法	8.2%	15.8%	21.4%	12.8%
存在，就是不想奋斗、消极懒惰、逃避竞争	7.4%	5.3%	0.0%	6.0%
不存在	14.1%	5.2%	21.4%	9.0%
说不清楚	11.2%	4.4%	0.0%	7.1%
不关心	3.5%	1.6%	0.0%	2.4%
其他	0.3%	1.0%	0.0%	0.7%
合计	100.0%	100.0%	100.0%	100.0%

不同政治面貌的选择差异。共青团员（含预备党员）、中共党员、普通群众选择"被迫无奈和主动退缩两种情况都有，需要具体情况具体分析"的占比依次为 64.1%、63.0%、50.0%，远高于无党派人士、民主党派被访大学生的选择率，他们的选择率分别是 37.5%、15.3%；无党派人士对"太卷了，无奈、没办法"和

"就是不想奋斗、消极懒惰、逃避竞争"的选择率分别是25.0%、12.5%，均属最高（表7-3）。

表7-3 不同政治面貌的被访大学生对"躺平"现象的态度的选择

	中共党员（含预备党员）	共青团员	民主党派	无党派人士	普通群众	总体
存在，被迫无奈和主动退缩两种情况都有，需要具体情况具体分析	63.0%	64.1%	15.3%	37.5%	50.0%	62.0%
存在，太卷了，无奈、没办法	11.1%	12.9%	15.4%	25.0%	16.0%	12.8%
存在，就是不想奋斗、消极懒惰、逃避竞争	6.9%	5.6%	7.7%	12.5%	6.0%	6.0%
不存在	10.0%	7.6%	46.2%	12.5%	12.0%	9.0%
说不清楚	6.9%	6.9%	15.4%	0.0%	8.0%	7.1%
不关心	1.6%	2.2%	0.0%	12.5%	6.0%	2.4%
其他	0.5%	0.7%	0.0%	0.0%	2.0%	0.7%
合计	100.0%	100.0%	100.0%	100.0%	100.0%	100.0%

不同专业类别的选择差异。所学专业是"经济学、法学、教育学、管理学、军事学""理学、工学""哲学、文学、艺术学、历史学""农学、医学"的被访大学生对"被迫无奈和主动退缩两种情

况都有，需要具体情况具体分析"的选择率依次为64.4%、62.6%、56.3%、41.8%；所学专业是"经济学、法学、教育学、管理学、军事学""理学、工学""哲学、文学、艺术学、历史学""农学、医学"的被访大学生对"太卷了，无奈、没办法"的选择率分别是15.4%、13.0%、8.4%、8.3%；所学专业是"农学、医学"的被访大学生对"就是不想奋斗、消极懒惰、逃避竞争"的选择率最高，为33.3%（表7-4）。

表7-4 不同专业类别的被访大学生对"躺平"现象的态度的选择

	经济学、法学、教育学、管理学、军事学	哲学、文学、艺术学、历史学	理学、工学	农学、医学	其他	总体
存在，被迫无奈和主动退缩两种情况都有，需要具体情况具体分析	64.4%	56.3%	62.6%	41.8%	66.7%	62.0%
存在，太卷了，无奈、没办法	15.4%	8.4%	13.0%	8.3%	0.0%	12.8%
存在，就是不想奋斗、消极懒惰、逃避竞争	5.8%	11.3%	5.0%	33.3%	0.0%	6.0%
不存在	3.8%	8.5%	10.0%	0.0%	33.3%	9.0%
说不清楚	8.6%	7.0%	6.8%	8.3%	0.0%	7.1%
不关心	1.0%	8.5%	1.8%	8.3%	0.0%	2.4%
其他	1.0%	0.0%	0.8%	0.0%	0.0%	0.7%
合计	100.0%	100.0%	100.0%	100.0%	100.0%	100.0%

不同境内外学习经历的选择差异。有在国外学习经历的被访大学生对"被迫无奈和主动退缩两种情况都有，需要具体情况具体分析"的选择占76.0%，远远高于有在中国港澳台地区学习经历的被访大学生对该项的选择；有在中国港澳台地区学习经历的被访大学生对"太卷了，无奈、没办法"的选择率高于有在其他国家学习经历的被访大学生对该项的选择率；有在中国香港地区学习经历的被访大学生对"就是不想奋斗、消极懒惰、逃避竞争"的选择率最高，为15.9%（表7-5）。

表7-5 不同国外和中国港澳台地区学习经历的被访大学生对"躺平"现象的态度的选择

	有，国家名称：	有，中国香港	有，中国澳门	有，中国台湾	无	总体
存在，被迫无奈和主动退缩两种情况都有，需要具体情况具体分析	76.0%	34.1%	21.9%	33.3%	65.7%	62.0%
存在，太卷了，无奈、没办法	4.0%	13.6%	15.6%	11.1%	13.0%	12.8%
存在，就是不想奋斗、消极懒惰、逃避竞争	4.0%	15.9%	6.2%	5.6%	5.5%	6.0%
不存在	0.0%	15.9%	25.0%	16.7%	8.1%	9.0%
说不清楚	12.0%	11.4%	21.9%	33.3%	5.3%	7.1%
不关心	4.0%	9.1%	9.4%	0.0%	1.6%	2.4%
其他	0.0%	0.0%	0.0%	0.0%	0.8%	0.7%
合计	100.0%	100.0%	100.0%	100.0%	100.0%	100.0%

不同经济独立情况的选择性差异。"全部依赖父母的经济收入"和"部分依赖父母的经济收入"的被访大学生对"被迫无奈和主动退缩两种情况都有，需要具体情况具体分析"的选择率分别是 66.9% 和 70.5%，远远高于"完全不需要父母的钱""不仅不需要父母的钱，还能帮助负担家里的部分生活开支"的被访大学生对该项的选择；"全部依赖父母的经济收入"和"部分依赖父母的经济收入"的被访大学生对"太卷了，无奈、没办法"的选择率分别是 18.2%、11.5%，高于"完全不需要父母的钱""不仅不需要父母的钱，还能帮助负担家里的部分生活开支"的被访大学生对该项的选择率为 5.6%、4.9%；"完全不需要父母的钱"和"不仅不需要父母的钱，还能帮助负担家里的部分生活开支"的被访大学生对"就是不想奋斗、消极懒惰、逃避竞争"的选择率分别是 13.9%、8.6%，高于"全部依赖父母的经济收入""部分依赖父母的经济收入"的被访大学生对该项的选择率为 5.7%、4.2%（表 7-6）。

表 7-6 不同经济独立情况的被访大学生对"躺平"现象的态度的选择

	全部依赖父母的经济收入	部分依赖父母的经济收入	完全不需要父母的钱	不仅不需要父母的钱，还能帮助负担家里的部分生活开支	其他	总体
存在，被迫无奈和主动退缩两种情况都有，需要具体情况具体分析	66.9%	70.5%	30.6%	30.9%	0.0%	62.0%

续表

	全部依赖父母的经济收入	部分依赖父母的经济收入	完全不需要父母的钱	不仅不需要父母的钱，还能帮助负担家里的部分生活开支	其他	总体
存在，太卷了，无奈、没办法	18.2%	11.5%	5.6%	4.9%	0.0%	12.8%
存在，就是不想奋斗、消极懒惰、逃避竞争	5.7%	4.2%	13.9%	8.6%	0.0%	6.0%
不存在	3.1%	6.5%	31.8%	23.5%	0.0%	9.0%
说不清楚	3.5%	5.7%	13.9%	21.0%	0.0%	7.1%
不关心	1.6%	0.8%	4.2%	11.1%	0.0%	2.4%
其他	1.0%	0.8%	0.0%	0.0%	0.0%	0.7%
合计	100.0%	100.0%	100.0%	100.0%	0.0%	100.0%

三、部分大学生思想保守，缺乏创新创造精神

"创新是一个民族进步的灵魂，是一个国家兴旺发达的不竭动力。"[1] 现代社会，应当是不断创新的社会；现代公民，应当是勇于创新的公民。公民人格朝着现代人格方向发展，其中一个重要的标

---

[1] 《江泽民文选》（第三卷），人民出版社2006年版，第36页。

志就是更加脱离保守性，更趋向创新性。创新，本质上是一种社会活力，是思维活力的释放。青年是社会的新鲜细胞，应当朝气蓬勃、思想解放、富于创新。正如1955年毛泽东为广东青年题写的按语："青年是整个社会力量中一部分最积极、最有生气的力量，他们最肯学习，最少保守思想，在社会主义时期尤其是这样。"[①] 当前，科学发展的崭新事业，更呼唤着全社会的创新热潮，尤其呼唤着青年人的创新思维、创新理念和创新行动。对于当代青年大学生来说，要成为现代人，最关键的是发掘内在潜力，不拘泥于成法，行进在创新潮流的最前列，争当创新实践的"急先锋"。但是，我国封建社会的历史悠久，传统小农经济思想观念的影响和封建皇权专制的压迫，致使国民人格呈现出自我封闭和退缩保守的特征。当前我国公民人格正处于向现代人格转型过程中，原来的旧观念、旧人格对青年大学生的消极影响仍不可小觑。座谈中有学生谈到，无论是传统社会还是现代社会，都有人是偏创新，有人是偏保守的。但是在我国当前这样一个开放的、包容的现代社会，仍然觉得身边有一些大学生朋友更愿意去从事创新行业的不太多，保守的同学会偏多一点。年轻人包括我们大学生中的一些人，不是扑下身子踏踏实实从事一些创造性的劳动，不愿花笨功夫，而是只想着走捷径，快"成功"。

还有学生进一步谈到，现代人格应该比传统人格更具有创造性，因为在现代社会中，一旦你自己经济独立，以及你作为一个社会公民的政治权利受到法律完全保护以后，你的自主性、主体性将会得到充分发挥，你势必成为一个富有创造力的主体，你可以去创造。

---

① 共青团中央、中共中央文献研究室：《毛泽东邓小平江泽民论青少年和青年工作》，中国青年出版社、中央文献出版社2003年版，第108页。

但在现实社会中,笔者觉得不管是普通公民也好,还是代表着未来的青年人也好,这种创造性人格在一定程度上是缺失的。我们会发现,由于只看到眼前利益或受生活惯性的影响,一些年轻人包括青年大学生,不管是在择业、婚育上,还是在生活形式、生命创造、社会创造等问题上,还不具备真正意义上的现代人格所内生的创造性特征。比如在准备考研、在确定专业、在找工作的时候,大家不会考虑我是一个特殊的独立的主体,我应处于一个主宰自己命运的主体地位,不去考虑个体的特性、喜好、特长、禀赋,而只是把自己视同整个社会当中籍籍无名的存在,只要随大溜儿就行了,哪里挣钱多,哪里好就业,那就选什么样的专业、找什么样的工作,反正大家都是如此。在婚育问题上,社会生存压力非常大,所以大家会出现着急完成任务的心态,不会去追求婚育里面的自由,不敢按照自己的情感意愿去选择,仍然持有非常传统的观念,追求一种传统的稳定,依赖于传统的介绍或者家庭的撮合,缺乏婚育观上的真正的主体性,任由世俗传统观念所裹挟、父母长辈所安排。这也是为什么冬奥会上当大家看到荣获多项冠军的谷爱凌时,一下子被她的独立个性所吸引,或者说被她彰显的个性所惊醒;大家认真体会她的成长经历,会发现她所展现出来的特质实际上是一个很典型的现代人,她的创造性集中体现在对自己的生命创造上,她能够把自己当成自己的主人去设计、去体验,去寻找和充分彰显自己的生命活力,而不是单纯地在整体的社会系统中盲目赶时髦。如果认真反思自己的生活,会发现我们当中的一些年轻人是在非常机械地活着,我们生活的一切都像是被固定好的,生活中接触的一切都是被安排的。比如听什么歌、看什么剧,或者发展什么样的特长爱好,根据的都不是自己的主体意志,而是现下的时尚是什么、周围的人在干什么，就去干什么。不仅我们的个体生命创造如此，在社会创造上也存在类似问题，比如为什么我国的互联网公司、科技公司在芯片制造等高端技术方面受到限制，至今没有办法突破，一个很重要的原因是我们的科研人员在创造力方面是不够的，而这又跟我们中的一些人缺乏人格的主动性、独立性密切相关。我们会发现现在互联网大厂中，大家更多的是甘作一个螺丝钉，不会真正跟着未来科技的发展和时代脉搏同频跳动，包括人文社科专业的一些学生也是如此，他们没有对这个时代进行真正的深思，不知道时代要破解的问题是什么，以至他们根本就不会去主动地进行社会创造，去寻找解决方案，而更多的是对于一个他者和一个固有系统的依赖。这个他者和固有的系统如果不给他们指定任务，他们自己是没有作为人的主体创造性作用的。这样看来，我们国家的人才红利还远远没有完全释放出来，因为不少人没有真正把自己当作一个创造者，去发动自己的创造力，还只是简单盲目地被时代裹挟着跟着一套固有系统、跟着自己认定的他者走的，如此整个社会系统的运转形成了一个相对无意识状态的惯性运动。而只有真正具有独立现代人格的个体才能打破这套惯性运动、跳脱固有系统，实现充分的创新创造，还整个社会和国家以活力和生机。

问卷调查中，当问到"您认为当代大学生最应该摒弃哪些人格缺陷"时，"迷信权威，缺乏批判精神"、"遇事退缩，缺乏进取精神"和"因循守旧，缺乏创新精神"的选择率分别为37.3%、34.3%、28.9%（图7-4）。座谈中，有老师表示，积极进取、勇于变革应当是现代大学生的重要人格品质，引导他们树立"自主的、进步的，而非保守的、隐退的"人格理想，无论是对大学生自身现代人格塑造，还是对我国现代化目标的实现都具有重要意义和现实紧迫性。

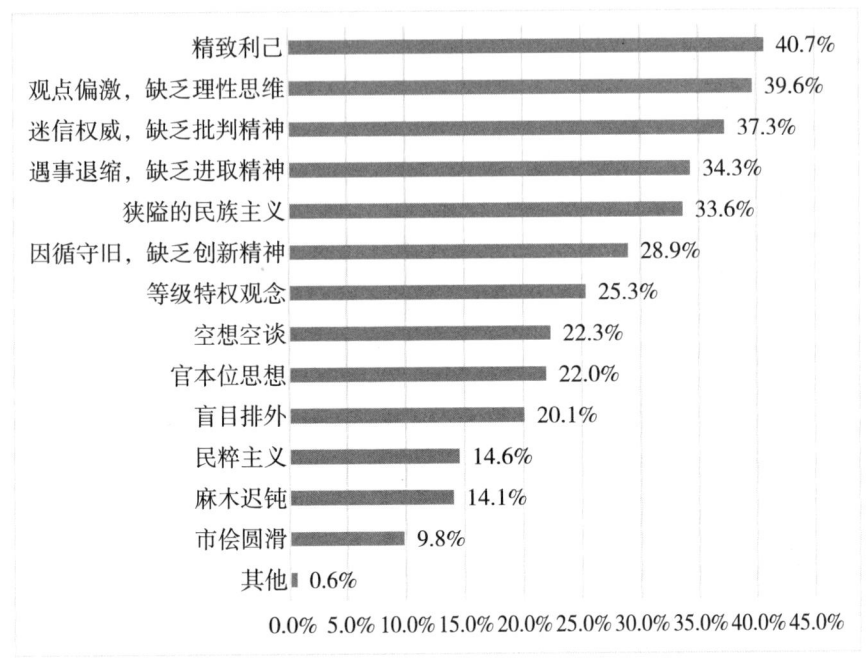

人格缺陷	百分比
精致利己	40.7%
观点偏激，缺乏理性思维	39.6%
迷信权威，缺乏批判精神	37.3%
遇事退缩，缺乏进取精神	34.3%
狭隘的民族主义	33.6%
因循守旧，缺乏创新精神	28.9%
等级特权观念	25.3%
空想空谈	22.3%
官本位思想	22.0%
盲目排外	20.1%
民粹主义	14.6%
麻木迟钝	14.1%
市侩圆滑	9.8%
其他	0.6%

图 7-4 被访大学生对当代大学生最应该摒弃的人格缺陷的选择

四、一些大学生有狭隘的民族主义和盲目排外心态

如前所述，从全球范围来看，人类现代文明的发展过程是与全球化、世界化潮流相伴相生的，这就决定了凡卷入人类现代化发展大潮中的国家及其民众，都应当具有相应的国际化视野，能以开放的精神品格拥抱和接纳世界其他国家的优秀文明成果，从而推动本国本民族的发展进步。中国自近代以来开始被动地卷入世界现代化潮流，改革开放的伟大决策为我们深度融入全球化创造了更为有利的条件和环境，21 世纪之初成功加入 WTO，标志着中国经济贸易融入全球化进入了不可逆转的进程，中国的发展与世界发展更加紧

密地联系在了一起。伴随着国家开放空间和程度的扩大加深，中国人跟世界其他各国人民之间的文化交流日益增多，国民的世界眼光和国际化视野也随之逐步增强。当前，我国现代化进程推进到最为关键的时期，继续坚定不移地以开放宽广的胸怀和理性的平和态度，对待世界各国的发展进步，虚心学习吸收发达国家的先进技术和文明成果，让理性、开放、包容成为主动选择和自觉心态，更是作为担当民族复兴时代大任的中国青年学生必不可少的重要品格。但我们的调查结果却有些不尽如人意。座谈中，有同学谈到，在现实生活中，部分学生在一些重大的国际或国内事务面前，容易被集体冲动所裹挟，自认为正义的代表，实际上是被一些别有用心的"网络大V"牵着情绪走，陷入了非理性的精神膨胀状态中。比如，有相当多的学生受到社会上、网络上个别打着爱国旗号经营着自家流量生意的人的错误影响，对于究竟什么是真正的理性的爱国并没有清醒正确的认知，错把排外当爱国。还有同学提到，"狭隘的民族主义"在当今大学生身上有不小"市场"，一部分同学看似爱国的行为，实质上是一种狭隘的民族主义和盲目排外，不是爱国，而是"碍"国，这对我们的现代化建设和大学生成长有很大坏处。大学生应当站在世界发展潮流和推动我国实现现代化大势上理性务实地去爱国。问卷调查中，当问到"您认为当代大学生最应该摒弃哪些人格缺陷"时，"狭隘的民族主义"的占比为33.6%，在14项内容中的选择率排第五（图7-4）。可见，不少青年大学生已经意识到狭隘的民族主义对他们的侵蚀性和危害性，强烈地认为要摒弃这一错误思想观念。

五、一些大学生缺乏科学理性精神和辩证思维能力

如前所述，从世界现代化的起源和发展来看，科学理性精神，是现代社会现代性的直接的思想文化源头。西方社会的文艺复兴、科学革命、启蒙运动，都是人类用理性的光芒打破非理性的、蒙昧的黑暗，使人类文明从传统走向现代的进步实践。近代中国的科学理性精神，源于五四新文化运动。新时代，我们要实现社会主义现代化，必须增强科学理性精神，加紧推进科技进步和创新，为现代化建设不断提供强大的科技支撑。当前，世界范围内以人工智能、量子技术、工业互联网、智能网联汽车和物联网等技术为核心的新一轮科学技术革命方兴未艾，我国必须在这一轮科学技术革命中抢占先机。这就需要我们大力弘扬科学理性精神，树立科学观念，提倡科学方法，普及科学知识。这对青年大学生提出了更高的要求。青年大学生风华正茂，思维敏捷，接受新事物快，富有创造精神，"初生牛犊不怕虎"，敢想敢干，这是可贵之处、可爱之处。但激情、锐气与闯劲儿，犹如飞奔的列车，只有行驶在科学理性的轨道上，才能顺利抵达它的目的地。所以青年大学生一定要牢固树立科学理性精神，这样才能大有作为。

在调研中，我们发现，一些学生在对一些重大问题进行理解和判断时，看似理论依据和正义感十足，实则感性有余而理性不足，暴露出明显的非理性短板。座谈中老师们谈到，青年学生思维活跃、思想多元，乐于接受新的思想主张，这本是一件好事。但是由于有些同学的理性思维正在形成过程中，他们的价值取向尚未清晰确立起来，因此特别容易受到一些错误思潮的影响。有同学也谈到，身边有些同学在很多社会事件、社会热点面前，在他们自己没有进行太多理性思考、掌握的信息情况也不够多的情况下，就极容易被一

些带节奏的、别有用心的人牵着情绪走，陷入丧失自我的非理性的精神膨胀状态中还浑然不知。这些同学处于极度自我封闭和作为这种虚无的集体化身的两极之间，在不同的情境之下，就会有性质不同的极端表现。比如，面对一些网络热点问题，他们不会特别深入思考，也不会追溯源头，在听信一些谣言后就在一些公共场所发表一些不是很恰当的言论，其实是一种对自己不负责任的态度。有些同学还谈及，现在有一些大学生缺乏辩证思维能力，对事物的评判非黑即白，特别轻易地划分对或者错，不能客观公正分析问题。

问卷调查中，当问到"有人提出科学不是技术层面的发明，不是'学以致用'的具体学问，它有其诞生的文化土壤——科学精神，即对待真理的无功利的追求和捍卫，这是科学诞生的核心。对这一观点，您是否认同"时，有10.4%的被访大学生表示不太认同，2.1%的被访大学生表示完全不认同。此外，2.2%的被访大学生表示"不清楚"，1.1%的被访大学生表示"不关心"（图7-5）。

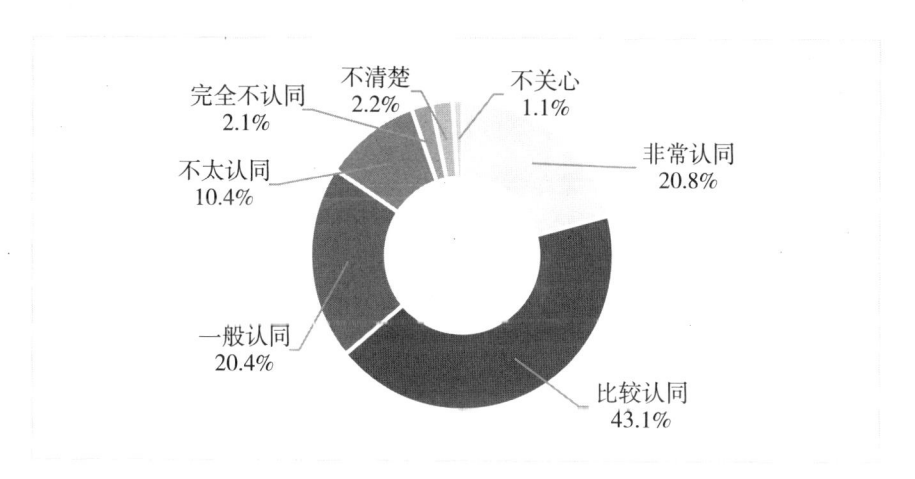

图7-5 被访大学生对"科学不是技术层面的发明，不是'学以致用'的具体学问，它有其诞生的文化土壤——科学精神，即对待真理的无功利的追求和捍卫，这是科学诞生的核心"这一观点的认同程度的选择

六、一些大学生具有精致利己主义倾向

如前所述，利益性是人格的一个重要特征。也就是说，作为社会的个体的人格总是在物我利益关系的认识与处理中形成和发展的，并进而为个体对物我利益关系的认识与处理提供了价值标准，从而决定了个体不同的人格层次。在现代社会，个体是以"公民"的身份定位而存在的，应当有与之相应的公民意识，从而为建设自由、平等、公正、法治、民主的现代社会提供价值基础。公民意识的核心内容，就是强调社会个体在追求自身权利的同时，必须对自己的社会责任有自觉的认同和践行。而责任意识正是以个体对物我利益关系的正确认识和践行为道德基础的。老子有言："不敢为天下先，故能成器长。"就是说，不敢居于天下人的前面，不敢把自己的利益、名声等放在天下人之前，才能成大才。对于处于现代化建设关键时期的中国来说，作为社会精英的青年学子，在对物我利益关系的认识和处理上，如果不顾自己的社会责任而将一己之私利置于天下之先，争先恐后去争夺，那么，我们的现代化事业的实现将是困难的。在调研中，我们确实发现在一些学生身上存在这方面的问题。座谈中，有老师提到，现在一些大学生不能正确地认识小我和大我之间的关系，与现代人的公益精神背道而驰。个别学生有着很可怕的价值观，功利心极强，想问题做事情总是从极端自私的个人目的出发，认为这才是人在社会上的立身之道。个别学生以自我为中心，只关注自己的得失，往往不考虑集体利益和他人的感受。在学业上，他们为了自己的学习成绩而不顾及学术道德和学校的规定，抄袭、剽窃、作弊等。在社交上，他们会利用自己的人际关系和社会资源谋求自己的利益，而忽略公正、公平和合规性。在心理状态上，他

们存在狭隘、孤僻等心理状态，忽视他人的意见和反馈，不愿意与他人沟通和合作，而以自我为中心。有同学谈到，在学校生活中，一些同学为了拿高分或得优，会向任课教师索要分数；为了所谓成功，运用所谓"潜规则"，拉关系、走门道。更加值得警惕的是，一些同学从自己的私利出发，善于表演、精心打扮，以高智商、世俗、老到的方式掩盖自己利己主义的动机和目的，具有极大的欺骗性、虚伪性。这些人以后走向社会，危害极大。

问卷调查中，当问到"您认为当代大学生最应该摒弃哪些人格缺陷"时，"精致利己"的选择率为 40.7%，占比最高（图 7-4）。其中，有 44.7% 的 22—27 岁的被访大学生认为"精致利己"是最应该摒弃的人格缺陷，高于其他三个年龄群体的被访大学生的选择率（表 7-7）；有 46.6% 正在攻读硕士学位的被访大学生认为"精致利己"是最应该摒弃的人格缺陷，高于其他三个学历的被访大学生的选择率（表 7-8）；有 43.3% 所学专业为"理学、工学"的被访大学生认为"精致利己"是最应该摒弃的人格缺陷，高于其他专业类别的被访大学生的选择率（表 7-9）；家庭所在地为农村、县城、乡镇的被访大学生认为"精致利己"是最应该摒弃的人格缺陷的占比分别为 46%、45.5%、40.7%，高于来自直辖市、省会城市、地级市和港澳台地区的被访大学生的选择率（见 7-10）；全部和部分依赖父母经济的经济收入的被访大学生认为"精致利己"是最应该摒弃的人格缺陷的占比分别是 47.2%、41.8%，远高于"完全不需要父母的钱""不仅不需要父母的钱，还能帮助负担家里的部分生活开支"两类被访大学生的选择率（表 7-11）。

表 7-7 不同年龄的被访大学生对当代大学生最应该摒弃的人格缺陷的选择

	18岁以下	18—21岁	22—27岁	28岁及以上	总体
狭隘的民族主义	23.1%	30.1%	37.0%	20.0%	33.6%
民粹主义	5.6%	11.1%	17.7%	18.0%	14.6%
精致利己	29.4%	36.3%	44.7%	36.0%	40.7%
盲目排外	33.8%	20.4%	19.3%	20.0%	20.1%
迷信权威,缺乏批判精神	29.4%	37.9%	37.1%	30.0%	37.3%
遇事退缩,缺乏进取精神	21.3%	35.9%	33.3%	38.0%	34.3%
观点偏激,缺乏理性思维	38.8%	40.4%	39.1%	32.0%	39.6%
因循守旧,缺乏创新精神	35.0%	28.7%	29.1%	14.0%	28.9%
等级特权观念	26.3%	23.2%	27.3%	0.0%	25.3%
官本位思想	16.3%	21.6%	22.8%	0.0%	22.0%
空想空谈	35.6%	19.7%	24.2%	12.0%	22.3%
麻木迟钝	14.4%	13.7%	14.5%	0.0%	14.1%
市侩圆滑	9.4%	8.8%	10.8%	0.0%	9.8%
其他	0.0%	0.5%	0.7%	0.0%	0.6%

表7-8 不同正在攻读学历的被访大学生对当代大学生
最应该摒弃的人格缺陷的选择

	本科	硕士	博士	总体
狭隘的民族主义	27.1%	38.3%	25.0%	33.6%
民粹主义	12.1%	16.1%	20.0%	14.6%
精致利己	32.1%	46.6%	38.6%	40.7%
盲目排外	21.5%	19.4%	11.4%	20.1%
迷信权威，缺乏批判精神	37.6%	37.1%	35.0%	37.3%
遇事退缩，缺乏进取精神	37.5%	32.5%	20.0%	34.3%
观点偏激，缺乏理性思维	42.4%	37.8%	35.7%	39.6%
因循守旧，缺乏创新精神	25.6%	31.8%	10.7%	28.9%
等级特权观念	22.3%	28.1%	0.0%	25.3%
官本位思想	19.1%	24.5%	0.0%	22.0%
空想空谈	17.4%	25.6%	27.9%	22.3%
麻木迟钝	11.4%	16.0%	10.7%	14.1%
市侩圆滑	7.9%	11.1%	8.6%	9.8%
其他	0.9%	0.0%	14.3%	0.6%

表7-9 不同专业类别的被访大学生对当代大学生最应该摒弃的人格缺陷的选择

	经济学、法学、教育学、管理学、军事学	哲学、文学、艺术学、历史学	理学、工学	农学、医学	其他	总体
狭隘的民族主义	40.8%	26.3%	33.3%	42.5%	0.0%	33.6%
民粹主义	18.4%	13.5%	14.1%	15.0%	0.0%	14.6%
精致利己	33.3%	29.6%	43.3%	21.7%	63.3%	40.7%
盲目排外	21.2%	19.9%	20.3%	5.8%	0.0%	20.1%
迷信权威，缺乏批判精神	44.0%	41.3%	35.8%	45.0%	0.0%	37.3%
遇事退缩，缺乏进取精神	31.5%	36.1%	34.4%	32.5%	63.3%	34.3%
观点偏激，缺乏理性思维	40.0%	36.8%	40.4%	12.5%	33.3%	39.6%
因循守旧，缺乏创新精神	21.7%	24.6%	30.7%	15.8%	53.3%	28.9%
等级特权观念	22.5%	19.4%	26.8%	7.5%	0.0%	25.3%
官本位思想	16.4%	26.3%	22.3%	28.3%	23.3%	22.0%
空想空谈	23.6%	22.1%	22.0%	28.3%	23.3%	22.3%
麻木迟钝	16.5%	8.9%	14.2%	21.7%	0.0%	14.1%
市侩圆滑	8.8%	7.9%	10.2%	5.8%	20.0%	9.8%
其他	2.9%	2.8%	0.0%	0.0%	0.0%	0.6%

表 7-10　不同家庭所在地的被访大学生对当代大学生
最应该摒弃的人格缺陷的选择

	直辖市	省会城市	地级市	县城	乡镇	农村	港澳台地区	总体
狭隘的民族主义	28.6%	33.3%	37.3%	32.7%	36.7%	30.9%	30.0%	33.6%
民粹主义	16.1%	12.8%	15.3%	13.5%	12.2%	19.7%	15.0%	14.6%
精致利己	36.7%	39.8%	37.7%	45.5%	40.7%	46.0%	11.7%	40.7%
盲目排外	15.5%	22.7%	17.9%	22.8%	19.3%	20.3%	0.0%	20.1%
迷信权威，缺乏批判精神	37.4%	39.8%	42.7%	28.5%	38.8%	34.5%	63.3%	37.3%
遇事退缩，缺乏进取精神	32.4%	34.3%	33.3%	32.6%	36.7%	39.9%	56.7%	34.3%
观点偏激，缺乏理性思维	38.9%	39.2%	40.3%	42.1%	44.3%	32.1%	15.0%	39.6%
因循守旧，缺乏创新精神	28.1%	30.2%	28.7%	26.5%	29.3%	34.4%	11.7%	28.9%
等级特权观念	21.6%	17.5%	27.8%	31.4%	31.4%	24.6%	10.0%	25.3%
官本位思想	24.6%	18.1%	21.7%	22.9%	27.1%	22.1%	41.7%	22.0%
空想空谈	26.1%	21.0%	23.1%	24.6%	17.1%	17.8%	15.0%	22.3%
麻木迟钝	8.2%	13.3%	11.9%	17.2%	22.6%	15.0%	13.3%	14.1%
市侩圆滑	9.0%	10.5%	9.0%	10.5%	7.2%	11.5%	11.7%	9.8%
其他	0.0%	0.5%	0.5%	1.0%	0.0%	1.3%	0.0%	0.6%

表 7-11 不同经济独立情况的被访大学生对当代大学生
最应该摒弃的人格缺陷的选择

	全部依赖父母的经济收入	部分依赖父母的经济收入	完全不需要父母的钱	不仅不需要父母的钱,还能帮助负担家里的部分生活开支	其他	总体
狭隘的民族主义	38.2%	38.4%	16.8%	7.9%	0.0%	33.6%
民粹主义	15.6%	14.8%	13.9%	10.1%	0.0%	14.6%
精致利己	47.2%	41.8%	27.2%	21.9%	0.0%	40.7%
盲目排外	20.6%	17.6%	28.3%	22.3%	0.0%	20.1%
迷信权威,缺乏批判精神	34.6%	37.9%	43.2%	39.3%	0.0%	37.3%
遇事退缩,缺乏进取精神	34.9%	31.2%	33.8%	46.8%	0.0%	34.3%
观点偏激,缺乏理性思维	37.3%	40.5%	36.7%	47.3%	0.0%	39.6%
因循守旧,缺乏创新精神	26.3%	32.3%	22.6%	28.8%	0.0%	28.9%
等级特权观念	27.3%	26.0%	20.7%	18.3%	0.0%	25.3%
官本位思想	22.4%	24.4%	14.3%	15.6%	0.0%	22.0%
空想空谈	23.1%	27.4%	9.4%	6.8%	0.0%	22.3%
麻木迟钝	17.0%	14.4%	9.6%	4.8%	0.0%	14.1%
市侩圆滑	12.8%	10.2%	1.7%	3.6%	0.0%	9.8%
其他	0.6%	0.5%	1.4%	0.0%	0.0%	0.6%

第七章 大学生的非现代人格特质

上述整个调研分析表明，大学生人格在发展过程中存在着现代人格与非现代人格的深刻的矛盾和冲突。这一矛盾和冲突概括起来集中表现在以下方面。

一是现代人格与传统人格相驳杂。从历史演进的视角看，农业社会是土地崇拜，社会人的基本人格特征是对帝王将相、豪强地主的依附、顺从。工业社会是资本崇拜，在合同契约之下容纳个体自由、自立与民主。后现代社会是知识崇拜，公民体现出包容大度、公平正义等人格特征。这三者并不是截然的非此即彼。我国属于后发国家、发展中国家，当今正处在从传统社会向现代社会的转型过程中，有时传统的、现代的甚至后现代的三种人格会被压缩在同一时空，相互交织，错综复杂。"社会转型的过程是传统因素与现代因素此消彼长的进化过程"①，在这一过程中，个人的思想和行为方式难免会被深刻地打上时代的烙印。因此，在社会转型过程中，大学生的人格结构也会呈现出传统人格和现代人格此消彼长、杂然并存的局面。现在大学生呈现出来的人格有的偏传统，有的偏现代，有的偏后现代，多种人格并存杂糅状态，甚至在同一个人身上，也可能杂糅了传统、现代、后现代的人格特征。座谈中有的老师通过一项观察，发现上述人格杂糅状况在大学生身上体现得很明显。他说就参加志愿服务活动的动机可以看出，有的大学生持有传统的动机，就是去服务去奉献；有的持有现代的动机，想获得一些成长，提升自己相关能力；还有的就是感觉好玩儿，寻求有趣、开心。

二是理想人格与现实人格相冲突。在日常学习生活中，很多同

---

① 刘祖云：《从传统到现代：当代中国社会转型研究》，湖北人民出版社2000年版，第44页。

学追求公平自由、平等正义、民主法治，而且相比于社会上的其他群体，他们特别守规则、讲自觉，具有一种优秀的现代人格素养。但他们这种人格一旦受到外部社会环境还有自身经济状况的挑战时，往往就会对这种优秀的人格产生怀疑，使得其没有办法长期稳定地存在和巩固。座谈中有的学生分享道：网上常常有人调侃，大学生的思维，是一种学生思维，需要改正，不然迟早要遭到社会的毒打。在进入社会以后，大学生常常会陷入一种自我怀疑，自我否定、迷茫，有时候甚至是无奈逃避，带有戾气，时间长了就会导致发生人格改变。因此，人们不能简单地将大学生的这种行为表现与其内在人格直接对等，因为大学生很多的消极行为，可能是无奈的，是对他们所处的那种环境问题的一种本能应对。这个现象一定程度上表明，大学生的现代人格在善变的、剧变的社会环境面前显得比较脆弱、容易动摇，这就是大学生在理想人格与现实环境之间产生的比较强烈的冲突问题。还有的同学谈道：我有个同学，他说他愿意为祖国作出牺牲和奉献，即使挣很少的钱，也愿意去支援西部贫困地区。但是，他说他真的去做的时候发现自己连基本的生存条件都难以维持。这就是他面临的冲突。他的人格是高尚的，但是他所处的那种客观现实却把他的理想人格无情地击碎了。

三是自我人格与群体人格相跳转。当前，我国正从传统社会向现代社会转型，在这个过程中，大学生总体上呈现出了非常独立的、自主的自我意识。有学生谈到，人们在日常生活中感觉到，现在大学生比较自我，没有那么遵循传统、遵循他人说教，很有自己的想法。但是，他们在彰显自我主体性的同时，另外一个极端的、非常奇怪的现象是，他们会把自己当作一个集体的载体。就是说，一方面他们自我意识强烈，自己主宰自己，是一个独立的完整的个体；

但同时，他们有时突然会出现非常奇怪、非常莫名其妙的集体意识，而这个集体意识其实是一种相对比较虚无的状态。比如，在很多社会事件、社会热点当中，大家会突然融入社会事件、社会集体当中，觉得自己是集体的化身，尽管他没有经过非常理性的推断，没有对社会各方面的条件都了解得非常清楚，但是他一下子把自己带入了一个膨胀的集体的化身当中。这是一个非常有张力的特征，即在极度个性化的自我和作为这种虚无的集体化身的两极张力之间跳转。

第八章

大学生现代人格形成的影响因素

马克思主义认为，社会存在决定社会意识。人格作为人的本质的综合表现，它是个体在社会活动中形成的，并在一定的社会关系中不断发展的。大学生现代人格形成既取决于其个体主观意志，同样也受其所生活的客观社会存在的深刻影响，是客观见诸主观的产物。现代市场经济、法律制度、思想文化、大学教育、家庭环境以及大学生个体主观能动性是大学生现代人格形成的重要保障和能力条件，对大学生现代人格形成具有重要影响。

一、现代市场经济发展状况

经济发展的性质和水平，作为最基本的社会存在，是影响人格形成的最根本的因素。在现代社会，完善成熟的现代市场经济，无时无刻不在以其现代价值取向及其物质、制度和精神成果，锤炼着作为商品和服务的生产者、提供者和消费者的现代人格；同时，人们也反过来以其不断成长的现代人格使市场经济的现代性更加丰富和饱满。

在这里，我们首先要破除一种错误认知——市场经济的利益驱动机制不利于人的人格和道德建设,这种认识是肤浅而错误的。恰恰相反,完善健全的市场经济基于自利与利他利益机制的结合,能够促进健全的现代人格和健康道德情感的形成。正是基于这种认识,英国经济学家、哲学家亚当·斯密(Adam Smith)在《道德情感论》中所阐述的基本观点就是：以自利为基础的市场机制必然要用以他利为基础的道德情感来协调；而且,市场主体也只有利他才能实现自利的经营目的,从而使活动在市场经济中的"经济人"进一步完善为"道德人",达到"自利"与"利他"这两种人格价值取向的有机统一。如果从更高的层面、用更宽的视野理性审视市场这只"看不见的手"对社会进步发挥的实际作用,我们可以说,健全的市场是培养人们公益精神和现代人格的一所大学校。在《国富论》中,亚当·斯密谈到,把资本用来支持产业的人以"追求自己的利益,往往使他能比在真正出于本意的情况下更有效地促进社会的利益"。[①]也就是说,在亚当·斯密看来,人们从事经济活动虽然往往是从个人利益出发的,但在那只"看不见的手"的指引下,对于个人利益的追求,必须首先直接服务他人和社会利益,从而必将促进社会繁荣。而其中富有社会责任感和社会理想的企业家,更是把促进社会进步作为自己的使命而投身到经营活动和公益活动中。可以说,利他和公益,正是康德所说的"道德律令"在市场经济中的贯彻和体现,是市场经济先天的要作为道德基础的普遍法则与条件。当然,市场经济所贯彻的"道德律令"不仅有"利他"和"公益",另外还有"自由""民主""法治""平等"等核心价值;一种所谓的"市场

---

① [英]亚当·斯密著,郭大力、王亚南译:《国富论》,商务印书馆2015年版,第428页。

经济"如果没有这些价值理念以及相应的法律形式的支撑,那这样的市场经济只能是残缺不全的。从这个意义上说,完善健全的市场经济就是培育人们现代人格的实践大课堂;而残缺不全的所谓市场经济,就会带来人们人格的畸形发展。

作为受到市场经济理论系统训练的思维活跃的青年大学生,也是商品和服务的消费者甚至是生产者和提供者,他们在经济关系的交往中对市场经济状况及其所表现出来的特性有着特殊的敏感性。这种敏感反应,使得不同发展水平的市场经济对他们的现代人格成长产生不同程度甚至是不同性质的潜移默化的影响。总体来说,现代市场经济发展的成熟程度,跟青年大学生现代人格成长成正相关关系。改革开放以来,特别是从党的十四大明确建立社会主义市场经济体制以来,我国社会主义市场经济体制不断向更加系统完备、更加成熟定型的方向发展,市场经济的自由、平等、诚信、法治、公正等现代价值取向日益深刻地渗透到一代代大学生的心灵进而内化为他们的现代人格;同时,市场经济发展所提供的不断丰富多样的物质文化生活,以及契约制度和契约精神,也推动着他们正在形成的现代人格逐步巩固、完善和发展。座谈中,有老师表示:"90后""00后"赶上了中国经济快速发展的阶段。2001年,加入世贸组织后,我国经济发展以更加开放的姿态进入了快车道,同时又赶上了网络时代,这让新时代大学生能够进一步开拓视野、涉猎多方面知识,甚至有很多出国学习的机会,更有利于丰富和改造自己的精神世界。但是,我国用几十年走过的是西方国家几百年才完成的现代市场经济之路,因此,在发展现代市场经济的过程中,难免存在着市场体系不健全、市场发育不充分,政府和市场的关系没有完全理顺,市场激励不足、要素流动不畅、资源配置效率不高、微观经济活力不强等阶段性问题。这些问题都会具体表现在经济运行和人民经济生活之中,从而对大学生的相应价值判断和现代人格养成产生深刻影响。比如,民营经济发展中的"玻璃门"现象、市场竞争中的垄断问题、收入分配差距过大问题、食品商品安全监管漏洞问题、企业权益和劳动者权益保护问题,尤其是激烈市场竞争中的失信甚至欺诈等极端利己主义现象,等等,都容易使掌握一定市场经济理论的青年学生对法治、自由、诚信、公正等现代市场经济的价值理念产生动摇和怀疑,走向与现代人格素养不符甚至相反的方面。

二、法律制度环境

马克思主义认为,耸立在社会经济基础之上的是上层建筑,它主要由两部分内容组成:一是政治上层建筑,包括政治、法律制度与设施;一是观念上层建筑,又称思想上层建筑,包括政治思想、法律思想、道德、艺术、哲学、宗教等。观念上层建筑引领政治上层建筑建设并将自己的内容贯彻落实到政治上层建筑之中,借助政治上层建筑的强制力使人们服从特定的制度规定,其实就是践行它的价值观念,由此也就塑造着一定社会制度下的符合观念上层建筑要求的道德人格。从经济基础与上层建筑的关系来看,建立于经济基础之上的上层建筑,是阶级和国家产生以来直接影响人们思想观念、规范人们行为的强制性因素。政策法律制度,作为上层建筑的具体表现形式,无时无刻不在规定着人们的行为的方向和内容,制约着人们的价值观念的发展变化。正像德国哲学家黑格尔(G. W. F.

Hegel)在评价古代中国人的人格时所认为的,在封建宗法制度下,既然一切人民在皇帝面前都是平等的——换句话说,大家都一样是卑微的,因此,自由民和奴隶的区别必然不大。大家都没有荣誉心,人与人之间又没有一种个人权利,自贬自抑的意识便极为通行,这种意识又容易变为自暴自弃。①

几百年来,人类文明逐步发展到近现代文明,自由、平等、法治等现代价值日益成为现代社会的政策法律制度的基本价值取向。这些现代主流价值以政策法律制度为物质载体,以不可阻挡之势在世界范围内有力地推动了现代公民的成长与发展,使原来生存在封建等级专制之下的人格扭曲的人们在人权和观念方面都获得了空前的大解放,以尊崇民主、法治、自由、平等等现代主流价值为基本特征和主要内容的现代人格日益成为现代社会的主流人格。在法律制度健全的现代社会,平等、自由、法治、公正等现代价值,是以法律制度的价值灵魂地位、通过立法而变成法律的硬要求、上升为国家意志的,使得渗透着平等、自由、法治、公正等现代精神的法律制度全方位地支配着整个社会的运行和发展。正是在这个意义上,人们认为现代生活就是法律生活。

改革开放以来,我国的现代法治进程不断加快,现代法律体系日益完善。进入新时代,我国不断健全维护社会公平正义的法治保障制度,努力让人民群众在每一个司法案件中感受到公平正义。作为法律主体的社会成员,其行为不仅随时随地为法律所规范、所裁决,而且也在法律生活中随时感受和体会以平等、自由、法治、公

---

① [德]黑格尔著,王造时译:《历史哲学》,上海书店出版社2001年版,第136页。

正为主要内容的法律精神,并受到它的教育和熏陶,有时甚至是刻骨铭心的教训;而正在迅速成长又具备一定法律知识的青年大学生,在这种现代法律生活中对法律精神更是有着敏锐的判断和深刻的认同,并不自觉地使之融入自己的人格之中,使自己的人格在法律制度的现代熏陶中不断丰富现代内容,不断得到发展和健全。但是,我国是一个有着两千多年封建历史的国家,再加上现实的经济文化等各种具体条件的限制,在法制体系建设和法治建设进程中,在立法、执法、司法等环节上难免存在一些阶段性薄弱环节。还有一些公务人员在行政执法中存在不作为、乱作为等一些与社会主义核心价值观要求不相符合的现象,他们脑海里存在着"法律工具主义"观念,根据自身需要选择性执法,甚至在执法中侵害群众利益,以权谋私。所有这些问题,随时都在腐蚀甚至解构着对大学生现代人格的教育成果,致使一些学生得出错误结论:与其信仰公平正义、信仰法律制度、信仰人间正道,不如信仰权力、信仰金钱、信仰"潜规则"。于是,其人格在发展的道路上发生了扭曲和变形。

三、思想文化环境

一个国家和民族,在不同时代有着不同时代的以核心价值为主要内容的主流意识形态,它像空气一样无时无刻不在熏染着人们的灵魂,塑造着人们的人格。在中国封建社会,"三纲五常"是其核心价值。在这一价值引领下,封建时代的中国构建起的封建礼教系统,塑造着符合皇权专制要求的臣民人格。辛亥革命推翻了两千多年的封建帝制,但封建旧礼教旧习俗依旧笼罩在中国民众的头上,直到以"科学民主"为旗帜的新文化运动才掀起了一场彻底荡涤旧文化旧思想旧观念的思想风暴，希冀塑造出"自主的，而非奴隶的；进步的，而非保守的；进取的，而非退隐的；世界的，而非锁国的；实利的，而非虚文的；科学的，而非想象的"中国现代新青年。这一伟大的思想运动，为马克思主义在中国的广泛传播并深深扎根中国创造了文化条件和思想环境。马克思主义，是以全人类的自由解放为根本宗旨的思想理论体系，它所追求的未来社会即"自由人的联合体"，正是通过价值重建和革命性变革对人压迫人的社会及其价值的彻底否定，对被扭曲和异化了的人格的彻底解放。在那未来"自由人的联合体"里，"每个人的自由发展是一切人的自由发展的条件"①，人们都以尊崇和珍视自己和他人的自由平等权利的健全人格而生活其中。中国共产党人所领导的中国式现代化运动，正是迈向"自由人的联合体"的阶段性伟大实践，其基本价值就是为促进人的自由全面发展的社会主义核心价值观。以核心价值观为导向的主流文化培育人们特别是青年大学生的现代人格、促进人的全面发展，既是这一运动的重要目的，也是推动这一运动的主体性条件。

改革开放以来，特别是社会主义核心价值观明确提出以来，党和国家通过教育引导、舆论宣传、文化熏陶、实践养成、制度保障，尤其是通过核心价值观进教材、进课堂、进头脑，使核心价值观在青年大学生那里不断内化为精神追求、外化为自觉行动，使他们的现代人格不断得到锤炼和提升。但是，我国还处于社会主义初级阶段，中国现代化的历程也才走过一百多年，持续了两千多年的封建思想文化残余，比如等级观念、裙带观念、迷信思想、当官做老爷

---

① 《马克思恩格斯文集》（第2卷），人民出版社2009年版，第53页。

意识、光宗耀祖和封妻荫子意识等还难免存在着，有时甚至沉渣泛起。特别是，历史上一些大肆弑杀百姓以邀功请赏、封拜侯爵，精心精通于官场学、关系学的精致利己主义的"屠夫"，又蹭着"国学"的市场以所谓"圣人"面貌复活，为一些青年学子所热捧。对作为封建主义糟粕文化载体的一些所谓"圣人"，我们必须有清醒的认识，千万不可小觑它对人们特别是青年大学生现代人格养成的巨大负面作用。在党的十八届六中全会上，习近平指出，要旗帜鲜明抵制和反对关系学、厚黑学、官场术、"潜规则"等庸俗腐朽的政治文化。在现实生活中，有些人信奉关系学，整天想着拉关系、找门路，琢磨谁是谁的人，该同谁搞搞关系、套套近乎；有的人信奉厚黑学，认为人在官场就要脸皮厚点儿，为了官职要能跑敢要，对业绩要能编会吹，对群众意见、社会舆论不要太在乎；有的人热衷做"两面人"，修身不真修、信仰不真信，表里不一、欺上瞒下，台上一套、台下一套，当面一套、背后一套；有的人"当官做老爷"，习惯于高高在上发号施令，身上"官气"十足，脚下不沾泥土；有的人信奉"潜规则"，不给好处不办事，给了好处乱办事，时时处处充当"老好人"，在组织生活中"自我批评摆情况，相互批评提希望"；等等。同时，在市场经济的大潮中、在全球化的大背景下，"金钱拜物教"、极端个人主义，以及民粹主义和狭隘的民族主义都不可避免地存在着。所有这些与现代化、现代性相背离的陈腐价值观念，不仅深深渗透到社会生活各领域，时时干扰冲击着青年学生的思想头脑，引起一些同学价值混乱；而且还被一些所谓"公知""网络大V"等经过各种精致包装，作为"真经"广为兜售，使一些大学生在不知不觉中走向现代人格的反面。

四、大学教育水平

大学是否具有现代教育理念和制度机制，是否能够适应社会现代化和人的现代化的要求组织实施教育实践，直接关系到大学生现代人格教育的效果。康德认为，大学是学术共同体，它的品格是追求真理和学术自由，要引导学生积极追求、竭力形成真实、独立自主、责任和自由的价值观和品格。世界著名教育思想家雅斯贝尔斯（K.T. Jaspers）指出：大学"除了单纯的事实和技巧传授之外，教学和科研还应该有更多的追求。它的目标应该是塑造整全的人，实现一种最宽泛意义上的教育"[①]。现代教育的本质不仅在于给学生以知识和技能，还要启迪学生心灵、唤醒学生潜力、激发学生创造力，更要培育学生人格，让每个学生都能成为具有健全人格的现代人。这就要求真正的大学，尤其是以世界一流为目标的大学，不仅仅要在科技上领先，更应拥有崇高的人文精神、坚定的科学精神和强烈的社会责任感。只有在强烈的社会责任的引领下，把崇高的人文精神与坚定的科学精神相互融合，才能真正让大学成为神圣的学术殿堂、社会的精神家园，成为现代公民人格培育的高地。大学阶段是大学生人格成长发展的关键期。大学生只有浸润在以学生发展为本，充满着开放、包容、平等、自由的教育环境里，才能滋养成现代人格品质。而这种环境，正是由学校建设理念和制度、校园文化、学业课程、学生团体、教师素养等所构成，它们都无时无刻不对大学生现代人格形成和发展发生着重要影响。只有按照现代价值不断优化

---

① ［德］卡尔·西奥多·雅斯贝尔斯著，邱立波译：《大学之理念》，上海人民出版社2007年版，第22页。

这些环境要素，才能真正建成名副其实的现代大学，才能真正培养出具有健全现代人格的青年才俊。

新中国成立以来，特别是改革开放以来，我国高等学校为适应社会主义现代化建设事业需要，越来越重视学生综合素质培养，在加强知识和能力教育的同时，通过一系列教育活动推动大学生人格健康发展，不断提高他们的身心素质和人格层次。但同时，我们应看到，有的大学仍然深陷片面地强调知识教育的误区，不能把大学生作为主体进行人的本真教育。比如，有的大学只把学生作为未来从事某一具体职业的"职业人"，填鸭般地将具体的专业知识和考试技巧塞满学生的头脑，对于学生的健全人格和全面发展缺乏科学认识和足够重视，这就使得一些大学生虽然学习成绩看起来很优秀，但是在世界观、人生观、价值观，以及社会责任感、创新精神、公民意识等方面存在严重不足，以后走向社会也难以真正承担起现代化建设的责任。

更有甚者，有的大学官僚主义乱象盛行，把一些学生熏染成十足的"市侩"。2021年12月，《中国纪检监察杂志》发表《晒一晒"象牙塔"里的那些官僚主义》一文。文章指出：与党政机关相比，"象牙塔"里的官僚主义既有相似性，又有独特性，还有隐蔽性，带坏校风、师风和学风，危害不容小觑。文章指出了大学存在的四种现象："官气"十足，衙门做派；门户林立，近亲繁殖；不务正业，攀附结父；好高骛远，贪图虚名。文章鲜明指出：追权逐名贪利致使浊气难除。长久以来，"象牙塔"里的官僚主义难以根治，自有其适宜生长的"土壤"。官僚主义的表现各式各样，但背后都与权力二字息息相关。行政权力很好使，是催生官僚主义的一个重要原因。一些高校习惯以行政命令统领学术。少数人不学却有"术"，将社会上拉关系、搞钻营的不良风气带入高校并从中获利，不但掌握了大量学术资源，还能轻易获得学术地位和荣誉。高校过度行政化：一方面，高校管理人员以行政逻辑来处理学术问题，阻碍学术正常发展；另一方面，高校教师处理行政事务挤占大量时间精力。更值得警惕的是，行政权力的诱惑让一些教师变得浮躁，侵扰校风学风，甚至让一些学生也有样学样，少数学生干部"官气"十足，从中可见一斑。

五、家庭环境影响

家庭作为社会的基本单元，是一个人最早接受教育的地方，是个体人格发展的基石。对于大学生来说，自小成长的家庭是他们生活的中心，是他们获得爱、指导、支持的源泉。家庭的各个方面，如家庭经济状况、家庭文化氛围、父母的教养方式、家庭结构状况等都会影响他们的人格成长。通常情况下，经济物质条件优越的家庭，往往能为孩子提供更多更优质的教育资源，让他们从小接触更前沿的信息和更广阔的世界，使得他们的眼界和见识更加开阔；而经济条件相对贫穷的家庭，除了在教育资源、物质条件上没办法满足孩子成长需要外，父母通常为了改善家庭经济条件，也没有更多时间关注孩子的心理需求和人格成长。父母文化水平的高低更是影响孩子思想认知和价值取向的直接因素。如果父母有较高的思想文化和道德水平，一般就有利于通过言传身教向孩子传递科学知识和正确价值观，有利于培养孩子正确的道德情感和道德意志，从而为孩子奠定积极健康的人格底色。父母教养方式对大学生的成长也具有深远影响。一般情况下，专制式教养下的孩子往往易焦虑和自卑，缺乏自信心和自立能力；而民主式教养方式下的孩子快乐、自信，具有个性、充满活力，自立能力强；溺爱式教养下的孩子依赖性强、自我中心、自由散漫，心智不成熟，社交能力差。

改革开放40多年来，随着我国经济社会的发展，人民群众物质文化生活水平和文化素质逐步提升，家庭教育各方面条件有了质的飞跃，这为学生现代人格养成提供了积极有利的家庭教育环境。但是，我们还应当看到，我国大学生家庭教育还存在很多短板，对大学生现代人格养成产生不利影响。总体上看，我国改革开放取得了重大成就，但我国仍处于社会主义初级阶段，还仍有不少家庭物质生活困难，他们还不得不为解决温饱而艰辛劳动。正如2020年5月28日时任国务院总理李克强在全国两会记者会上所提及的，中国是一个人口众多的发展中国家，我们人均年收入是3万元人民币，但是有6亿人每个月的收入也就1000元，1000元在一个中等城市可能租房都困难。仓廪实而知礼节，衣食足而知荣辱。这样的家庭，父母文化水平往往都不太高，再加上经济困难，容易使不少家长以狭隘功利主义教育子女要为自己的生存而读书，孩子金榜题名、升官发财，就是他们"日益增长的美好生活需要"。即使解决了温饱问题、物质生活比较好的家庭，由于面对升学的竞争压力，也有不少家长对孩子教育是重智育轻德育，忽视思想品德教育和人格培养；有不少家庭甚至由于孩子的成绩有时不理想而出现急躁情绪，进行粗暴管制、过度干预，使孩子出现情绪低落、脾气暴躁、厌学、考试焦虑、网瘾、内向孤僻，不会处理人际关系，在困难面前做过激行为。有些家庭由于父母经商、外出打工，把孩子交给保姆或老人看管，很少过问孩子的学习，很少关注孩子的心理，对孩子放任自流，纵容了孩子的不良行为。有的生活条件比较好的家庭，把孩子当作绝对的小皇帝小公主，娇生惯养，没有是非教育，不仅使孩子缺乏生活自理能力，而且养成孩子严重的依赖心理、好逸恶劳、自私任性、缺乏责任心，造成人格扭曲。有不少家庭教育缺乏民主平等氛围，希望孩子听话、顺从，家长的话不得反驳，孩子自己的私事也要由家长说了算；甚至孩子的日记也被父母偷看、信件被拆，等等，孩子没有隐私，这种家庭教育方式既削弱了家长的权威也伤害了孩子的人格，更严重不利于孩子独立自主精神和创造能力养成。所有这些，都为大学生现代人格培养埋下了负面的种子。

六、大学生个体主观能动性

外因是事物发展变化的条件，内因是事物发展变化的根据，外因通过内因起作用。在大学生现代人格形成发展过程中，经济发展水平、政策法律制度、思想文化环境、学校教育和家庭环境等，都是外部因素，而大学生自身的认知水平、价值选择、学习能力等，则是影响其现代人格成长的主观内在因素，经济、政治、文化、学校、家庭等环境条件都必须作用于大学生内心深处，才能发挥实际的影响作用。因此，大学生是自己命运的主宰，是其现代人格形成发展的主导者。具体说，作为人格主体的大学生，如果仅从应试的角度判断知识学习的价值，而缺乏对自身现代人格建设意义的认知以及行动的自觉，那他最多只是知识的奴隶、考试的工具，完全不会具有现代人格所要求的社会责任感、创新精神和现代价值理念等。大学生只有对现代人格基本内涵和重要意义等有着正确的认知，有着理性和情感上的认同，以及行为实践上的自觉，才能逐步构建起健全的现代人格。但是，对于正在成长中的大学生来说，要达到这一目标是不容易的。由于受到上述种种复杂的外部因素的影响，在具有不同主观能动水平的同学那里，不同主体的现代人格生成和发展过程会有很大的差异，会呈现出各自鲜明的个性特征。正如苏联学者伊·谢·科恩在《自我论》中所指出的，马克思主义哲学把个人看成主体即创造性的活动因素，人格作为主体性的体现，早已经被认为是同创造、精神修养和克服时间地点的限制分不开的，而无人格则总是同消极被动、不自由、心胸狭窄和没有尊严联系在一起的。在这里，我们需要进一步强调，大学生人格建设过程中的主观能动性发挥的方向和水平，归根结底是由大学生多种发展需求及其不同选择的产物，需求和选择是大学生人格发展的推动力。换言之，大学生人格形成的过程，是其在一定的社会条件下根据主体需要进行自我选择的过程。这种选择体现出主体的价值追求。而其选择是否符合现代社会发展的客观规律，决定了这种选择能否实现和人格是否健全。在实际生活中，无数事实证明这一点。比如，许多人只以财富的积累作为唯一的生活目标，因此被迫局限于某种单调的职业，其全面发展的需要难以得到满足，造成精神空虚，人格变态，成为美国哲学家赫伯特·马尔库塞所谓的"单向度的人"。而更加极端的选择，就是与现代社会发展的规律和社会整体利益相对立的发展取向选择，这种选择造就了自私自利的人格或精致利己主义人格，最终往往使人格主体一步步滑向人生悲剧的深渊。

以上影响因素中所展现和暴露出的一系列矛盾和问题，其深层原因是复杂的。但最根本的原因在于，中国式现代化进程中现代性与传统性、现代价值理性与工具理性、理性与非理性的深刻内在冲突，大学生在现代人格养成中的焦虑、徘徊，甚至倒退和反复，都是这些冲突在面对不同社会生活领域时的具体表现。对此，大学作为大学生现代人格培育的重要担当者，或许会有许多无奈和困顿，但我们更应当看到这些矛盾和冲突的暂时性、阶段性，看到中国社会现代性和中国人特别是中国青年现代人格发育生长在方向和趋势上所具有的不可逆性、必然性，从而努力克服困难、突破困境，因势施策、因时施策、因人施策，一步步把青年大学生培育成具有健全现代人格的大写的"人"。

第九章
加强大学生现代人格塑造的方法路径

习近平在2018年全国教育大会上强调,新时代教育发展,要"坚持改革创新,以凝聚人心、完善人格、开发人力、培育人才、造福人民为工作目标,培养德智体美劳全面发展的社会主义建设者和接班人"①。高校以及相关教育党政部门、全社会和学生家庭,应该紧紧围绕学生发展和现代化要求,积极探索创新大学生现代人格教育的方法路径,形成教育合力,推动大学生早日成才、更好成才。

一、推动大学生切实增强人格建设主体意识,自觉提升自身现代人格水平

强化学生人格建设的主体意识。这是发挥大学生人格建设主观能动性的首要前提。这里所说的主体意识,主要是指学生作为自身人格建设的主体,对自己作为一个独特存在的个体的人格的认识,是作为主体的我对自己以及自己与周边事物的关系,尤其是人我关

---

① 习近平:《坚持中国特色社会主义教育发展道路 培养德智体美劳全面发展的社会主义建设者和接班人》,《人民日报》,2018-09-11。

系的意识，包括自我人格观察、自我人格评价、自我人格体验、自我人格控制等。一句话，这里的主体意识，就是主体对自己人格的自觉反观、矫正和建设的意识。主体意识，是自身个人建设的前提和基础。只有具有相应的自觉的正确的自我意识，才有自觉的正确的人格建设。从构成要素来看，自我意识包括三个要素：对自我的理性认识、自我情感体验、自我意志控制。这三个方面的发展方向和水平，是衡量一个个体人格建设中的自我意识的性质和水平高低的标准。提升大学生人格建设意识，重点就是要使他们具有清醒的自我理性认识、健康的自我情感体验和有力的自我意志控制，就是培育人格建设中的积极健康的"知、情、意"三要素。在此基础上，进一步推动健康人格的外化即自觉的行动，构成"知、情、意、行"人格形成发展的完整过程。

着力提升学生对现代人格的认知水平。人格认知是人们在价值决策以及判断他人行为是否符合善的价值准则时所涉及的认知过程。人格认知是以一定的价值标准与道德准则进行的，它是人格主体基于这些价值观和准则，对"什么是善，什么是恶""什么是好，什么是坏""什么是光荣，什么是耻辱""什么是正义，什么是非正义"等的判断和思考，是健全人格形成和发展的理性基础。在这里，个体的人格认知应当有两个立场，一个是自身立场，一个是他者立场。问题的关键，就在于能将这两个立场协调起来，既能够认识和理解社会价值准则的应然和实然，进而自觉参与到全社会价值建设中；也能够按照应然社会价值规范要求对自我心理、行为和人格进行价值分析、判断和评价，使自身人格和行为与应然社会价值规范发展和社会发展进步相协调、相一致。从认知内容看，人格认知指向"真"和"善"，一个是对一定社会所倡导和崇尚的价值规范所蕴藏的客观必然性的认识和把握,这是对价值的真理性认识;一个是对价值所具有的满足自我与社会的意义的认识和把握,亦即对价值的意义性认识。求真和求善这两个方面相互统一,"求'真'是认识并服从康德所说的道德法则这一绝对命令,求'善'则是道德主体在认识客观必然性之后所获得的、由他律阶段进入自律阶段的自由"[①]。引导大学生建设自身现代人格,就要使他们深刻理解我国现代化的核心价值观即道德律令的必然性,认识到从国家社会和个体层面深入践行这一道德律令对于我国现代化建设和自身成长的重大意义,为培育自身现代人格打牢扎实的价值认知基础。

着力激发学生现代人格的情感体验。积极健康的价值情感是现代人格的重要内容。在人格建设过程中,当人格主体形成了一定的人格认知并转化为自己的价值需求时,这种认知和需求就会发展成为价值情感体验。"当别人或自己的言行、思想符合自己的道德认识、符合主观的道德需求时,就会产生满意的、愉快的、肯定的道德情感,如爱的情感、自尊感、荣誉感、友情感、同情感、人道感、幸福感、义务感、正义感、崇高感,等等;当别人或自己的言行、思想违背了自己的道德认识、违背主观的道德需求时,就会产生不满的、痛苦的、否定的道德情感,如恨的情感、卑劣感、耻辱感、羞愧感、内疚感、忏悔感、罪恶感等。"[②]可通过文艺作品、社会实践主题活动等培养学生的健康情感体验。这里要注意的是,要引导学生在价值认知和价值情感的正向的相互强化中提高情感水平。也就

[①] 陈士涵:《人格改造论》,学林出版社2012年版,第101—102页。
[②] 陈士涵:《人格改造论》,学林出版社2012年版,第102页。

是说，在现代人格建设中，要培育和激发学生符合现代社会要求的积极健康的价值情感，必须以理性的真理性价值认知为前提，要防止情感的非理性和情绪化；要在科学认识现代性和社会主义核心价值观的基础上，培育以现代性和社会主义核心价值观为价值取向的情感，形成对符合现代性和社会主义核心价值观事物的赞美性、肯定性情感，对违背现代性和社会主义核心价值观事物的批评性、否定性情感，反过来，用情感进一步深化和强化对现代性和社会主义核心价值观必然性的理解和认识，为现代人格构建提供更加牢靠的价值认知和价值情感基础。

着力强化学生现代人格建设的意志品质。意志品质是个人在价值实践情境中自觉克服内外困难、实现价值目的的心理过程。意志品质对人格建设发挥着重要的能动作用，这突出地表现在抗拒不良环境的诱惑、抑制不道德行为上。它不仅使道德认识和道德情感战胜不道德的认识和情感，而且也排除内外的主客观困难，将道德行为进行到底，从而使人的道德人格逐步形成、臻于完善，再进而形成人格行为习惯。当人们坚持某种价值的正义性并决心践行它的时候，就会在内心产生一种坚强的信念和意志力，从而使人们严格要求自己，果断地作出行为抉择，并努力保持自己行为的稳定性和一贯性。因此，自觉地磨炼自己的价值意志，就成为培养和造就个体现代人格的一个关键环节。用德国哲学家康德（Immanuel Kant）的话说，人作为理性存在物，其意志应当是自由的，自由是人的一种天赋权利，是每个人由于他的人性而具有的独一无二的、原生的、与生俱来的权利。一个人只有作为纯粹的意志存在物而不是作为一个自然的存在物，他才是自我决定的，才能"自己为自己立法"，才能在立法时不服从异己意志。① 在培育学生现代人格的过程中，我们要通过强化学生价值意志，实现"自己为自己立法"；但是，这种"法"只能是现代社会的道德律令和人格律令，是实现个体自由发展与社会进步相统一的道德律令和人格律令，这就是现代性和社会主义核心价值观。强化学生现代人格建设中的价值意志，就是要求强化学生践行现代性和社会主义核心价值观的坚强意志。

着力强化学生现代人格的价值行为。个体人格，以及个体价值认知、价值情感和价值意志的性质和水平的高低，归根结底要落实和体现到价值行为上。换言之，价值行为是个体人格建设的最终目的和落脚点，是衡量人格高低好坏的根本标准。一般说来，只要有积极健康的、高尚的价值认知、价值情感和价值意志，就会有正确的价值行为。中国古代思想家很看重价值行为在个体人格修养中的重要性。孔子说："力行近乎仁。"② 荀子把价值行为置于至高无上的地位，认为"不闻不若闻之，闻之不若见之，见之不若知之，知之不若行之，学至于行而止矣"（《荀子·儒效》）。把"行"看成完成人格修养任务，成为"圣人"的标志。清代颜元也说："德性以用而见其醇驳，口笔之醇者不足恃"（《颜习斋年谱》）。一般来说，大学生如果对现代社会的现代性和社会主义核心价值观建立起科学理性的价值认知、健康的价值情感和坚强的价值意志的话，那么就应当水到渠成地结出"价值行为"这一好的结果。但是，这并不意味着我们对学生的"价值行为"发展不需要给予特别的培养。恰恰相反，我们通过对价值行为的强化不仅可以改善行为本身，而且还可以反

---

① ［德］康德著，苗力田译：《道德形而上学原理》，上海人民出版社1986年版，第86页。
② 《中庸·第二十章》，王国轩译注，中华书局2006年版，第96页。

过来使价值认知、价值情感和价值意志在价值实践中得到进一步强化和提升，从而使这四者之间形成良性互动，并在这种良性互动当中实现学生现代人格的螺旋式上升。我们不仅要告诉大学生："君子耻其言而过其行"（《论语·宪问》），引导他们现代人格培养、现代道德养成要从一点一滴做起，不以善小而不为、不以恶小而为之，坚持不懈、久久为功，把对社会主义核心价值观的认知、情感、意志转化为日常行为方式和行为习惯，融入学习、生活和工作；而且要为大学生全方位地深度参与社会实践锻炼提供更多条件，搭建更宽广舞台。

二、引导大学生深刻理解现代市场经济的价值内涵，自觉在现代市场经济的实践中锻造现代人格

中共中央发布的《关于培育和践行社会主义核心价值观的意见》（以下简称《意见》）指出，要把培育和践行社会主义核心价值观落实到经济发展实践和社会治理中；确立经济发展目标和发展规划，出台经济社会政策和重大改革措施，开展各项生产经营活动，都要遵循社会主义核心价值观要求，做到讲社会责任、讲社会效益、讲守法经营、讲公平竞争、讲诚信守约，形成有利于弘扬社会主义核心价值观的良好政策导向、利益机制和社会环境。《意见》强调，与人们生产生活和现实利益密切相关的具体政策措施，要注重经济行为和价值导向有机统一，经济效益和社会效益有机统一，实现市场经济和道德建设良性互动。可以说，社会主义核心价值观是我国市场经济制度的价值灵魂；而市场经济的各种法律制度和具体政策，

都是这一价值灵魂的呈现形式和具体载体。从这个意义上说，我国市场经济就是培育大学生现代人格的一个大学校。作为高校，应当引导大学生深刻理解和践行市场经济的价值内涵，自觉在现代市场经济的实践中锻造自己的现代人格。

引导大学生深刻认识和践行契约精神，即自由、平等、守信的精神。自由是市场活动中的一项基本价值。它表明，在市场经济活动中，每一个进入市场的市场主体，包括参与其中的劳动者都有以独立自由的人格和资格，进行自由迁徙、自由流动、自由选择生产要素、自由选择就业和劳动、自由交易的权利，能够自由地从事"法无禁止即可为"的经济活动。"自由"意味着每个人都同等地不受其他任何个人和组织的非法强制（当然，这里的法是指合乎现代法治原则的良法），同时也意味着每个人的自由权同等地受到法律的保护。也就是说，这里的"自由"，是"平等"的自由，不是一部分人自由而一部分人不自由。市场主体在市场活动中，交易双方作为缔约者，相互尊重对方的平等自由权和具体交易中的权利，诚实履行交易约定中的义务，彼此信任、诚实交易，不欺诈、不隐瞒真实情况、完全履行契约，这就是契约守信精神。可以说，在市场活动中，一个市场主体如果没有自由、平等、守信的价值理念，那就是一个没有健全人格的交易者，就会遭到市场和人们的唾弃。

引导大学生深刻认识和践行法治精神。市场经济中的自由不是无底线的，而是有法律界限、有法律保护的自由。从这个意义上说，市场经济是法治经济；或者说，法治是市场经济的一项重要价值标准。在市场经济的法治活动中，其主体不仅包括市场主体，还包括参与市场服务和管理的政府组织。市场主体必须依法平等经营和交易；而作为服务和管理者的政府组织，要严格依法行政、依法执法，严格遵循"法无授权即禁止"，政府权力不可任性，不可妨碍市场主体合法经营和交易。否则，市场主体就可以拿起法律的武器捍卫自己的权利。

引导大学生不断强化和践行开放意识。世界近代史是一部不断开放的经济全球化的历史，各国各民族的对外开放使全球成为一个各国各民族相互联系、相互依存的大市场。在全球化的大潮流下，任何一个国家和民族如果关起门来搞建设，最终只能是死路一条；都必须以一种开阔的视野和海纳百川的胸怀吸纳世界上一切优秀文明成果，并与其他国家和民族在平等竞争中达到合作、互利、共赢。在完善的市场经济条件下，一国之内的社会，也应当是开放的社会，它以尊重和保护个人自由权为基础，打破地区贸易壁垒，形成全国统一的大市场。在这个开放社会中，政府是阳光透明负责任的公共服务型政府，它能容许和接受民间的批评，并对批评作出回应和宽容；广大民众也有比较成熟理性的开放意识，在对外关系、对待外部文明上能够表现出既虚心学习、又不卑不亢的理性人格；民粹主义、狭隘的民族主义和盲目排外等在这样的社会里都难以兴风作浪，难以形成气候。

引导大学生在市场经济的实践中养成正确的权利观和人格观。市场经济的基本价值秉性是自由竞争、优胜劣汰，特别是在市场经济制度还不健全、社会保障配套措施还不完善的情况下，效益优先原则往往压倒结果公平原则，劳动者在具体的劳动关系中权益容易受到侵害。对此，一方面，需要通过深化改革进一步正确处理好效率和公平的关系；同时，要引导劳动者和广大青年深刻认识发展市场经济和民营经济的历史必然性，深刻认识效率和公平之间的矛盾发展运动的规律性,防止否定市场经济和盲目反"资本"的情况发生,防止青年被裹挟进对我国"两个毫不动摇"方针的认识误区。必须向大学生和广大青年讲好发展市场经济和民营经济的大道理,使他们在正确把握我国市场经济发展的大趋势中积极投身到市场经济的创业实践中,形成正确的权利观、人格观,在开拓奋斗中健全自己的现代人格、成就自己的人生价值。

三、引导大学生树立现代文明意识,自觉用人类现代文明的核心价值和建设实践培育和锤炼现代人格

现代社会是人类文明发展历史长河的新阶段。在这一阶段里,整个社会有着全新的价值观念和制度,也有着与之相应的具有健全现代人格的公民。大学生作为接受系统高等教育的时代青年,作为要担负起现代文明建设重任的时代青年,不能为与现代文明相悖的旧文明、旧道德所迷惑、所牵引,而是应自觉地把自己的人生放到这一现代文明新阶段,增强文明发展的时代感、现代感,自觉以现代文明眼光和要求审视自身人格现状,用人类现代文明的价值标准和制度成果建设和陶冶自身人格,进而担负起时代所赋予的现代文明建设的历史使命。

几百年的人类现代文明发展史,积累了丰富的物质、制度和思想文化成果,是人类文明发展的全方位的巨大质的飞跃。正如马克思、恩格斯在《共产党宣言》中所指出的:在这种伟大变革中,"一切固定的僵化的关系以及与之相适应的素被尊崇的观念和见解都被消除了,一切新形成的关系等不到固定下来就陈旧了。一切等级的

和固定的东西都烟消云散了,一切神圣的东西都被亵渎了。人们终于不得不用冷静的眼光来看他们的生活地位、他们的相互关系"[1]。这个不可逆转的过程,彻底改造了人们的思维方式和价值观念,重塑了社会关系和世界面貌,形成了不同于以往传统社会的崭新的文明形态。"现代性观念在人们的生产生活过程中对象化为现代文明的普遍性,以前所未有的方式离开传统社会秩序的轨道,使人们进入对传统等级观念祛魅的世界。"[2] 当历史走向世界历史,生产的社会化促进文明从封闭走向开放,一切地域之间或民族之间的隔阂就被彻底摧毁了,"它迫使一切民族——如果它们不想灭亡的话——采用资产阶级的生产方式;它迫使它们在自己那里推行所谓的文明,即变成资产者。一句话,它按照自己的面貌为自己创造出一个世界。"[3] 这一变革,是经济发展的物质力量和思想文化观念的精神力量相互作用的结果,最终形成伟大的现代制度成果,使现代文明发展成就和发展方式以政治上层建筑和观念上层建筑的形式固定下来。身处这种由现代性所开辟的崭新现代文明形态中的每个社会成员,在现代思想观念和现代制度熏陶和塑造下,便渐渐地养成了与现代性一致的崭新的世界观、价值观和生活方式,形成了以自由、平等、民主、法治等价值为根本取向的崭新的现代人格。他们摆脱传统观念的束缚,极大地释放出自我意识的创造性,以现代人格的能动姿态投入改造社会的实践活动中,使物质生产过程同时也成为精神观念的生产过程;这一过程既直接推动了生产力和社会的巨大变革,也大大

---

[1] 马克思、恩格斯:《共产党宣言》,人民出版社2018年版,第30—31页。
[2] 臧峰宇:《马克思的现代性思想与中国式现代化的实践逻辑》,《中国社会科学》,2022年第7期。
[3] 马克思、恩格斯:《共产党宣言》,人民出版社2018年版,第32页。

提升了人们的现代素养和文明程度。但是，作为现代文明的资本主义形态，马上就暴露出自身难以克服的内在矛盾。资本主义遵循的利益原则强化了利益对立关系，自由与平等、效率与公平、稳定与秩序的矛盾以社会冲突的极端形式表现出来。于是，社会主义的思想和社会运动作为现代文明的一种新形态应运而生。这种思想潮流和社会运动，对资本主义现代文明进行辩证扬弃，以公正价值对自由、平等、民主、法治等价值进行全方位改造，赋予现代文明崭新的价值内涵，推动现代文明迈向社会主义现代文明新形态。近二百多年来的共产主义运动正是朝着这一现代文明新形态曲折前进的社会运动。这一运动发展到今天，最为卓越的成就之一，就是中国正在探索发展着的人类文明新形态中所内含的社会主义核心价值观及其转化成的制度成果。新时代大学生用人类现代文明的价值和实践来培养和锤炼现代人格，最主要的就是要在全面理解人类现代化的历史必然性、规律性，深刻把握理解现代文明现代性的基础上，立志投身我国社会主义现代化的伟大变革事业，在深刻理解社会主义核心价值观建设规律、自觉运用规律的实践中养成现代人格。

深刻认识和把握社会主义核心价值观以人的发展为根本导向的建设规律，把不断促进人的自由全面发展作为自身人格培养和道德实践的根本价值取向。社会主义核心价值观的价值主体是人，是广大人民群众。践行社会主义核心价值观，要把人的发展作为出发点和落脚点，始终关注人们的利益诉求和价值愿望，促进人的自由全面发展。这既是社会主义社会对社会主义核心价值观建设的本质规定，也是促进人们自觉践行社会主义核心价值观的根本所在。社会主义社会作为现代社会发展的新阶段，根本区别于传统社会。传统社会以神权、政权为本，实质上就是以一小撮人的利益为本，要实现神对人、一小部分人对大多数人的专制统治。而现代社会是以人为本的,这里的"人"是代表大多数人利益的广大群众。社会主义社会,人的发展永远是第一位的,政治、经济、文化、社会和生态建设都是服务于人的发展的,为着人的发展创造各种条件的。正如马克思、恩格斯在《共产党宣言》中所描述的那样,"代替那存在着阶级和阶级对立的资产阶级旧社会的,将是这样一个联合体,在那里,每个人的自由发展是一切人的自由发展的条件"①。这就是马克思主义的根本宗旨,它追求每个人的自由而全面的发展,也就是全社会人的平等的自由发展。"马克思主义的这一根本价值目标,既规定了现代社会中社会主义核心价值观的基本内容,又明确了现代社会社会主义核心价值观建设的根本方向。如果偏离人的发展这一导向和宗旨,社会主义核心价值观的践行,就失去了'社会主义'性质,就是目标错位,就会失去群众的参与和支持,就是无源之水、无本之木,社会主义核心价值观建设工作就失去了合理性、正当性。"②作为要肩负起民族复兴大任的时代新人,大学生应当自觉把人格建设目标和践行社会主义核心价值观的行为目标,定位在为人民生活、为人的自由全面发展而奋斗和责任担当上,并围绕这一目标审视自己的人格短板,不断提高自己的人格水平。要防止"精致利己主义"和"市侩主义"的庸俗价值观在自己人格建设中作祟作怪。

深刻认识和把握政策制度和价值观念相互强化规律,在理解、支持、参与改革的实践锻炼中自觉培养自己的现代人格。"社会主义核心价值观的践行,从存在形态看,呈现出一种价值观念与政策制

---

① 《马克思恩格斯文集》(第2卷),人民出版社2009年版,第53页。
② 张瑞芬:《社会主义核心价值观践行规律》,《思想政治工作研究》,2016年第1期;中国人民大学报刊复印资料《思想政治教育》,2016年第7期。

度相互转化、互为促进、不断强化的规律。"① 马克思主义认为，耸立在社会经济基础之上的社会的上层建筑，主要由两部分内容组成：政治上层建筑和观念上层建筑，二者相互作用、相辅相成。社会主义核心价值观作为观念上层建筑，一方面，对社会主义社会的政策制度具有引领作用，决定着政策制度的方向和内容；同时通过对社会主义核心价值观的宣传推广，可以促使人们更好地、更自觉地贯彻和遵守社会主义社会的政策制度和法律法规。另一方面，社会主义核心价值观，只有通过改革固化成各种政策制度和法律法规，才能形成硬约束；在此基础上，通过政策制度的制定和贯彻执行，进一步强化国家、社会和公民对社会主义核心价值观的认知、认同及践行，进而为在实践中进一步推进政策制度的改革完善，提供更加浓厚的社会氛围和更加坚实的思想基础。如此螺旋式上升，使社会主义核心价值观的践行在价值观念和政策制度的相互强化中不断得到升华。作为要肩负起民族复兴大任的时代新人，大学生应当在深刻认识和把握这一规律的基础上，积极支持、主动参与改革，推动社会主义核心价值观固化成各种政策制度和法律法规，在改革实践中锻造自己的现代人格。

深刻认识和把握社会主义核心价值观建设内化和外化相互强化规律，自觉在价值内化和价值实践的良性互动中培养自己的现代人格。知之真切笃实处即是行，行之明觉精察处即是知。"社会主义核心价值观的践行，从发生机制看，呈现出一种内化和外化相互联系、

---

① 张瑞芬：《社会主义核心价值观践行规律》，《思想政治工作研究》，2016年第1期；中国人民大学报刊复印资料《思想政治教育》，2016年第7期。

互相强化的规律。"① 内化的过程，主要是指践行主体对社会主义核心价值观在理性和情感上的认知和认同；外化的过程，主要是指践行主体在内化的基础上的自觉行动，并在行动中进一步深化和提升对社会主义核心价值观的认知认同。内化与外化之间的相互强化需要一个前提，即"价值观的同化"，也就是说，人们为了最大限度维持和发展共同利益，尽可能地形成相同的或相近的价值观，以增强社会凝聚力，而不是与之相反的"价值观的异化"，即由于根本利益的冲突，社会成员之间的价值观相互排斥而越来越趋于不一致。内化要重点抓住知、情、意三个环节；外化要把对社会主义核心价值观的正确认知、健康情感和践行意志体现到外在的行动上，是衡量社会主义核心价值观建设是否取得成效的根本标准。作为要肩负起民族复兴大任的时代新人，大学生应当在深刻认识和把握这一规律的基础上，在对社会主义核心价值观的知情意行上下功夫，使核心价值观内化于心、外化于行，不断推动价值内化和价值实践的良性互动，持续提升自己的现代人格。

深刻认识和把握社会主义核心价值观建设的反复性和长期性发展规律，坚持不懈地用核心价值观滋养自己的现代人格。"社会主义核心价值观的认知和践行，从辩证过程看，呈现出一种反复性和长期性发展的规律。反复性，主要指对社会主义核心价值观的认知和践行是一个不断反复、螺旋式提高的过程；长期性，主要指对社会主义核心价值观的认知和践行是一个长期实践、逐步积累的过程。"②

---

① 张瑞芬：《社会主义核心价值观践行规律》，《思想政治工作研究》，2016年第1期；中国人民大学报刊复印资料《思想政治教育》，2016年第7期。
② 张瑞芬：《社会主义核心价值观践行规律》，《思想政治工作研究》，2016年第1期；中国人民大学报刊复印资料《思想政治教育》，2016年第7期。

人们对价值观的认知和实践的过程之所以具有反复性，这主要源于人的道德品质形成发展的内在特点。特别是青年人，他们正处于成长时期，思想不够成熟，情感不够稳定，缺乏生活经验，在价值认知、情感、意志和行为上，更容易出现这样或那样的反复与波动。价值观形成的反复性，必然带来社会主义核心价值观习惯养成的长期性。任何一种价值观的形成，都不是一朝一夕之功，需要日常的点滴积累，需要一个长期的培养教育、陶冶训练的过程；同时，从更宏观的角度看，人类社会发展是无止境的，价值观的发展和要求也是不断提高的，任何人的价值观都难以达到尽善尽美的境界，但我们"虽不能至，心向往之"。作为要肩负起民族复兴大任的时代新人，大学生应当在深刻认识和把握这一规律的基础上，用社会主义核心价值观涵养自己的现代人格，既不能急于求成、心浮气躁，也不可动摇和懈怠，要长期坚持、久久为功。

四、引导大学生用辩证理性态度审视和扬弃历史文化遗产，从中汲取具有现代价值的优秀文化滋养现代人格

习近平指出："要坚持古为今用、推陈出新，有鉴别地加以对待，有扬弃地予以继承，努力用中华民族创造的一切精神财富来以文化人、以文育人。"[①]人类文明发展史给后人留下了丰富的精神历史文化遗产，构成了后人进一步发展的重要文化环境。几千年的中华文明留给我们的精神遗产，是当今大学生现代人格成长的重要影响

---

① 《习近平谈治国理政》(第一卷)，外文出版社2014年版，第164页。

因素，大学生应当用辩证理性态度审视和扬弃历史文化遗产，自觉从中汲取具有现代价值的优秀文化滋养现代人格。

不论是哲学思想，还是政治思想、法律思想、伦理思想、文艺思想和历史观等，作为历史文化遗产，都是当时的思想者基于一定的立场对他以前的历史和他所处的时代所作出的事实判断、价值判断进而提出的观点和主张。从与当时的作为主流社会存在的统治体系的具体关系来看，这些思想文化的内容，有为统治体系服务的，有对统治体系批判的，也有形式上超越历史的现实而表现为永恒价值的。于是，这些不同内容的思想文化，在当时的时代里就有了不同的待遇和命运。有利于统治集团利益的，就被上升为观念上层建筑，享受"居庙堂之高"的尊贵，如提出"君权神授"和"三纲五常"的董仲舒式的儒家学说从汉武帝起就一直受到封建专制政权的青睐；不利于统治集团利益的就遭受到"处江湖之远"的冷遇，甚至被打入另册，如高喊"民为贵，社稷次之，君为轻"的孟子学说在明朝就遭到了厄运。但不论哪一种，一般来说，它们都是时代的产物，都是思想者对他们之前的历史和他们所处的时代的直观的或者曲折的主观反映，都带有鲜明的历史个性和时代特征。然而，文化的无差别的自然沿袭和遗传的秉性，造成了文化的历史存在与社会历史进步要求之间的矛盾和冲突。正如马克思、恩格斯在《德意志意识形态》中所指出的："历史的每一阶段都遇到一定的物质结果，一定的生产力总和，人对自然以及个人之间历史地形成的关系，都遇到前一代传给后一代的大量生产力、资金和环境，尽管一方面这些生产力、资金和环境为新的一代所改变，但另一方面，它们也预先规定新的一代本身的生活条件，使它得到一定的发展和具有特殊的性质。"[①] 以往的历史文化遗产，就是这样从思想观念的角度"预先规定新一代的生活条件"，它们作为后人生活的先天环境的一个重要部分，不可避免地或深或浅影响着每个人的思想观念，甚至渗入人们的灵魂深处，进而成为人们的精神血脉，塑造着人们的现实人格。于是，在历史的转变和承接环节，一个重要的问题产生了。这就是，后一个时代尤其是与以往社会相比已经是发生了质变的新社会形态为什么要用前些时代的思想观念来建设当前社会、来培养当前人的道德和人格呢？如果任由旧时代的思想文化尤其是旧时代的陈旧主流思想文化泛滥并为后人全盘接收，那不就是把人们的思想和人格又拉回到旧社会，进而也导致整个新社会的倒退，最终使新社会的建设破产吗？于是，在这里，时代的进步、新社会的建设，就为后人提出了对历史文化进行改造的时代任务。1840年以来，中华民族开始了从自在到自觉的现代社会转型，从现代社会建设和现代公民培育要求出发，对几千年的旧文化进行创造性转化、创新性发展，就成为中华民族现代化建设一个历史任务。正是鉴于此，大学生在现代人格培养过程中，对传统文化既不应犯全盘肯定的错误，也不应犯全盘否定的错误，更不能犯从自己私利和狭隘感情好恶出发的"市侩式拿来主义"错误，而是要从现代社会建设的本质和现代人格的价值要求出发，坚持马克思主义与中华优秀传统文化相结合，自觉运用马克思主义唯物史观，以辩证理性的批判态度，深刻审视人类历史文化成果，从中汲取具有现代价值的优秀文化以滋养自己的现代人格，建设我们的现代社会。

用现代价值标尺萃取优秀传统文化精华以滋养自己的现代人格。

[①] 《马克思恩格斯选集》（第1卷），人民出版社2012年版，第172页。

习近平指出："中华优秀传统文化是中华民族的文化根脉，其蕴含的思想观念、人文精神、道德规范，不仅是我们中国人思想和精神的内核，对解决人类问题也有重要价值。要把优秀传统文化的精神标识提炼出来、展示出来，把优秀传统文化中具有当代价值、世界意义的文化精髓提炼出来、展示出来。"① 中华民族在长期实践中培育和形成了丰富的精神成果，具有独特的魅力和文化特色优势，包含着深刻的思想价值、巨大的精神活力、崇高的道德人格、辩证的科学思维、形神兼备的审美品格。比如，文以载道、知行合一、经世致用、辩证思维的思想传统，"风声雨声读书声声声入耳，家事国事天下事事事关心"的家国情怀和责任担当，"明明德、亲民、止于至善""格物致知""正心诚意""修齐治平""自强不息""厚德载物"的精神追求，崇仁爱、重民本、守诚信、尚和合、求大同的价值理想，敬业乐群、扶正扬善、扶危济困、见义勇为、孝老爱亲的高尚美德，都集中体现了中华民族的先贤们所具有的崇高的文化自觉意识和厚重的历史责任感，都是对于我国的现代化建设和大学生涵养自己现代人格具有重要价值的珍贵文化资源。

以现代价值标尺剔除传统文化中的封建主义糟粕，防止这些糟粕对大学生现代人格建设的精神侵袭。习近平在纪念孔子诞辰2565周年之际深刻指出："传统文化在其形成和发展过程中，不可避免会受到当时人们的认识水平、时代条件、社会制度的局限性的制约和影响，因而也不可避免会存在陈旧过时或已成为糟粕性的东西。"② 在现代化建设和现代人格培养中，我们必须清醒认识到，我国产生

---

① 《习近平谈治国理政》（第三卷），外文出版社2020年版，第314页。
② 《习近平谈治国理政》（第二卷），外文出版社2017年版，第313页。

于封建时代的传统文化，不论在价值取向上还是在内容上都必然具有封建时代的特征，必然会存在着一些与社会主义时代精神和现代价值不相容的糟粕。正是这些文化糟粕，为封建统治者奴役百姓提供了价值论证。这正如鲁迅在《灯下漫笔》中对中国专制社会所尖锐揭露的那样，中国人向来就没有争到过"人"的价格，至多不过是奴隶。因此，我们必须以马克思主义的立场、观点和方法，以社会主义核心价值观为标准，对传统文化进行系统梳理、甄选和扬弃。一般来说，人们对"君为臣纲、父为子纲、夫为妻纲"这样的赤裸裸的专制文化、造奴文化都能识破它。但对于历史上极具欺骗性、迷惑性的一些假"道学""成功学"却往往缺乏辨识力。而正是这些由历史上那些实现了所谓人生"立德立功立言"三不朽的精致利己主义者所炮制的欺骗人迷惑人的东西，为现在的不少人包括一些大学生所青睐所热捧，严重侵蚀着人们的灵魂和人格。邓小平早在1980年8月中央政治局扩大会议上就强调，我们现在还存在着封建主义的残余，"如社会关系中残存的宗法观念、等级观念；上下级关系和干群关系中在身份上的某些不平等现象；公民权利义务观念薄弱……"[①]他指出，"我们进行了二十八年的新民主主义革命，推翻封建主义的反动统治和封建土地所有制，是成功的，彻底的。但是，肃清思想政治方面的封建主义残余影响这个任务，因为我们对它的重要性估计不足，以后很快转入社会主义革命，所以没有能够完成。现在应该明确提出继续肃清思想政治方面的封建主义残余影响的任务，并在制度上做一系列切实的改革，否则国家和人民还要

---

① 《邓小平文选》(第二卷)，人民出版社1994版，第334页。

遭受损失。"① 新中国成立以后，我们在清除封建意识方面还存在许多问题，在现实生活中，那些有碍于现代化建设的旧思想、旧观念，还时时困扰着我们。比如，在一些单位和一部分领导干部中，以权代法、以权压法、家长制、"一言堂"等情况，还严重存在。对于官僚主义，习近平深刻洞察官僚主义的封建思想根源和本质，2013年7月11日，他在河北指导党的群众路线教育实践活动时一针见血地指出：官僚主义实质是封建残余思想作祟，根源是官本位思想严重、权力观扭曲，做官当老爷，高高在上，脱离群众，脱离实际。因此，在现代化建设过程中，在大学生现代人格培养过程中，我们绝不能轻视甚至无视封建主义文化糟粕随时随地对现代化建设、对学生人格培养的影响，要高度警惕这些糟粕成为我国实现现代化、走向民族复兴的无形障碍和阻力，尤其是要引导大学生学会用历史的、辩证的现代眼光辨识它的封建主义本质和各种各样的表现，不要被它污染了自己的灵魂和人格，不要被它带上邪路。

要防止一些错误思潮和思想观点毒害青年人格。近些年来，一些人或者出于自己的自私算计，或者出于无知，无视我国现代化建设的现代价值要求，对于中国传统文化良莠不分地一味溢美。有研究者深刻指出，这"实际上是另一种历史虚无主义"。"它所虚无的是数千年人民群众反剥削反压迫的历史，虚无的是鸦片战争以来反帝反封建的历史、社会主义革命和建设的历史。"② 比如，有人打着"继承传统文化"的旗号，以纪念、反思为名彻底否定新文化运动，主张将新文化运动深刻批判过的封建礼教再请上神坛，鼓吹要以封

---

① 《邓小平文选》（第二卷），人民出版社1994版，第335页。
② 王广：《重温邓小平同志反封建主义重要论述》，《中国社会科学报》，2015年12月1日。

建礼教、"三纲五常"取代马克思主义,宣扬只有复兴儒学、"儒化中国",才能实现民族复兴。还有一种极端,就是以所谓"创新"为名,认为中国传统文化一无是处,全盘否定。这是一种典型的否定历史发展继承性的历史虚无主义。早在1938年,毛泽东在《中国共产党在民族战争中的地位》一文中就说过:"我们是马克思主义的历史主义者,我们不应当割断历史。从孔夫子到孙中山,我们应当给以总结,承继这一份珍贵的遗产。"[①] 当前,危害最大的是狭隘自私的功利主义者的文化投机行为。"近年来,随着中华民族复兴伟大事业的不断推进,全社会掀起了一股复兴传统文化的浪潮,也涌现了一种以继承中华传统文化为幌子,而旨在利益攫取的投机行为。""其目的并不在于文化的复兴和'传统'的延传,而是为了从中获得一定的经济、政治、社会等方面的利益。"[②] 中华优秀传统文化的价值彰显是显性和隐性的结合,那些投机的功利主义者,从自己精致的利益计算出发,挑选中华传统文化中只具有显性价值的、容易在缺乏深刻辨识能力的一些民众和一些青年学生那里打开"市场"的内容,大加兜售,以达到自己在网上吸引眼球和扩充粉丝队伍、大发其财的目的。这些人"违背了马克思主义的立场观点和方法,也造成了对中华优秀传统文化的随意阉割,从而破坏了中华优秀传统文化的整体性,并使'文化'的传承发展陷入'功利主义'窠臼"[③],更容易毒害青年,值得大学生高度警惕。

---

① 《毛泽东选集》(第二卷),人民出版社1991年版,第534页。
② 刘刚:《中华优秀传统文化创造性转化和创新性发展》,社会科学文献出版社2022年版,第38页。
③ 刘刚:《中华优秀传统文化创造性转化和创新性发展》,社会科学文献出版社2022年版,第39页。

五、引导大学生正确认识和处理好理想与现实的矛盾，坚定培养自己现代人格的理想和信心

大学生现代人格的形成与发展，总是在现实环境中进行的，是在正确地认识和处理现代人格理想与现实的矛盾中逐步实现的。正如我们在前文中所论述的那样，在这一过程中，大学生必然会碰到各种各样的与理想人格相冲突的社会存在和实际困难；在这种现实面前，不少人往往会怀疑自己理想的正确性，于是对理想产生怀疑和动摇，甚至走向理想的反面。马克思在《关于费尔巴哈的提纲》中指出："环境的改变和人的活动或自我改变的一致，只能被看做是并合理地理解为革命的实践。"[①]这一论断表明，实践是人与环境实现统一的基础，正是在实践中，人改变着环境，同时，环境改变着人。因此，大学生必须科学认识和处理好理想与现实的矛盾，面对现实问题和存在困难，能够不坠青云之志，以坚定的意志和信心，矢志不渝地把现代性贯彻到改造自我和改造现实的实践之中，做到在改造自我中改造现实、在改造现实中改造自我，不断实现自我人格的升华与突破。

深刻理解现代化和现代人格理想的合乎规律性，在把握现代社会和人的发展的必然性中面对矛盾，不断拓展精神和实践的自由。人类社会发展走到现代社会新阶段，不是某些英雄人物主观意志的结果，而是社会生产力和生产关系、经济基础和上层建筑矛盾运动所造成的客观必然。这一必然性的不断展开的过程，也是使人类不断向自由王国迈进的过程。在这一过程中，作为现代文明开端的资

---

① 《马克思恩格斯选集》（第1卷），人民出版社2012年版，第134页。

本主义，以它无可抵挡的工业化运动、市场经济以及"自由平等博爱"的思想潮流冲垮了封建主义的统治堡垒，使得"资产阶级在它的不到一百年的阶级统治中所创造的生产力，比过去一切世代创造的全部生产力还要多，还要大"。①但是，这种发展在创造人类整体上对自然界的自由的同时，也因为它的血腥性而给一部分人带来了不自由。于是，如前文所述，社会生产力和生产关系、经济基础和上层建筑矛盾运动接着就合乎规律地把现代社会推进到社会主义社会的新阶段。在这一大背景下，1840年之后，随着资本主义经济的全球化扩张，以及这种扩张对中国社会结构的猛烈撞击所造成的前所未有的社会矛盾冲突，中国社会就不可避免地被卷入到现代化运动的潮流之中，中华民族开始从不自觉到自觉、由被动到主动地逐步迈上了现代社会转型、建设现代文明的发展道路。这是符合现代文明发展潮流的发展道路，是符合人类文明发展规律和中国社会发展规律的历史必然，任何人、任何势力都阻挡不了。而中国人的现代化、人格的现代转型，正是这一不可逆转的发展潮流和趋势中的核心，它合乎规律地既成为整个现代化发展的主体性动力，也成为整合运动的根本目的。但是，从现实来看，中国特色社会主义仍处于并将长期处于社会主义初级阶段，发展不平衡不充分问题突出，群众在就业、教育、医疗、托育、养老、住房等方面面临不少难题；人民群众不仅对物质文化生活提出了更高要求，而且在民主、法治、公平、正义、安全、环境等方面的要求日益增长。不少重点领域改革还需要加大力度，形式主义、官僚主义现象仍较突出，铲除腐败滋生土壤任务依然艰巨。所有这些问题都会随时反映到大学生所处

---

① 马克思、恩格斯：《共产党宣言》，人民出版社2018年版，第32页。

的社会环境和网络环境中,随时反映到大学生的大学生活和家庭生活中,随时反映到大学生对现实的价值判断和对未来发展的信心中,随时反映到大学生在人格建设的价值选择和价值实践中。也就是说,人格理想和现实的矛盾,是始终贯穿于大学生现代人格建设过程中的一大矛盾。恩格斯在《反杜林论》中指出:自由是对必然的认识,必然只是在它没有被了解的时候才是盲目的;自由不是在幻想中摆脱自然规律而独立,而在于认识这些规律,从而能够有计划地使自然规律为一定的目的服务,在于根据对自然界的必然性的认识来支配我们自己和外部自然。不畏浮云遮望眼,自缘身在最高层。因此,当大学生认识到现代人格建设的必然性的时候,就应当立足历史和真理的高处,时刻保持清醒头脑,正确面对现实中的问题和矛盾,在必然中把握自由,在自由中实现必然,自觉地将现代人格理想和现代化理想与现实结合起来,既坚持现代性人格的方向性原则又能采取灵活的方法,以历史主动精神勇敢担负时代大任,矢志不渝追求社会人生之大善,成就社会人生之大美。

充分认识现实问题和现实困难的绝对性和相对性,既仰望星空又脚踏大地,为实现理想勇毅前行。黑格尔认为,一切现实的都是合理的。我们如果剔除它的客观唯心主义成分,可以认为是指一切现实的存在都有着它的现实条件和内在必然性,但这种现实条件和必然性有的只是暂时的、短暂的,一旦失去这些条件和必然,它将变为旧事物,将归于灭亡;但他又同时指出,一切合理的都是现实的,也就是说,凡是符合必然性的潜在事物,终将不可阻挡地由可能性变为现实。在马克思主义看来,后者就包含着符合规律的具有远大发展前途的新生事物;而一些现存的事物虽然从长远来看它们终会灭亡,但它们还有着现实的存在条件。我们的现代化建设和现代人格建设理想，就是这样符合规律的、具有远大发展前途的新生事物。而现实中的阻力、障碍和困难只是暂时的，最终将随着新生事物的发展而归于灭亡，从这个意义上说，现实问题和现实困难具有相对性；但是，随着新事物发展到新阶段，又会遇到新的实实在在的障碍和困难，这是一定的，是绝对的。如我们在前文中所论述到的，我们的现代化建设和现代人格培养中面临着各种各样的现实的阻力、障碍和困难，但它们都具有相对性，这告诉我们要以长远眼光、坚定的信心不怕困难、藐视困难、战胜困难，最终推动现代化建设和自身人格的发展；同时，我们的现代化建设和现代人格培养中所面临的现实的阻力、障碍和困难也具有绝对性，这又告诉我们要脚踏实地直面它、一步一步解决它，逐步推动现代化事业和自身人格发展。这正如毛泽东在《为人民服务》中强调的："我们的同志在困难的时候，要看到成绩，要看到光明，要提高我们的勇气。"[①]

一百年多年来，中国共产党领导中国人民为中国的现代化和中国人民的自由解放而奋斗的历史，就是一部不断解决矛盾、不断战胜苦难的光辉历史。在中国共产党领导下，"每个人的自由发展是一切人的自由发展的条件"这一马克思主义的核心价值追求，就像一根红线，始终贯穿于党的奋斗历程中，成为中国共产党人科学判断并推动解决百年来不同时期中国社会主要矛盾的根本出发点和最终落脚点。从解决帝国主义和中华民族、封建主义和人民大众的矛盾，到解决人民日益增长的物质文化需要同落后的社会生产之间的矛盾，再到致力解决人民日益增长的美好生活需要和不平衡不充分的发展之间的矛盾，中国人民从被压迫被奴役、贫穷和愚昧、不平衡不充

---

① 《毛泽东选集》（第三卷），人民出版社1991年版，第1005页。

分的发展状态中解放出来,广大民众和一代代青年的现代人格不断得到提升、丰富和发展。一百多年来的伟大成就,只是中国人民自由全面发展史这出长剧的一个短小序幕,只是中国人民从"必然王国"向"自由王国"迈进一个历史阶段,更值得骄傲的还在后头。

天若有情天亦老,人间正道是沧桑。虽然不难想象,我们在追求现代人格和自由发展的道路上将会面临诸多艰难险阻和严峻内外挑战,但我们坚信,广大青年学生,在党的领导下,只要积极投入现代化建设的火热实践中,勇于在改造社会中改造自我、在改造自我中改造社会,就一定能够使自己的现代人格在推动我国的现代化事业和人民的自由全面发展中不断得到健全完善,使自己的人生价值不断得到丰富和提升。这正如马克思以他十七岁的年龄为他自身的职业选择作的激情宣告:"如果我们选择了最能为人类福利而劳动的职业,那么,重担就不能把我们压倒,因为这是为大家而献身;那时我们所感到的就不是可怜的、有限的、自私的乐趣,我们的幸福将属于千百万人,我们的事业将默默地、但是永恒发挥作用地存在下去,而面对我们的骨灰,高尚的人们将洒下热泪"。①

---

① 《马克思恩格斯全集》(第40卷),人民出版社1982年版,第7页。

附件1

座谈提纲

老师研讨提纲

1. 近代以来，中国开启从传统社会向现代社会的转型。您认为传统社会的国民人格有哪些特征？与现代社会要求相适应的现代人格有哪些特征？

2. 当前，我国已经制定了实现现代化的新"两步走"战略，大学生作为担当民族复兴重任的时代新人，您认为培养大学生具有现代人格对今后中国现代化建设有什么意义？

3. 百年前陈独秀在为《新青年》发刊词撰稿时提出：青年应当是"自主的而非奴隶的、进步的而非保守的、进取的而非退隐的、世界的而非锁国的、实利的而非虚文的、科学的而非想象的"。请您谈一谈这段话对当前大学生现代人格养成有什么启示意义。

4. 据您观察和了解，当前大学生的人格现状总体上如何？他们已具有哪些现代人格特征？还有哪些与现代人格要求不符合的问题或缺陷？

5. 联系近代以来一代代仁人志士救亡运动及改造国民人格的历

史，您认为影响制约当代大学生现代人格养成的原因有哪些？其中哪些是根本性的因素？

6. 为使当代大学生更好地承担起我国全面建设社会主义现代化国家的重任，您对党和国家进一步塑造大学生现代人格方面的工作有哪些意见建议？

学生座谈提纲

1. 近代以来，中国开启从传统社会向现代社会的转型。你认为传统社会的国民人格有哪些特征？与现代社会要求相适应的现代人格有哪些特征？

2. 你认为24字社会主义核心价值观在现代人格塑造过程中具有什么样的地位和作用？

3. 当前，我们国家已经制定了实现现代化的新"两步走"战略。大学生作为担当民族复兴重任的时代新人，你感觉培养大学生具有现代人格对今后整个国家的现代化建设实践有什么意义？

4. 据你观察和了解，你身边的大学生的人格现状总体上怎么样？已具有哪些现代人格？还有哪些与现代人格要求不符的问题或缺陷？可举例说明。

5. 百年前陈独秀在为《新青年》发刊词撰稿时提出：青年应当是"自主的而非奴隶的、进步的而非保守的、进取的而非退隐的、世界的而非锁国的、实利的而非虚文的、科学的而非想象的"。请谈一谈这段话对当前大学生现代人格养成有什么启示意义。

6. 联系近代以来一代代仁人志士救亡运动及改造国民人格的历

史,你感觉影响当代大学生现代人格塑造的因素有哪些?其中哪些是根本性的因素?

7.为使当代大学生更好地承担起全面建设现代化国家的重任,你对党和国家进一步塑造大学生现代人格方面的工作有哪些意见和建议?

8.请你对自己身边的大学生提一些有助于其现代人格养成的建议。

附件2

调查问卷

您好！为进一步了解当代大学生的现代人格状况，我们针对在校大学生组织开展此次问卷调查。问卷不记名，调查结果仅用于课题研究，客观题如未注明均为单选，请您实事求是地填写，在对应选项上打"√"。作为知识产权，问卷只用于本课题调查填写，请务必不要因其他用途转发、发布。真挚感谢您的支持！

1.您正在攻读的学历：

A.本科　　　　　　B.硕士　　　　　　C.博士

2.您所学专业类别：

A.经济学、法学、教育学、管理学、军事学

B.哲学、文学、艺术学、历史学

C.理学、工学

D.农学、医学

E.其他，请注明：

3.您的年龄：

A.18岁以下　　　　　B.18—21岁

C.22—27岁　　　　　D.28岁及以上

4. 您的性别：

A. 男 B. 女

5. 您的政治面貌：

A. 中共党员（含预备党员） B. 共青团员 C. 民主党派

D. 无党派人士 E. 普通群众

6. 您的家庭所在地：

A. 直辖市 B. 省会城市 C. 地级市 D. 县城

E. 乡镇 F. 农村 G. 港澳台地区

7. 您有无在国外和中国港澳台地区学习的经历？

A. 有，国家名称（请注明）：

B. 有，中国香港

C. 有，中国澳门

D. 有，中国台湾

E. 无

8. 对于什么样的人是现代人，您的看法是：

A. 每一个生活在现时代的人都是现代人

B. 每一个享用着现代工业文明成果的人就是现代人

C. 具有适应现代经济政治文化社会生活所需价值观念、素质能力和行为方式的人才是真正的现代人

D. 不清楚

E. 其他，请注明：

9. 您是否认同24字社会主义核心价值观规定了我国现代人格塑造的标准和方向？

A. 非常认同 B. 比较认同 C. 一般 D. 不太认同

E. 完全不认同 F. 不清楚 G. 不关心

10. 有人提出，现代人格主要表现为：在思想认知上，具有清醒的现代意识，能够依据现代价值理念对事物作出科学独立判断；在社会实践上，积极参与公共事务，自觉为现代社会建设和社会大众发展奉献担当、贡献力量。对这一观点，您是否赞成？

    A. 非常赞成   B. 比较赞成   C. 一般   D. 不太赞成

    E. 完全不赞成   F. 不清楚   G. 不关心

11. 您认为一个国家实现现代化的决定性因素是：

    A. 雄厚的经济实力

    B. 科学的政治制度

    C. 繁荣的思想文化

    D. 先进的科学技术

    E. 具有现代意识和行为能力的国民

    F. 强大的国防装备

    G. 其他，请注明：

12. 您认为大学生的现代人格状况对于中国现代化建设的重要性如何？

    A. 非常重要   B. 比较重要   C. 一般   D. 不太重要

    E. 非常不重要   F. 不清楚   G. 不关心

13. 近来社会上连续发生"'100种方法刑事你'的乡镇女书记""周公子炫富""唐山烧烤店打人"等事件。对此，网络上有各种声音。您认可下面哪种声音？

    A. 这反映我们的社会还有一些深层次问题，必须通过进一步深化改革、健全完善相关法律制度才能予以根本解决，我们每个人都是社会建设的主体，都应保有清醒认识并积极为改革贡献力量和智慧

B. 我们的社会是存在一些需要改革的问题，但我们作为普通人，改变不了什么

C. 这些事都是极个别的例子，说明不了什么问题，不用大惊小怪

D. 这些事跟我又没有关系，懒得去管

E. 根本不知道有这些事

F. 其他，请注明：

14. 您认为当代大学生最应该具备哪些人格素养（最多选5项，并按重要程度排序）：[多选题] *

A. 独立意识　　B. 公正意识　　C. 法治意识

D. 民主意识　　E. 自由意识　　F. 平等意识

G. 开放意识　　H. 科学精神　　I. 责任意识

J. 权利意识　　K. 诚信意识　　L. 敬业精神

M. 批判精神　　N. 实践精神　　O. 其他，请注明：

15. 您认为当代大学生已经具备了哪些人格素养：[多选题] *

A. 独立意识　　B. 公正意识　　C. 法治意识

D. 民主意识　　E. 自由意识　　F. 平等意识

G. 开放意识　　H. 科学精神　　I. 责任意识

J. 权利意识　　K. 诚信意识　　L. 敬业精神

M. 批判精神　　N. 实践精神　　O. 其他，请注明：

16. 您认为当代大学生最应该摒弃哪些人格缺陷（最多选5项，并按重要程度排序）：[多选题] *

A. 狭隘的民族主义　　B. 民粹主义　　C. 精致利己

D. 盲目排外　　E. 迷信权威，缺乏批判精神

F. 遇事退缩，缺乏进取精神　　G. 观点偏激，缺乏理性思维

H. 因循守旧，缺乏创新精神　　I. 等级特权观念

J. 官本位思想　　　　　　K. 空想空谈　　　　　L. 麻木迟钝

M. 市侩圆滑　　　　　　　N. 其他，请注明：

17. 您感觉身边同学面对激烈的学习或社会竞争时是否存在"躺平"心态？如存在，原因是什么？

A. 存在，太卷了，无奈、没办法

B. 存在，就是不想奋斗、消极懒惰、逃避竞争

C. 存在，被迫无奈和主动退缩两种情况都有，需要具体情况具体分析

D. 不存在

E. 说不清楚

F. 不关心

G. 其他，请注明：

18. 一段时间以来，网络上出现了一些仇视民营经济、民营企业家的言论，有人直接提出民营企业家是资本家、吸血鬼，是靠剥削广大老百姓的血汗发家致富的，建议国家调整关于鼓励和支持民营经济发展的基本经济制度抑制其发展。对这一提议，您的态度是：

A. 非常赞成　　B. 比较赞成　　　C. 一般　　D. 不太赞成

E. 完全不赞成　　F. 不清楚　　　G. 不关心

19. 在如何认识个人与社会的关系上，有一种观点认为，在社会生活中存在着虚假的集体和真实的集体、虚假的社会利益和真实的社会利益的区别，要防止一些人利用虚假的社会利益去侵犯和剥夺个人的合法权益。您认为这一观点有道理吗？

A. 非常有道理　　B. 比较有道理　　C. 一般　　D. 不太有道理

E. 完全没道理　　F. 不清楚　　　G. 不关心

20. 改革开放初期，我们提出允许和鼓励一部分人先富起来，先富带动后富，最终实现共同富裕；现阶段，我们要推动实现共同富裕。为此，有人强烈建议，国家要出台相关硬性措施强制要求那些先富起来的人通过捐款等方式带动后富，否则的话，对没富的人太不公平。您是否赞成这一建议？

A. 非常赞成　　B. 比较赞成　　C. 一般　　D. 不太赞成

E. 完全不赞成　F. 不清楚　　G. 不关心

21. 您参加选举活动时，最为关注哪方面情况？［多选题］*

A. 选举程序　　B. 候选人情况　　C. 选举结果

D. 以上都关注　E. 没啥可关注　　F. 其他，请注明：

22. 我国虽然已是世界第二大经济体，但在芯片、传感器研发生产以及工业机器人制造等诸多高新技术领域还有不小差距。对这一判断，您的看法是：

A. 完全是妄自菲薄，我国在高新技术领域已经从"跟跑"到"并跑"了，在一些领域已经实现了"领跑"

B. 实事求是、理性客观，既看到发展的成绩，又敢于正视差距和不足

C. 说不清楚

D. 不关心

E. 其他，请注明：

23. 有人提出科学不是技术层面的发明，不是"学以致用"的具体学问，它有其诞生的文化土壤——科学精神，即对待真理的无功利的追求和捍卫，这是科学诞生的核心。对这一观点，您是否认同？

A. 非常认同　　B. 比较认同　　C. 一般　　D. 不太认同

E. 完全不认同　　F. 不清楚　　G. 不关心

24. 100多年前，陈独秀在《新青年》发刊词中提出：青年应当是"自主的而非奴隶的、进步的而非保守的、进取的而非退隐的、世界的而非锁国的、实利的而非虚文的、科学的而非想象的"。您认为这六条要求是否仍然适用于今天的大学生？

　　A. 完全适用　　B. 比较适用　　C. 一般　　D. 不太适用

　　E. 完全不适用　　F. 不清楚　　G. 不关心

25. 当前，我国正处在向现代社会多层面、全方位的转型之中。在这个过程中，您认为哪些是最影响大学生现代人格塑造的因素？（最多选3项，并按照重要程度排序）[多选题] *

　　A. 法律制度　　B. 文化传统　　C. 学校教育

　　D. 经济水平　　E. 家庭条件　　F. 社会风气

　　G. 网络舆论　　H. 世界文明　　I. 同伴素质

　　J. 个人认知　　K. 其他，请说明：

26. 近些年，随着国学热的兴起，有人建议取消现在的学位服，认为堂堂中华学生毕业穿国外服装是崇洋媚外的表现，只需将我们过去的状元服、榜眼服、探花服，对应现在的本硕博就可以了，没必要再穿洋服。对这一建议，您怎么看？

　　A. 非常赞成，中华文化优于世界其他文化，更何况我们国家日益强大起来了，要传承好老祖宗留下来的东西，就要有这种文化自信

　　B. 须慎重考虑，穿学位服看似是一种形式，但一定程度上反映了对待中外文明交流交融的态度

　　C. 坚决反对，这是与世界开放潮流相悖逆的文化膨胀心理和文明倒退现象

D. 不清楚

E. 不关心

F. 其他，请注明：

27. 有人提出，现代化应是"先化人后化物"，不如此，物的现代化就会掩盖人的现代化，从而出现物支配奴役人的现象。您认同这种说法吗？

 A. 非常认同 B. 比较认同 C. 一般 D. 不太认同

 E. 完全不认同 F. 不清楚 G. 不关心

28. 您目前同父母的经济关系是：

 A. 全部依赖父母的经济收入

 B. 部分依赖父母的经济收入

 C. 完全不需要父母的钱

 D. 不仅不需要父母的钱，还能帮助负担家里的部分生活开支

 E. 其他，请注明：

29. 据您观察，您身边的大多数同学在自我人格塑造方面表现如何？

 A. 他们大多数不仅接受知识的熏陶，而且更注重有意识地提升自己的现代人格

 B. 他们大多数只注重知识学习，以考试成绩判断自己的价值，缺乏人格塑造意识

 C. 不清楚

 D. 不关心

 E. 其他，请注明：

30. 您认为高校在大学生现代人格塑造工作中存在哪些突出问题？［多选题］*

A. 学校文化建设缺少现代性价值观念引领

B. 缺少系统的现代人格塑造课程和活动设计

C. 与社会现实结合不紧，存在着流于形式、浮于表面的形式主义、官僚主义现象

D. 无法很好地为学生排解学业、就业、情感等方面的压力

E. 教师思想境界有限，仅把自己当传授知识的教书匠，缺乏为国家塑造具有现代人格之人才的自觉意识

F. 其他，请注明：

31. 您认为在大学生现代人格塑造中居于主导性地位的应是：

A. 主要靠大学生自身在学习、实践、思考中自我塑造，不需要什么外在的塑造

B. 主要靠学校、家庭和社会的教育引导

C. 在外部良好制度环境和适度科学教育引导下，发挥大学生自身的主观能动性

D. 其他，请注明：

32. 从国家和社会层面看，要改进现代人格塑造工作，您认为最根本的是：

A. 大力弘扬践行社会主义核心价值观，进一步将社会主义核心价值观理念转化为法律法规和政策制度，在制度运行中塑造国民具有现代人格

B. 人格塑造更多是国民道德教育层面的问题，要有意识、有目的地在日常生活工作中加强现代人格教育引导

C. 不知道怎么办

D. 不关心

E. 其他，请注明：

33. 在中外历史上,您最崇拜的一位人物是谁?他/她身上最突出的品质是什么?

34. 请用一两句话说一下:您想成为一个什么样的人?

35. 请用一两句话说一下:您希望党和国家为大学生成长发展创造什么样的环境和条件?

后 记

在上中学的时候，我读到了两篇醒世雄文，它们深刻的洞见、敏锐的思想、激烈的情怀，如惊雷乍起，深深震撼了我的心灵。这就是梁启超先生的《少年中国说》和陈独秀先生的《敬告青年》。

从那之后，"少年强则中国强"；"青年如初春，如朝日，如百卉之萌动，如利刃之新发于硎"，当是"自主的而非奴隶的""进步的而非保守的""进取的而非退隐的""世界的而非锁国的""实利的而非虚文的""科学的而非想象的"……这些振聋发聩的警句，时常黄钟大吕般地回响在耳畔、激荡于胸怀。二十多年来，随着学识的增进、阅历的丰富、视野的拓展，由这些伟大思想激发的自我锻造、追求进步的热烈情感和人格向往，逐渐沉淀并转化为理性主导、情理交融的一种信念。这一信念使我清醒地认识到，务必将青年人格提升问题置于人类现代文明潮流和中国现代化进程中来理解和认识，而且暗自决心在这方面的学术研究上有所作为、有点成绩。

2021年夏天，我从北京市思想政治工作研究会调到北京邮电大学马克思主义学院任教。在新的岗位上，不仅我的学术夙愿与科研教学任务要求高度契合，而且在与学生亦师亦友、教学相长中，深感研究现代化视野下新时代大学生现代人格塑造问题的紧迫性重要性。于是，昔日学术夙愿终于变为行动而提到自己工作日程上来了。

后 记

这一时期，又适逢北京邮电大学马克思主义学院为新任教师搭建科研平台、提供科研支持的宝贵契机，使得我在先后主持中央高校基本科研项目"当代大学生现代人格状况及塑造研究"（2022RC40）和参与教育部人文社会科学重大研究专项"高校马克思主义学院治理体系和治理能力现代化研究"（23JDSZKZ11）过程中，能够聚焦"现代化视野下大学生现代人格塑造"这一问题进行深入思考和潜心研究，经过反复论证、积极撰写和努力打磨，终于取得了初步的研究成果，而且就要付梓了。此时此刻，我的内心既欣喜又忐忑。欣喜的是，一方面多年夙愿终于可以阶段性地实现，另一方面对学校和学院的科研支持终于有所回馈。忐忑的是，我深知现有成果还存在很多不足，还有很多深层次问题需要详加探究，还需要再下更多的功夫以拿出更高质量的研究成果。尽管这个任务是艰巨的，要很好地完成是不容易的，但我必将心向往之、不懈求索之。

衷心感谢我的恩师中国人民大学刘建军教授欣然命笔为本书作序、给予我莫大激励，衷心感谢北京邮电大学马克思主义学院院长周晔教授对我科研教学工作的指导、鼓励，衷心感谢学校和学院对本书出版的资助、支持，衷心感谢邮马大家庭全体老师对我的帮助、包容，衷心感谢东方出版社前副总经理蒋建平和编辑部王学彦、申浩为本书编辑出版所做的高质高效的工作，衷心感谢本书所参阅的全部资料的作者给予自己极具价值的启发。

张瑞芬

2024 年 4 月于北京邮电大学

参考文献

一、经典作家著作和文献类

1.《马克思恩格斯选集》（第1—4卷），人民出版社，2012年版。

2.《马克思恩格斯文集》（第1—10卷），人民出版社，2009年版。

3. 马克思、恩格斯：《共产党宣言》，人民出版社，2018年版。

4.《马克思恩格斯全集》（第3、26、40、42、49卷），人民出版社，1960、1974、1979、1982年版。

5.《毛泽东选集》（第一、二、三、四卷），人民出版社，1991年版。

6.《毛泽东文集》（第六、七、八卷），人民出版社，1999年版。

7.《周恩来选集》（上、下卷），人民出版社，1980、1984年版。

8.《周恩来军事文选》（第二卷），人民出版社，1997年版。

9.《邓小平文选》（第一、二、三卷），人民出版社，1994、1994、1993年版。

10.《江泽民文选》（第一、二、三卷），人民出版社，2006年版。

11.《胡锦涛文选》(第一、二、三卷),人民出版社,2016年版。

12.《习近平谈治国理政》,外文出版社,2014、2017、2020、2022年版。

13.《习近平著作选读》(第一、二卷),人民出版社,2023年版。

14.习近平:《之江新语》,浙江人民出版社,2007年版。

15.习近平:《高举中国特色社会主义伟大旗帜 为全面建设社会主义现代化国家而团结奋斗——在中国共产党第二十次全国代表大会上的报告》,人民出版社,2022年版。

16.习近平:《携手同行现代化之路——在中国共产党与世界政党高层对话会上的主旨讲话》,《人民日报》,2023-03-16。

17.习近平:《在庆祝中国共产党成立100周年大会上的讲话》,《人民日报》,2021-07-02。

18.习近平:《在常学常新中加强理论修养 在知行合一中主动担当作为》,《人民日报》,2019-03-02。

19.习近平:《在民营企业座谈会上的讲话》(2018年11月1日),《中国企业改革发展2018蓝皮书》,2019-03-01。

20.习近平:《坚持中国特色社会主义教育发展道路 培养德智体美劳全面发展的社会主义建设者和接班人》,《人民日报》,2018-09-11。

21.习近平:《在北京大学师生座谈会上的讲话》,《人民日报》,2018-05-03。

22.《十八大以来重要文献选编》(上、中、下),中央文献出版社,2014、2016、2018年版。

23.《十九大以来重要文献选编》(上、中、下),中央文献出版社,2019、2021、2023年版。

24. 共青团中央、中共中央文献研究室:《毛泽东邓小平江泽民论青少年和青年工作》,中国青年出版社、中央文献出版社,2003年版。

25.《关于培育和践行社会主义核心价值观的意见》(中办发〔2013〕24号),人民出版社,2013年版。

26. 中华人民共和国国务院新闻办公室:《新时代的中国青年》,人民出版社,2022年版。

二、国内著作类

1.《论语》(肖卫注),中国文联出版社,2016年版。

2.《大学·中庸》(王国轩注),中华书局,2016年版。

3. 孙中山:《三民主义》,东方出版社,2014年版。

4. 陈独秀:《陈独秀文集》(第1—4卷),人民出版社,2013年版。

5. 陈独秀:《陈独秀文章选编》(上、中、下),生活·读书·新知三联书店,1984年版。

6. 鲁迅:《鲁迅文集》,团结出版社,2017年版。

7. 魏源:《魏源集》,中华书局,1976年版。

8. 康有为:《大同书》,商务印书馆,2023年版。

9. 梁启超:《新民说》,商务印书馆,2016年版。

10. 谭嗣同:《仁学》,浙江古籍出版社,2021年版。

11. 邹容:《革命军》,华夏出版社,2002年版。

12. 蔡元培:《中国人的修养》,中国华侨出版社,2020年版。

13. 辜鸿铭：《中国人的精神》，陈高华译，陕西师范大学出版社，2011年版。

14. 胡适：《中国人的人格》，中国工人出版社，2016年版。

15. 罗荣渠：《现代化新论：中国的现代化之路》，华东师范大学出版社，2013年版。

16. 李泽厚：《中国古代思想史论》《中国现代思想史论》，生活·读书·新知三联书店，2008年版。

17. 张锡勤等编著：《中国近现代伦理思想史》，黑龙江人民出版社，1984年版。

18. 刘建军：《马克思主义信仰研究》，中国人民大学出版社，2021年版。

19. 袁贵仁：《马克思的人学思想》，北京师范大学出版社，1996年版。

20. 黄楠森：《人学理论与历史》，北京出版社，2004年版。

21. 郑永廷：《人的现代化理论与实践》，人民出版社，2006年版。

22. 逄先知、金冲及主编：《毛泽东传1893—1976年》（全6卷），中央文献出版社，2013年版。

23. 蒋廷黻：《中国近代史》，江苏人民出版社，2017年版。

24. 徐中约：《中国近代史（1600—2000）：中国的奋斗》，世界图书出版公司，2013年版。

25. 王利明：《人格权法通论》，高等教育出版社，2023年版。

26. 陈平原：《〈新青年〉文选》，北京大学出版社，2019年版。

27. 马勇编著：《章太炎讲演集》，河北人民出版社，2004年版。

28. 任建树主编：《陈独秀著作选编》（共6卷），上海人民出版社，2009年版。

29. 袁伟时：《文化与中国转型》，浙江大学出版社，2012年版。

30. 杨国枢：《现代化的心理适应》，台北巨流图书公司，1978年版。

31. 李亦园、杨国枢：《中国人的性格》，中国人民大学出版社，2012年。

32. 楼宇烈：《中国的品格》，四川人民出版社，2015年版。

33. 余英时：《士与中国文化》，上海人民出版社，2013年版。

34. 许倬云：《中西文明的对照》，浙江人民出版社，2013年版。

35. 许纪霖：《安身立命：大时代中的知识人》，上海人民出版社，2019年版。

36. 高力克：《历史与价值的张力：中国现代化思想史论》，贵州人民出版社，1992年版。

37. 何传启：《东方复兴：现代化的三条道路》，商务印书馆，2003年版。

38. 陈秉公：《中国人格大趋势》，中国政法大学出版社，1989年版。

39. 戴木才：《毛泽东人格》，江西人民出版社，2005年版。

40. 陆卫明、李秀芳、沈沛著：《中国现代化思想史论》，陕西人民出版社，2008年版。

41. 胡伟等著：《现代化：世纪的追逐与思想》，上海人民出版社，2021年版。

42. 中国社会科学院近代史研究室：《五四运动文选》，生活·读书·新知三联书店，1959年版。

43. 陈志尚主编：《人学理论与历史人学原理卷》，北京出版社，

2004年版。

44. 张宏杰：《中国国民性演变历程》，湖南文艺出版社，2016年版。

45. 张智：《通往人的全面发展之路——社会主义条件下人的现代化研究》，中国人民大学出版社，2019年版。

46. 武斌：《现代西方人格理论》，辽宁人民出版社，1989版。

47. 李江涛、朱秉衡：《人格论》，辽宁人民出版社，1989版。

48. 徐强：《人格转型论》，上海三联书店，2019年版。

49. 陈士涵：《人格改造论》，学林出版社，2012年版。

50. 陈永青：《当代大学生人格教育与培养》，中国财政经济出版社，2015年版。

51. 吴来苏编著：《大学生人格教育与修身》，经济管理出版社，2005年版。

52. 彭美贵：《现代化视角下大学生和谐人格建构研究》，山东人民出版社，2016年版。

53. 刘祖云：《从传统到现代：当代中国社会转型研究》，湖北人民出版社，2000年版。

54. 刘刚：《中华优秀传统文化创造性转化和创新性发展》，社会科学文献出版社，2022版。

三、国外著作类

1. ［英］亚当·斯密：《道德情操论》，蒋自强等译，商务印书馆，2008年版。

2. ［英］亚当·斯密：《国富论》，郭大力、王亚南译，商务印书馆，2015年版。

3. ［德］黑格尔：《历史哲学》，王造时译，上海书店出版社，2001年版。

4. ［德］康德：《道德形而上学原理》，苗力田译，上海人民出版社，1986年版。

5. ［美］阿里克斯·英格尔斯：《人的现代化》，殷陆军译，四川人民出版社，1985年版。

6. ［德］马克斯·韦伯：《新教伦理与资本主义精神》，彭强、黄晓京译，陕西师范大学出版社，2002年版。

7. ［德］赫伯特·马尔库塞：《单向度的人》，刘继译，上海译文出版社，2008年版。

8. ［美］亚伯拉罕·马斯洛：《马斯洛人格哲学》，成明译，九州出版社，2003年版。

9. ［美］塞缪尔·P.亨廷顿：《文明冲突与世界秩序的重建》，周琪等译，新华出版社，2018年版。

10. ［美］塞缪尔·P.亨廷顿：《变化社会中的政治秩序》，王冠华、刘为等译，上海人民出版社，2008年版。

11. ［美］V.巴尔诺：《人格：文化的积淀》，周晓虹等译，辽宁人民出版社，1989年版。

12. ［美］拉尔夫·林顿：《人格的文化背景——文化、社会与个体关系之研究》，于闵梅、陈学晶译，广西师范大学出版社，2007年版。

13. ［美］西里尔·E.布莱克：《比较现代化》，杨豫、陈祖洲译，上海译文出版社，1996年版。

14. ［德］卡尔·西奥多·雅斯贝尔斯著：《大学之理念》，邱立波译，上海人民出版社，2007年版。

15. ［美］费正清等编：《剑桥中国晚清史》（上下 1800—1911 年卷），中国社会科学院历史研究所编译，中国社会科学出版社，1985 年版。

16. ［美］费正清、费维恺编：《剑桥中华民国史》（上下 1912—1949 年卷），刘敬坤、杨品泉等译，中国社会科学出版社，1994 年版。

17. ［美］吉尔吉特·罗兹曼：《中国的现代化》，国家社会科学基金"比较现代化"课题组译，江苏人民出版社，2010 年版。

18. ［美］孙隆基：《中国文化的深层结构》，广西师范大学出版社，2004 年版。

19. ［英］瓦尔·西蒙诺维兹、彼得·皮尔斯：《人格的发展》唐蕴玉译，上海社会科学院出版社，2006 年版。

20. ［美］兰迪·拉森、戴维·巴斯：《文化与人格》，郭永玉、陈继文译，人民邮电出版社，2012 年版。